菜点酒水知识

KNOWLEDGE OF FOOD AND BEVERAGE

主编 / 贺正柏

中国旅游出版社

前　言

近年来，经济型酒店和特色主题饭店异军突起，酒店的发展呈现出百花齐放的繁荣景象，专业人才的需求量越来越大。

本书是为了适应酒店业发展形势的需要，以培养酒店业所需的职业经理人、旅游专业的学生而编写的教材，适用于各类中等职业学校酒店服务与管理专业的教学，也适用于饭店岗位培训，与职业资格鉴定标准相对应，适用面广。在编写过程中，注重以培养职业素质和职业能力为本，突出能力，明确规定所必须学习的知识、技能。与同类其他教材相比，本书具有实用性、可操作性、先进性等特点。

我们期待本书的出版，能更好地为广大的饭店从业者及旅游专业的师生服务。同时希望使用本书的师生对本书的不足之处给予批评指正。

四川省旅游学校　贺正柏

2015 年 5 月

目录
CONTENTS

第一章

中国菜

本章导读

中国烹饪是中国对人类文明的巨大贡献。中国烹饪、法国烹饪和土耳其烹饪，被认为是世界三大烹饪流派的代表，而中国烹饪由于历史最悠久、特色最丰富、文化内涵最为博大精深、使用人口最多等特点而首屈一指，是我国民族文化的宝贵财产。中国烹饪既是一种富有科学性的技术，也是一种独特的文化艺术，我们不但要继承它，而且要不断提高和发展它。

中国菜的特点是选料严格，刀工精细，讲究拼配，调味多变，注意火候，要求烹制出来的菜肴色、香、味、形俱佳。中国菜是由众多地方菜、少数民族菜、宫廷菜、官府菜、寺院菜、药膳和各地名产小吃组成的，它们的具体烹调技术和菜点风味各具特色，各擅胜场，正是这些多姿多彩的菜品，构成了风味独特的中国菜。而在众多的地方风味流派中，四川菜、山东菜、江苏菜、广东菜最为著名，影响最大，特色鲜明，其他地方风味菜都可以看成这四大菜系的分支。本章主要介绍中国菜的风味流派、中国菜的特点、中国菜的分类、地方菜系及其代表菜、少数民族菜、官府菜等。

学习目标

知识目标

1. 了解什么是菜系、形成菜系的主要因素。
2. 了解中国菜的相关知识，了解各地方菜的历史、烹饪方法、代表菜，以及少数民族饮食习惯、官府菜的代表满汉全席的历史成因等知识。
3. 掌握有关传统饮食文化和现代饮食文化中的精髓，掌握中国菜系的主要风味流派、中国菜特点、中国菜的分类方法。

能力目标

1. 能够运用所学知识，详细陈述自己所在区域地方菜风味流派、当地物产、饮食特点、烹饪主要原材料、主要烹饪方法、饮食禁忌等。
2. 能够对中国菜主要类别所属的地区做出正确划定。

案 例

中国四大菜系之风韵

一位老师在讲中国菜系时，用拟人化的手法这样形容：苏菜好比清秀素丽的江南美女；鲁菜犹如古拙朴实的北方健汉；粤菜宛如风流儒雅的公子；川菜就像内涵丰富充实、才艺满身的名士。学生一时不得其解。

案例分析

1. 中国地方菜的烹调技艺为什么各具风韵？
2. 中国菜肴的特色为什么各有千秋？

第一节 中国菜概述

一、中国菜流派

地域广阔的中华大地，显现了各自不同的乡土地域风味特色——东西南北中，风味各不同。不同的地理环境、不同的民族、不同的生活习惯，形成了各地自然的乡土风格。实际上，由于地理、气候、物产和习俗的不同，不同地区人们的食品制作和口味特点存在着很大差别。

想 一 想

中国美食标准与国外美食标准有什么区别？

（一）海滨风味

中国有着漫长的海岸线，丰富的海洋资源为沿海人民提供了极其丰富的饮食宝藏。沿海居民“靠海吃海”，从小到大，海鲜食品，例如海螺、海蟹、虾、鱼、章鱼、鲍鱼、扇贝、牡蛎、海胆等一直伴随着他们，作为一年四季食用和待客的常菜。海产原料丰富，自然海产的食法多种多样，诸如水煮、烧烤、煎扒、涮烫、爆炒等。

海边村镇和城市不仅海产鲜活，随食随买，而且价格便宜。由于海岸线蜿蜒曲折，海洋渔业十分发达，当地也以烹制海鲜见长，其得天独厚的海产优势，为居民“靠海吃海”创造了优越的条件。

东部沿海的江浙地区，临河依海，气候温和，沿海地区海岸线漫长曲折，浅海滩辽阔优良，优越的地理条件，蕴藏着富饶的海产珍味。沿海滩涂与群岛附近，鱼、虾、螺、蚌、蛤、蛏等海产佳品常年不绝。在江浙沿海，产量最多的应属小黄鱼，沿海居民称之为“黄花鱼”，鱼汛适值气温渐高的时节，因而海滨渔民往往将捕获的大量黄花鱼晒成鱼干，切成鱼块，用糯米酒腌制起来，作为一年四季改善生活时的佳肴，也是待客的常菜。

（二）山乡风味

我国有逶迤的崇山峻岭。全国从南到北，高山众多，山野之中，无奇不有。小者如山鸡、斑鸠、野兔、蛇、蛙等，都是随处可见的家常便菜原料。

东北山地大小兴安岭、长白山一带，有丰富的山珍野味，如长白山人参、猴头菇、黑木耳、飞龙等；云南、四川的山地，各种动植物丰富多样，松茸、竹荪、虫草、天麻等特色原料为当地的饮食、烹饪谱写了绚丽的篇章。

安徽山地较多，山区水质清澈且含矿物质较多。山区的人们喜用自制的豆酱、酱油等有色调味品烹调，用木炭烧炖砂锅类，微火慢制形成了菜肴质地酥烂、汤汁色浓口重的特点。另外，如生长在山涧、石缝中的石鸡、石鳜鱼、鞭笋、雁来笋等；坠地即碎的问政山春笋，笋壳黄中泛红，肉白而细，质地脆嫩微甜，是笋中珍品；山中还盛产菇身肥厚、菇面长裂红纹的菇中上品——花菇。这些都是当地山民的特色饮食。

湖南湘西山区，当地居民擅长制作山珍野味、烟熏腊肉和各种腌肉。由于山区的自然气候特点，居民口味侧重于咸香酸辣，独具山乡风味特色。山珍野味有寒菌、板栗、科笋、野鸡、斑鸠等。山区的腌肉方法也十分特殊，如拌玉米粉腌制肉类，大多腌后腊制。辣味菜及熏、腊制品成为其主要烹调特征。

山野之间，除了飞禽走兽，还有满山遍野生长着的野菜，尤其是菌类植物，如野生的蘑菇、木耳等，也成为家常菜品的好原料。

（三）平原湖区风味

我国内地，广阔无垠的平原种植着各种农作物，江河纵横，湖泊遍布，盛产各种水产鱼类。由于各地所处地理位置的差异，形成了各自的风味特色。

江河湖泊之中，鱼类和其他各类水鲜，常为当地桌上佳肴，如田螺、虾、蚌、蟹等。此外，菱、藕、莲子等也是水乡人所钟爱之物。

鱼米之乡江浙一带，常年时蔬不断，鱼虾现捕现食，水道成网，各种鱼类以及著名的芹蔬、芦蒿、菊花脑、茭儿菜、马兰头、矮脚黄青菜、金针菜、白果等，为江苏的乡土风味菜奠定了优越的物质基础。浙江地区平原广阔，土地肥沃，粮油禽畜物产丰富，金华火腿、西湖莼菜、绍兴麻鸭、黄岩蜜橘、安吉竹鸡等都是著名的特产，使浙江乡土菜独领风骚。

湖南洞庭湖区，饮食菜肴以烹制河鲜和家禽、家畜见长，善用炖、烧、腊的技法，常用火锅上桌。著名的蒸钵炖鱼，菜肴色泽红润而汁浓，此外，腊味小炒也别有风味。

黄河下游的大片冲积平原沃野千里，棉油禽畜、时蔬瓜果，种类多、品质好。在山东西北部广阔的东部平原上，山东花生、胶州大白菜、章丘大葱、苍山大蒜、莱芜生姜、莱阳梨等，为当地乡土烹饪提供了取之不尽的物质资源。

（四）草原牧区风味

广袤无垠的大草原，滋养着北部和西北部的广大人民，这里牛羊成群、骏马奔驰，当地人民以肉类、奶类为主要食品。如蒙古族、哈萨克族、裕固族等少数民族，自古以来就从事狩猎和畜牧业，生活在辽阔的草原上，逐水草而居，肉食、奶食不可缺少。

蒙古族主要吃牛肉、羊肉，其次是山羊肉和驼肉。吃法一般为手把肉，但也烤羊肉、炖羊肉、涮火锅，而宴请则摆全羊席。

草原牧区人爱吃肉、爱喝奶，这是当地人的饮食特点。随着时代的发展，虽然蒙古族人民在饮食上开始注意烹调技艺和品种的多样化，但这种食肉、喝奶的地域民族特色却仍然保留，在草原人民的文化生活中起着重要的作用。

哈萨克族的马奶酒，被誉为“草原上的营养酒”；蒙古族的奶茶，被草原人认为是健身饮料；藏族的酸奶子和奶渣等均为别具特色的奶食品。如今，草原牧区的烹调方法，主要是烤（火烤、叉烤、悬烤、炙烤等）和煮。

草原牧区人民在长期生活实践中创造出的烹饪方法和带有民族特色的风味食品，迄今仍然受到广泛的喜爱和欢迎，并且得到其他民族的赞赏及仿效。

（五）清真风味

清真风味，是指信奉伊斯兰教民族所制作的菜品总称。在我国有回族、维吾尔族、哈萨克族、乌孜别克族、塔吉克族、塔塔尔族、东乡族、保安族、撒拉族、柯尔克孜族等少数民族信仰伊斯兰教。清真风味是我国菜肴的重要组成部分。我国的清真风味由西路（含银川、乌鲁木齐、兰州、西安）、北路（含北京、天津、济南、沈阳）、南路（含南京、武汉、重庆、广州）三个分支构成。

随着伊斯兰教于7世纪中叶传入我国，清真饮食文化就逐渐在中国大地上传播。据史书记载，唐德宗贞元三年（787年），长安（今西安）城里就有阿拉伯人、波斯人等售卖清真食品。到了元代，大批阿拉伯、波斯和中亚穆斯林来到中国，使清真饮食在中国各地得到了较大发展，并产生深远影响。当时的饮食主要是肉食、糕点之类。清代，北京出现了不少至今颇有名气的清真饭庄、餐馆，如东来顺、烤肉宛、烤肉季等；清末民初，经营包子、饺子、烧饼、麻花等的清真食品店铺已形成了具有鲜明特色的餐饮行业。

清真菜品的制作遵守伊斯兰教教义，在原料使用方面较严格，禁血生、禁外荤，不吃肮脏、丑恶、恐怖和未奉真主之名而屠宰的动物。在选料上南路常以鸡鸭、蔬果、海鲜为原料，西路和北路常以牛羊、粮豆为烹饪原料，烹调方法较精细。清真菜品的制作多为煎、炸、烧、烤、煮、烩等方法；制作工艺精细，菜式多样，口味偏重鲜咸；注重菜品洁净和饮食卫生，忌讳左手接触食品。清真小吃以西北为主，尤以西安、兰州、银川、西宁等最为有名，以植物油和制的酥面、甜点以及包子、饺子、糕饼等面食别具一格，如酥油烧饼、什锦素菜包、牛肉拉面、羊肉泡馍、油香、馓子、果子、馕、麻花等。

（六）素食风味

素食，泛指蔬食，习惯上称素菜。饮食市场的素食原料，主要有“三菇”“六耳”，以及豆制品、面筋、蔬菜和瓜果等。

想一想

什么是“三菇”“六耳”？

在中国素食发展史上，佛教曾起着推动作用。唐宋元明时期，我国经济文化进一步发展，烹调技艺日臻完美，植物油被广泛应用，豆类制品大量增加，素食之风更为兴盛。这时期的饮食典籍繁多，记载素食制作的菜品不断丰富，并出现了用面粉、芋头等原料制作的素菜。在外形上，素菜以假乱真、以素托荤，如《山家清供》中的素食制作，烹调技术已达到炉火纯青的地步。素食成为我国烹饪体系中的一个重要分支。

清代是素食发展的黄金时期，宫廷御膳房专门设有“素局”，负责皇帝“斋戒”素食；寺院“香积厨”的“释菜”也有了较为显著的改进和提高，出现了一批像北京法源寺、南京栖霞寺、西安卧佛寺、广州庆云寺、镇江金山寺、上海玉佛寺、杭州灵隐寺等烹制“释菜”的著名寺院。各地饮食市场的素餐馆急剧增加，素食品种花样翻新。清末薛宝辰的《素食说略》仅以北京、陕西两地为例，就记述了200多个素食品种。

素食，从人类发源就已形成并长久存在，到今天的日益兴旺，究其主要原因，在于素食不仅清淡、时鲜，而且营养丰富、祛病健身。这对人类的繁衍生息以及健康、长寿都具有重要的意义。

二、中国菜特点

自古以来，中华民族的饮食烹饪就有着精湛的技艺和丰富的内容，在国际上享有较高的声誉，这是中华民族历史文明的产物，是我国各族人民几千年辛勤劳动的成果和智慧的结晶。中华美食体现了中华民族的饮食传统，融汇了我国灿烂的文化，集中了全国各民族烹饪技艺的精华。与世界各国菜肴相比，中国菜有许多独到之处。

（一）原料广博

华夏美食闻名遐迩，除了历代烹调师精湛的技艺外，我国丰富的物产资源也是一个重要条件，它为饮食文化提供了坚实的物质基础。我国是一个海陆兼备的国家，辽阔的疆土、多样的地理环境及多种气候，使东西南北各地盛产各种农副产品，绵长的海岸线提供了珍奇海鲜，纵横的江河水产富饶，众多的湖泊盛产鱼虾和水生植物，无垠的草原牛羊遍布，巍巍的高山生长山珍，茂密的森林盛产野味，坦荡的平原五谷丰登。这种地理环境的不同，使中国烹饪具有了十分丰富的原料品种，加上复杂的气候差异，使烹饪原料品质各异。寒冽的北土有哈士蟆、猴头菇等多种野生珍稀动植物原料，为烹饪提供了许多特有的佳肴；酷热的南疆，虫、蛹、蛇、时鲜果品奇特，丰富了菜肴的品种；广阔的东海之滨，盛产贝、螺、鱼、虾、蟹、水产蔬菜，增强了菜肴的时令性；风疾土肥的西域，牛、马、羊、驼质优而负盛名，使菜肴富有质朴浓烈的民族风味；雨量充沛的长江流域，粮油家畜皆得天时地利之优，使菜肴甘旨肥浓。由于优越的地理位置和得天独厚的自然条件孕育的结果，使得我国烹饪特产原料富庶而广博。

（二）风味多样

地域广阔的中华大地，由于各地气候、物产、风俗习惯的差异，自古以来在饮食上就形成了许多各不相同的风味。我国一向以“南米北面”著称，在口味上又有“南甜北咸东辣西酸”之别。就地方风味而言，有黄河流域的齐鲁风味，长江中上游地区的川湘风味，长江中下游地区的江浙风味，岭南珠江流域的粤闽风味，五方杂处的京华风味，各派齐集的上海风味，辽、吉、黑的东北奇馔，桂、云、黔的西南佳肴，中南备美食，西北聚佳味。就民族风味而言，除汉族以外，还有蒙古、满、回、藏、苗、壮、傣、黎、哈萨克、维吾尔等少数民族的风味特色，争奇斗艳。

另外，珍馐罗列的宫廷风味、制作考究的官府风味、崇尚形式的商贾风味、清鲜淡雅的寺院风味、可口实惠的民间风味等，其等级不同、原料有别而形成了各自不同的特色。它们色彩不一、技法多变、口味迥异，构成了我国繁多的风味美食品种，各种美食风味流派汇成一体，又形成了中华民族共同的饮食文明。

（三）技艺精湛

中国菜品在烹饪制作时对原料的选择、刀工的变化、菜料的配制、调味的运用、火候的把握等方面都有特别的研究。所选择的原料要求非常精细、考究，力求鲜活，不同的菜品要按不同的要求选用不同的原料；注意品种、季节、产地和原料不同部位的选择；善于根据原料的特点，采用不同的烹法和巧妙的配比组合制成美味佳肴。中国烹饪精湛的刀工古今闻名，厨师们在加工原料时讲究大小、粗细、厚薄一致，以保持原料受热均匀、成熟度一致；我国历代厨师还创造了批、切、契、斩等刀法，能够根据原料特点和菜肴制作的要求，把原料切成丝、片、条、块、粒、茸、末，以及麦穗花、荔枝花、蓑衣花等各种形状。

中国菜肴烹调变化多端、精细微妙，有几十种各不相同的方法，如炸、熘、爆、炒、烹、炖、焖、煨、焙、煎、腌、卤，以及拔丝、挂霜、蜜汁等。中国菜肴的口味之多，也是世界上首屈一指的，各地都有自己独特而可口的调味味型，如为人们所喜爱的咸鲜味、咸甜味、辣咸味、麻辣味、酸甜味、香辣味以及鱼香味、怪味等。另外，在火候上，根据原料的不同性质和菜肴的需要灵活掌握，并运用不同的火力和加热时间的长短，使菜肴达到鲜、嫩、酥、脆等效果，并根据时令、环境、对象的外在变化，因人、因事、因物而异。高超的烹饪技艺为中国饮食的魅力与影响夯实了坚实的基础。

相关链接 搜索

为什么要准确掌握烹调时间

烹调时间长短掌握得准确与否，对菜肴的质量影响极大。烹调的时间短，菜肴不能完全成熟入味，并且会出现里生外熟的夹生现象，不利于杀菌消毒，甚至无法食用。烹调时间过长，菜肴会失去鲜嫩的风味和应有的色泽，形状散碎；同时，可能会大大破坏菜肴的营养成分，使质地变得焦煳软烂，浪费原料，造成烹调失败。所以，要尽量准确掌握出勺时机，保证菜肴的质量。

（四）四季有别

一年四季，按季节而饮食，这是华夏美食的主要特征，也是中华民族的饮食传统。我国春、夏、秋、冬四季分明，各种食物原料因时迭出。自古以来，我国一直遵循调味、配菜的季节性，冬则味醇浓厚，夏则清淡凉爽。还特别注意按节令安排菜单，就水产原料说，春尝刀（鱼），夏尝鲥（鱼），秋尝蟹，冬尝鲫（鱼）。各种蔬菜更是四时更替，人们掌握原料的生长规律，不同季节运用不同的蔬菜，讲究适时而食。

中华民族还特别注重四时八节的传统饮食习俗。诸如春节包饺子（北方）、正月十五吃元宵、端午节裹粽子、中秋尝月饼、重阳品花糕等，这些节令性的食品，一直沿袭至今。

（五）讲究美感

中华美食不仅技术精湛，而且自古以来就讲究菜肴的美感。注意食物、菜肴的色、香、味、形、器协调一致。对菜肴的色彩、造型、盛器都有一定的要求，要遵循一定的美的规律。食品色、形的外观美与营养、味道等质地美的统一也是客观需要。我国菜品讲究美感表现在多方面，厨师们利用聪明才智、艺术修养，通过丰富的想象，塑造出各种各样的形状，配制多种多样的色调。中国的象形菜独树一帜，“刀下生花”别具一格；食品雕刻栩栩如生，拼摆堆砌，镶醉卷模，各显其姿；色彩鲜艳，主次分明，构图别致，味美可口，达到了“观之者动容，味之者动性”的美妙的艺术境界。厨师的作品，不但使菜肴达到色、香、味、形、美的统一，而且给人以精神和物质高度统一的享受。

（六）注重情趣

我国饮食自古以来就注重品位情趣，不仅对饭菜点心的色、香、味、形、器和质量、营养有严格的要求，而且在菜肴的命名、品味的方式、时空的选择、进餐的节奏、娱乐的穿插等方面都有一定的要求。

中国菜肴的名称有千变万化、避免雷同、雅俗共赏的特点。除根据主、辅、调料及烹调方法的写实命名外，菜肴名称还有大量的根据历史典故、神话传说、名人食趣、菜肴形象等着意渲染和引人入胜的寓意命名。诸如：全家福、将军过桥、狮子头、叫花鸡、龙凤呈祥、鸿门宴、东坡肉、贵妃鸡、松鼠鳜鱼、金鸡报晓等，立意新颖，情趣盎然。

相关链接　搜索

为什么要给菜肴取名

菜肴的命名一般都具有高度的概括性，能确切地表现某一道菜肴的原料、烹调方法及其风味特色。菜肴有了一个名副其实的名称，可以相互区别，便于记忆、宣传，宜于学习和掌握。如果菜肴没有名称或人们不熟悉菜肴的名称，就无法开列菜单、正确地配菜和烹制，更无法掌握菜肴的风味和特色。所以，每道菜肴都要起一个贴切的、寓意深远的名称。

我国是极早讲究饮食情趣的国家，讲究美食与美器的结合，美食与良辰美景的结合，宴饮与赏心乐事的结合。《兰亭集序》中饮宴的场面，文人雅集于兰亭，在清凉激湍之处，流觞曲水，列坐其次，一觞一咏，畅叙幽情，体现了一种清雅之美；明清时盛行的船宴，人们身处船中，一边饱览沿途风光，谈笑风生，一边行令猜枚，品尝佳味；《红楼梦》中更有许多宴会场面，都可体现中华民族的饮食情趣。我国的饮食文化传统，把饮食与美术、音乐、舞蹈、戏剧、杂技等艺术欣赏相结合，既是一种美好的物质享受，也是一种高尚的精神享受。

（七）食医结合

由古及今，我国人民常利用现有的食物原料防病治病，城镇、乡村到处都有药食兼用的动植物，它们的根、茎、叶、花、果、皮、肉、骨、脂、脏按一定比例组合，在烹调中稍加利用，就既可满足食欲、滋补身体，又能疗疾强身、颐养天年。结合许多常见病和慢性病，根据食物的寒、热、温、凉四性和辛、甘、酸、苦、咸五味的性味特点，民间常采用饮食疗法的习惯。唐代名医孙思邈说过：“夫为医者，当须先晓病源，知其所犯，以食治之，食疗不愈，然后命药。”以后历代的名医对食疗多有论述。这说明我国古代很早就重视饮食治疗，有关食疗结合的内容也极其丰富，我国都早有记载可以借鉴，到了近代又有了很大的发展。

三、中国菜分类

（1）**宫廷菜**。各朝历代君王深知健康长寿的重要，“食饮必稽于本草”；从夏至清，各朝都设有食官和御膳，专门调配帝后饮食。御厨利用王室的优越条件，取精用宏，精烹细做。这就使宫廷菜（含今日之仿膳菜）能够世代相续，成为中国菜的骄子。宫廷菜用料考究，调理精细，造型美艳，定名规范，几乎全系精品，筵宴规格高，掌故趣闻多，在食坛上备享殊荣。

（2）**官府菜**。官府菜亦称“公馆菜”，多以乡土风味为旗帜，注重摄生，讲求精洁，工艺上常有独到之处，不少家传美馔闻名遐迩。山东孔府菜、北京谭（宗浚）家菜、河南梁（启超）家菜、湖北东坡（苏轼）菜、川黔宫保（丁宝桢）菜、安徽李公（鸿章）菜、湖南组庵（谭延闿）菜、东北帅府（张作霖）菜，都是其中的佼佼者，至今仍有魅力。

（3）**市肆菜**。市肆菜植根于广阔的饮食市场，由创造精神最强的肆厨制作。它能广取宫廷菜、官府菜、商贾菜、民族菜、寺观菜、民间菜、食疗菜、祭祀菜和外来菜之精华，腾挪变化，锐意创新，故而流派众多，特色鲜明，很有生气。市肆菜注意分档划类，因时而变，名食玉点多，节令美馔多，颇受食客欢迎。此外，为了能在激烈的市场竞争中立足，市肆菜很强调吐故纳新，努力迎合时代的饮食潮流。

（4）**民族菜**。我国是统一的多民族国家，各民族均有独特的饮食风尚和知名食品。其中，有的在本民族聚居区内流传，有的被其他民族移植借鉴。民族菜风味浓郁，选料、调制自成一格，菜品奇异丰满，宴客质朴真诚。例如，维吾尔族抓饭、朝鲜族冷面、傣族虫菜、苗族酸菜鱼全席，都不同凡响。

（5）**寺观菜**。寺观菜又名素菜、斋菜或香食，有近2000年的发展历史，系中国菜的特殊分支。我国的膳食结构自古便是以谷蔬为主，佛教传入和道教兴起后，善男信女甚多，大多数佛门弟子不嗜荤腥，饮食崇奉清素，久之便酝酿而成斋食。素菜有寺观素菜、民间素菜、宫廷素菜和市肆素菜，用料多系三菇、六耳、果蔬和谷豆制品，调味清淡，素净香滑，具有保健食品特色，在国内外评价甚高。

（6）**民间菜**。民间菜是中国菜的基础，产生于平民家庭，数量很大，档次偏低，多由主妇操持。民间菜又分两种：一是三餐必备的家常菜，注意实惠；二是逢年过节的宴享菜，讲求丰盛。它们都重视原料的综合利用和饭菜的营养调配，制作简易，味美适口，并且不同人家有不同的祖传菜品，宗族气息浓烈。其中的精品在餐馆供应，以家常风味取胜。

（7）**外来菜**。外来菜（主要是以日本、印度、韩国为代表的东洋菜和以法国、俄罗斯、意大利为代表的西洋菜，以及独树一帜的土耳其清真菜）在中华落户，大都需要经过改造，在工艺与成品方面与纯粹的外来菜不尽相同。近代以来，引进的外来菜至少也有数百种；从目前发展趋势来看，还会继续扩充，特别是经济特区和大中城市。引入外来菜要注意洋为中用，可采用西菜中做、中菜西做等方法。

第二节　中国主要菜系

中国是一个餐饮文化大国，长期以来在某一地区由于地理环境、气候物产、文化传统以及民族习俗等因素的影响，形成有一定的亲缘承袭关系、菜点风味相近、知名度较高，并为部分群众喜爱的地方风味著名流派称作菜系。其中尤以四川菜系、山东菜系、江苏菜系、广东菜系最为有名，并称为“四大菜系”。

一、四川菜系

四川菜简称川菜。川菜在秦末汉初就初具规模，唐宋时发展迅速，明清已颇有名气。川菜成为一种影响很大的风味菜系，如今已遍及世界许多国家和地区。近年来，川菜更是不断地创新，已走出国门，在世界上享有“吃在中国，味在四川”的美名。

（一）烹饪原料

四川素有“天府之国”之称，烹饪原料多而广。牛、羊、猪、狗、鸡、鸭、鹅、兔，取之不尽，笋、韭、芹、藕、菠、蕹四季常青，淡水鱼有江团、岩鲤、雅鱼、长江鲟。还有一些干杂品，如通江、万源的银耳，宜宾、乐山、涪陵、凉山等地出产的竹荪（图1－1），青川、广元等地出产的黑木耳，宜宾、万县、涪陵、达川等地出产的香菇以及魔芋等，均为佼佼者。石耳、地耳、绿菜、鱼腥草、马齿苋这些生长在田边地头、深山河谷中的野菜，也成为做川菜的好材料。还有冬虫夏草、川贝母、川杜仲、天麻，亦被作为养生食疗的烹饪原料。

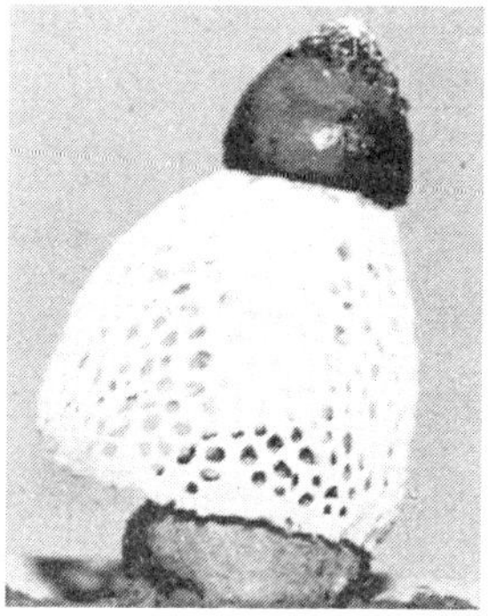
图1－1 竹荪

四川人饮食特别讲究滋味，因此，很注意培养优良的种植调味品和生产、酿造高质量的调味品。自贡井盐、内江白糖、阆中保宁醋、中坝酱油、郫县豆瓣酱、清溪花椒、永川豆豉、涪陵榨菜、叙府芽菜、南充冬菜、新繁泡菜、忠州豆腐乳、温江独头蒜、北碚莴姜、成都二荆条海椒等，都是品质优异者。与烹饪和筵宴有密切关系的川茶川酒，其优质品种亦为举世公认。

特别提示

川菜八大料：成都大王酱油、保宁醋、涪陵榨菜、郫县豆瓣、永川豆豉、汉源花椒、自贡井盐、成都二荆条辣椒。

（二）历史

川菜历史十分古老，秦汉已经发端。公元前3世纪末，秦始皇统一中国后，大量中原移民将烹饪技艺带入巴蜀，原有的巴蜀民间佳肴和饮食习俗精华与之融会，逐步形成了一套独特的川菜烹饪技术。到唐宋，川菜已发展为中国的一大菜系。清代，辣椒传入中国，川菜味型增加，菜品愈加丰富，烹调技艺日趋完善。抗日战争时期，各大菜系名厨大师云集重庆，更使川菜得以博采众家，兼收并蓄，从而达到炉火纯青的境地。

川菜作为一种文化现象，底蕴十分深厚。历代名人及名作，在涉及巴蜀风物人情时，往往离不了饮食。东晋常璩《华阳国志》将巴蜀饮食归结为“尚滋味”“好辛香”。唐代杜甫则以“蜀酒浓无敌，江鱼美可求”的诗句高度概括、赞美巴蜀美酒佳肴。抗日战争时期，滞留重庆的著名人士郭沫若、阳翰笙、陈白尘、戈宝权、凤子等常聚于餐馆，品尝“五香牛肉”“清炖牛肉”“油炸牛肉”“水晶包子”等川菜川点，郭沫若还为餐馆题写“星临轩”招牌，留下一段名人与川菜的佳话。

（三）菜系组成

四川菜主要由成都地方风味菜、重庆地方风味菜和川南地方风味菜构成。

成都菜以成都和乐山菜为主。成都菜就像竹林小院门前潺潺流淌的小溪，有一种小家碧玉之美。成都人生活喜欢雅致，吃菜也讲究正宗，菜品从选料、切片、配料、火候都无比讲究。成都菜的口味特点是味重，无论哪道菜，均偏咸或偏辣。代表菜有麻婆豆腐、回锅肉、宫保鸡丁、咸烧白、粉蒸肉、夫妻肺片、蚂蚁上树、灯影牛肉、蒜泥白肉、樟茶鸭子、白油豆腐、鱼香肉丝、泉水豆花、盐煎肉、干煸鳝片、东坡墨鱼、清蒸江团等。

重庆菜以重庆和达州菜为主。重庆菜就像重庆的地理一样，有一种气吞万象之势。重庆人喜欢刺激，吃客不墨守成规，当厨的就不爱去照菜谱做菜，因此常常风行各种新式菜。而这些新式菜一般都是没有经过正规培训的江湖厨师创造出来的，俗称“江湖菜”。代表菜有酸菜鱼、毛血旺、口水鸡、干菜炖烧系列（多以干豇豆为主），及以水煮肉片和水煮鱼为代表的水煮系列，以辣子鸡、辣子田螺和辣子肥肠为代表的辣子系列，以泉水鸡、烧鸡公、芋儿鸡和啤酒鸭为代表的干烧系列，以泡椒鸡杂、泡椒鱿鱼和泡椒兔为代表的泡椒系列，以干锅排骨和香辣虾为代表的干锅系列等。

川南地方风味菜，又称盐帮菜，以自贡和内江菜为主，特点是大气、怪异、高端。在盐帮菜的嬗变和演进中，积淀了一大批知名菜品，人见人爱，其中一些菜品更不胫而走，纳入了川菜大系，摆上了异地餐桌。盐帮菜的代表有火鞭子牛肉、富顺豆花、火爆黄喉、冷吃兔、芙蓉乌鱼片、冲菜等。

（四）风味特点

四川菜享有“一菜一格”“百菜百味”的称誉，基本味有麻、辣、甜、咸、酸五味。

四川菜很重视味的变化，既有浓淡之分，又有轻重之别。四川菜离不了辣椒、花椒和胡椒这三椒。单以辣椒来说。四川菜对辣椒的使用方法多，用得灵活，有时用作主料，有时用作配料，而大多数用作调料。常用的原料有油辣椒、泡辣椒、干辣椒等，据此调出的辣味就有香辣、微辣、糊辣、鲜辣等十多种辣型。四川菜的主要味别有麻辣、鱼香、家常、怪味、酸辣、糖醋、糊辣、椒麻、甜香等。鱼香味、家常味、怪味是四川厨师独创的三大味。鱼香味要选用泡过的红辣椒，味中咸、甜、酸、辣兼而有之；家常味要选用郫县豆瓣酱与辣椒粉，基本味型是咸、鲜、微辣，浓淡不一；怪味是用姜米、蒜、葱、花椒面、红油、醋、糖等十余种调味品调制而成的，其味集甜、麻、辣、香、鲜于一体，不能只突出某一种味，要求味中有味，重叠和谐。

四川菜中味的变化很多，常因用餐对象不同，因人而异；也可根据季节，因时而异。如冬、春季气候寒冷，味要十分；夏、秋季气候燥热，味要降三分，称为“降调”。但有些四川菜为保证菜品的传统特色，从不降调，如重庆的毛肚火锅，吃了会“冬天一身汗，夏天一身水”，尽管如此，夏天供应如常，不变味，不离宗，人们称之为“以热攻热”。还有驰名中外的“麻婆豆腐”，又麻又辣又烫，一年四季从不降调。为了发挥食品原料固有的鲜味，如蔬菜的清香、脆嫩，蛋肉类和鱼虾的细嫩、鲜滑，烹饪方法要因物而异，才能保持口感。在准备宴会时，要求精心组织安排好适当的菜单，做到一桌菜中几个味型厚薄兼备，一高一低，起伏变化。四川菜特点最突出的特点是调味中的辩证法，口味浓淡有致，该浓则浓，该淡则淡，浓中有淡，淡中有浓，浓而不腻，淡而不薄。因此，四川菜一方面以味多、味厚、味浓而著称，另一方面又以清鲜淡雅见长，使吃过四川菜的人，久久不能忘怀，赞美不绝。

（五）代表菜

1. 历史名菜

（1）宫保鸡丁

简介：宫保鸡丁又称“宫爆鸡丁”，是四川的传统名菜之一，现已流传全国。相传，宫保鸡丁为清代四川总督丁宝桢（官名宫保）所喜食，故名。丁宝桢讲究饮食，在山东任期内，曾调用名厨数十名之多。到四川任总督之后，随带家厨多人。丁府请客时经常有“爆鸡丁”一菜，鲜香味美，受到客人的赞美，但客人回家后如法烹制，却总不成功。于是，这道菜被吃过的人传颂为宫保鸡丁。

原料：嫩鸡肉丁、油氽花生米、白糖、醋、酱油、味精、肉汤、湿淀粉、花椒、姜、蒜、葱末、盐、酱油、料酒。

方法：爆。

特点：鸡肉鲜嫩，花生脆香，辣而爽口。

（2）麻婆豆腐

简介：麻婆豆腐是四川著名的特色菜。相传清代同治年间，四川成都北门外万福桥边有一家小饭店，女店主陈某善于烹制菜肴。她用豆腐、牛肉末、辣椒、花椒、豆瓣酱等烧制的菜品，麻辣鲜香，味美可口，十分受人欢迎。当时此菜没有正式名称，因陈某脸上有麻子，人们便称为“麻婆豆腐”，从此名扬全国。

原料：豆腐、牛肉、青蒜、郫县豆瓣酱、辣椒面、花椒面、豆豉、酱油、料酒、精盐、味精、姜末、水淀粉、清油、清汤。

方法：烧。

特点：色泽淡黄，豆腐软嫩而有光泽，其味麻、辣、酥、香、嫩、鲜、烫，豆腐表面盖有一层淡红色的辣油，可保持豆腐内的热度不会很快散失，趁热吃更佳，花椒面也香味扑鼻。在数九寒天时节，更是取暖解寒的美味佳肴。

（3）**夫妻肺片**

简介：20世纪30年代，有郭朝华、张正田夫妻二人，以制售麻辣牛肉肺片为业，两人从提篮叫卖、摆摊招客到设店经营。他们所售肺片实为牛头皮、牛心、牛舌、牛肚、牛肉，并不用肺。注重选料，制作精细，调味考究，深受群众喜爱。为区别于其他肺片，便以“夫妻肺片”称之。

原料：牛肉、牛舌、牛头皮、牛心、牛肚、香料（八角、三奈、大茴香、小茴香、草果、桂皮、丁香、生姜等）、盐、红油辣椒、花椒面、芝麻、熟花生米、豆油、味精、芹菜。

方法：拌。

特点：夫妻肺片片大而薄，粑糯入味，麻辣鲜香。

（4）**毛肚火锅**

简介：火锅是中国的传统饮食方式，起源于民间，历史悠久。今日火锅的容器、制法和调味等，虽然已经历了上千年的演变，但一个共同点未变，即用火烧锅，以水（汤）导热，涮煮食物。这种烹调方法早在商周时期就已经出现。

对火锅真正有记载的是宋代。宋人林洪在《山家清供》中提到吃火锅之事，即其所称的“拨霞供”，谈到他游武夷山，访师道，在雪地里得一兔子，无厨师烹制。师云：“山间只用薄批，酒酱、椒料活（浸油）之。以风炉安桌上，用水半铫（半吊子），候汤响一杯后（等汤开后），各分以箸，令自夹入汤摆（涮）熟，啖（吃）之，乃随意各以汁供（各人随意蘸食）。”从吃法上看，它类似现在的“涮兔肉火锅”。

四川火锅发源于重庆。四川作家李颉人在其所著的《风土什志》中写道：“吃水牛毛肚的火锅，则发源于重庆对岸的江北。”经过饮食界的不断改进，色、香、味独具特色，“毛肚火锅”已经成为重庆最著名的风味小吃之一。

原料：牛毛肚、牛肝、牛腰、黄牛背柳肉、牛脊髓、鲜菜、牛油、豆瓣、姜末、辣椒、花椒、料酒、豆豉、醪糟汁、精盐。

方法：煮。

特点：味重麻辣，汤浓而鲜，四季皆宜。

（5）**灯影牛肉**

简介：灯影牛肉是四川达县名扬海内外的风味佳馔。因片薄如蝉翼，棕红闪亮，灯照透明，酷似“皮影戏”中的皮影（达县称“皮影”为“灯影”），遂名。

清光绪二十二年（1896年），原籍梁平县的酿酒兼经营腌卤制品的商人刘仲贵来达县谋生，出售片厚质软的五香牛肉，生意清淡。刘仲贵经过日夜探索，改进制作工艺，终于研制出一种新的牛肉片制作方法。灯影牛肉以肉质细嫩的黄牛为原料，将“腰里”“红板”等部位的精肉切成大张薄片，拌以丁香、八角等多种香料腌制，然后平铺在筲箕背上，用暗火烘烤，再以麻油浸泡，做成的这种牛肉，片薄、色鲜、味美、酥脆。刘仲贵又独具匠心，将牛肉片用细绳一张张穿起，挂在店前，权充“广告”。来往客商见了甚觉稀奇，取一片品尝，香酥可口，味美无渣，赞叹不绝，于是声誉大振，闻名遐迩。

原料：牛后腿的腱子肉、绍酒、辣椒粉、花椒粉、白糖、味精、五香粉等。

方法：烘、蒸、炸、拌。

特点：色泽红亮，麻辣干香，回味无穷，因其肉片薄能透影而得名。

2. 特色菜品

（1）**樟茶鸭子**

简介：樟茶鸭子为四川名菜，选用樟树叶、茶叶为熏料使鸭子变得更加美味可口。由于制法复杂、工艺考究、用料精细，这一传统菜肴延续至今，成为川菜中的一道当家菜、素有“四川烤鸭”之美称。

原料：肥公鸭、盐、绍酒、花椒粉、胡椒粉、醪糟汁等。

方法：熏、蒸、炸。

特点：樟茶鸭子属熏鸭的一种，要经过腌、熏、蒸、炸等工序，制作考究，要求严格，成菜色泽金红，外酥里嫩，带有樟木和茶叶的特殊香味，是四川著名菜肴之一。

（2）**怪味鸡块**

简介：“怪味”属于四川的特殊味型，咸、甜、辣、麻、酸、香、鲜七味俱全，互不压味，有一种特殊的味道，故称“怪味”。怪味鸡块是四川怪味型的代表菜。

原料：嫩公鸡、葱节、芝麻、酱油、红酱油、味精、白糖、花椒粉、醋、芝麻酱、辣椒油、芝麻油。

方法：煮。

特点：色泽红亮，外形美观，麻辣鲜香，各味俱全。

（3）**回锅肉**

简介：回锅肉是四川家喻户晓的传统大众菜，是成都人“打牙祭”必备的菜。旧社会学徒工帮东家干活，每月只有初二和十六两次“牙祭”，三年打完 72 次“牙祭”才称“满师”，这 72 次“牙祭”都少不了回锅肉。

原料：带皮猪腿肉、青蒜苗、郫县豆瓣酱、甜面酱等。

方法：煮、炒。

特点：红绿相衬，咸中带甜，鲜辣香嫩，具有四川菜的特色。

（4）**四川泡菜**

简介：泡菜是我国烹饪技艺的遗产之一，后魏贾思勰在《齐民要术》中曾有记载。它不仅历史悠久，而且名传世界，特别是四川泡菜，尤为突出。泡菜、火锅、豆花被称为川菜中的“三绝”。泡菜具有制作简单、经济实惠、取食方便、不限时令等优点，在四川流传极广，几乎家家都做，人人爱吃，每餐必备。

原料：嫩豇豆、胡萝卜、洋白菜、仔姜、清水、大盐、干辣椒、红糖、白酒、白醋、老姜等。

方法：泡。

特点：四川泡菜鲜香脆嫩，酸中有甜，甜中有香，可生吃，也可炒着吃，有开胃解腻之功效，中外宾客皆爱食。

二、山东菜系

山东菜，又称鲁菜，泛指我国黄河中下游地区以山东省为代表的地方风味菜，是我国公认的四大著名地方风味菜系之一，也是我国影响最大、流传最广的菜系之一，历史悠久，技法讲究，滋味鲜美。

（一）烹饪原料

山东东部属半岛地区，海产品丰富，鲜海参、鲍鱼、海螺、对虾、真鲷、鱼翅、黄花鱼、扇贝、牡蛎、海蜇等都是特产。山东南部的微山湖地区淡水产品也很有特色，黄河鲤鱼、甲鱼、青虾都是山东常用的烹饪原料。山东中部以出产禽畜产品而闻名，如鲁西南肉牛、菏泽青山羊、寿光鸡、麻鸭等。山东各地的植物原料，如大明湖的蒲菜、茭白，章丘大葱，莱芜姜，苍山大蒜，胶东大白菜，烟台苹果，莱阳梨，青州银瓜等都为山东烹饪提供了极好的原料基础。

（二）历史

山东是中国古文化的发祥地之一，我国先民在这块富饶的土地上创造了灿烂的古代文明，烹饪及烹饪文化也随之发展起来。山东烹饪与我国饮食文化和烹饪技艺有重要渊源，占据着特殊的地位。早在春秋战国时期，山东菜的雏形已初步形成。春秋时期孔子就提出了“食不厌精，脍不厌细”的饮食观，并在烹调的火候、调味、饮食卫生、饮食礼仪诸方面提出主张，奠定了山东菜系的理论基础。到了汉代，山东烹饪技艺已有相当水平，从出土的画像石上可以看出其原料选择、宰杀、洗涤、切割、烤炙、蒸煮等各方面分工精细、操作熟练的情景，充分展示了当时烹饪的全过程以及饮宴场面。到了北魏时期，贾思勰在《齐民要术》中对黄河中下游地区的饮食生活及烹饪技术作了较为全面的总结和概括，对鲁菜菜系的最终形成和发展产生了非常积极的影响，历经以后的隋、唐、宋、金各代的提高和发展，山东菜已经成为我国北方菜的代表，并对整个北方烹饪界影响极大。到了元、明、清时期，山东菜进入了全盛时期，大量的鲁菜菜品和烹饪技艺进入宫廷，成为御用膳食的支柱和菜品制作最为精细华贵的代表。发展到现代，在继承传统技艺的基础上，广大烹饪爱好者和专业厨师博取全国烹饪众长，不断改良并丰富鲁菜，将鲁菜推向了鼎盛时期。

（三）菜系构成

山东菜主要由济南菜、胶东菜、济宁菜构成。

济南菜，泛指以山东省省会济南为代表的山东中部地区的地方风味菜。济南是山东省的政治、经济和文化中心，地处水陆要冲，南依泰山，北临黄河，原材料丰富，烹饪技艺融各家之长，菜品造型精美、做工精细，是山东菜的主体构成部分。济南菜选料广泛而精致，口味讲究清香、滑嫩、味醇，有“一菜一味、百菜不重”之称。济南菜善于制汤，以汤作为百味之源，是菜品风味的关键。其代表菜有：双色鱿鱼卷、奶汤蒲菜、清汤燕菜、拔丝苹果等。

胶东菜又称福山菜，是指胶东半岛沿海地区，以青岛、烟台为代表的地方风味菜。胶东菜以烹制海鲜及海产品为主，突出原料本身风味，口味注重清淡、鲜嫩，成品注重造型，擅长突出主料特征的海味筵席，如全鱼席、鱼翅席、小鲜席、海蟹席等。

济宁菜，又称为曲阜菜，是以“孔府菜”著称的地方菜。济宁为东鲁故地，是孔孟故里，有着丰富的历史文化渊源，其菜品虽然制法上同济南菜相当，但文化风味更加浓厚。久负盛名的“孔府菜”用料考究，侧重烹调火候，烹调过程严格，讲究调和养生。制成品软烂香醇，原汁原味，成菜华贵大方，是较为上档次的菜品。

（四）风味特点

山东菜多以咸鲜为主，多以原料自有风味为调味基础。不论是爆、炒、烧、熘，还是炸、烤、蒸、扒，都用葱来调味和佐食，葱之香味已成为山东菜的最好风味。除此之外，山东菜也善于运用各种汤汁来调味，以汤之味来辅佐原料，也运用海产品的原味，突出本味。随着烹饪的发展，山东菜逐步形成了五香、酸辣、椒盐、糖醋、麻酱等其他复合味味型，使山东菜口味更富变化，个性特征更鲜明。山东民间生食葱蒜、大葱蘸酱的民俗也在部分菜品中得到很好的表现，形成山东菜的一大特色。

（五）代表菜

1. 历史名菜

（1）九转大肠

简介：九转大肠是清光绪年间由山东省济南市九华楼所创制。九华楼是一个老字号，专以经营猪下水而闻名。老板杜某是个大商人，他对“九”字特别喜爱，所开的几间店铺，都是以“九”字打头命名，九华楼就是其中之一。这位杜老板讲究饮食，不惜重金礼聘厨师名手主厨。过去猪下水根本无法上席，杜老板却要九华楼专在猪下水上面下大功夫，对肚、肠、腰等进行研究，终于创制出一些别具风味的猪下水佳肴，其中尤以红烧大肠为顾客所欣赏、赞誉。一次，杜老板在酒楼大宴宾客，席间有一文人为了取悦主人，故意将红烧大肠改称为九转大肠，并加以解释：道家炼丹经过多次方能成功，所谓九转金丹能令人延年益寿，甚至起死回生。从此，九转大肠之名广泛流传，成为风靡一时的山东名菜。

原料：熟大肠、酱油、清汤、肉桂粉、胡椒粉、熟油、白糖、醋、料酒、砂仁粉、香菜、精盐、花椒。

方法：炸、烧。

特点：色泽红润，质地软嫩，兼有酸、甜、香、辣、咸五味，鲜香味美，非常适口。

（2）**德州扒鸡**

简介：德州扒鸡历史悠久，名噪海内外。20 世纪初，德州经营烧鸡者如雨后春笋，名店众多，相互竞争，皆在质量上下功夫。始有“宝兰斋”店主侯宝庆，悉心研究，在烧鸡、卤鸡和酱鸡的基础上，根据扒肘子、扒牛肉的烹调方法，开创了扒鸡的生产工艺。至 1911 年，老字号“德顺斋”的烧鸡铺掌柜韩世功等人，对传统的工艺与配方进行改进，加入了健脾开胃的几味中药，且总结了侯宝庆制作烧鸡、扒鸡的经验，采用炸、熏、卤、烧的方法，结合当地口味，又兼顾南甜、北咸的习俗，经过多次试制，终于生产出“五香脱骨扒鸡”。他们制作的扒鸡炸得匀、焖得烂、香气足，且能久存不变质，故很快在市场上打开销路，使这一名食风行大江南北。

原料：鸡、口蘑、姜、酱油、精盐、花生油、五香料（由丁香、砂仁、草果、白芷、大茴香组成），饴糖少许。

方法：扒。

特点：色泽红润，肉质肥嫩，香气扑鼻，越嚼越香，味道鲜美，深受广大顾客欢迎。

（3）**泰安“三美”**

简介：豆腐原是泰安农家的四季菜，后来随着历代帝王到泰安祭泰山，先后建起了不少寺庙、庵堂，吃素吃斋者增多，豆腐便成为这里的重要菜肴，在元朝以前，泰安“三美”就已成为泰山和泰安地区一流名菜。乾隆年间修订的《泰安县志》曾作这样的记述：“凌晨街街梆子响，晚间户户豆腐香，泰城家家豆腐坊”，反映了当时泰安城豆腐业兴旺的景象。李白于唐开元二十四年（736 年）由湖北安陆迁来济南后，以及杜甫客居山东时，他们都曾多次上泰山，并品尝泰安“三美”菜肴之风味。“游山不来品三美，泰山风光没赏全”，这是当地长期流传的赞誉“三美”菜肴的佳话。“三美”豆腐一直流传至今，驰名中外。

原料：泰安豆腐、白菜心、鲜汤、精盐、味精、葱末、姜、鸡油、熟猪油。

方法：蒸、烫、烧。

特点：汤汁乳白而鲜，豆腐软滑，白菜鲜嫩，清淡爽口。

2. 特色菜品

（1）㸆大虾

简介：对虾是山东沿海名贵产品之一，主要分布于渤海和黄海，每年春秋两季往返于渤海和黄海之间，称为“洄游”。阳春三月，天气渐暖，在黄海过冬的对虾，成群结队，绕过山东半岛，游回渤海产卵，谓之“生殖洄游”。小雪前后，渤海湾水温下降，对虾又成群结队返回黄海南部过冬，叫“越冬洄游”。所以春秋两季，对虾最多。

原料：鲜对虾、葱姜片、清汤、味精、熟猪油、白糖、精盐、料酒、香油。

方法：选用个大肉肥的莱州湾野生整只大虾，洗净后用沸水一汆，放入用调味品和虾脑兑成的汁中，用慢火㸆熟。然后，一对一对地码在盘内，再浇下剩下的油亮鲜红的浓汁即成。

特点：外色似团火，肉质洁白，味道鲜美。

（2）糖醋黄河鲤鱼

简介：糖醋黄河鲤鱼是山东济南的汉族传统名菜。济南北临黄河，故烹饪所采用的鲤鱼就是黄河鲤鱼。此鱼生长在黄河深水处，头尾金黄，全身鳞亮，肉质肥嫩，是宴会上的佳品。《济南府志》上早有“黄河之鲤，南阳之蟹，且入食谱”的记载。据说：“糖醋黄河鲤鱼”最早始于黄河重镇——洛口镇。这里的厨师喜用活鲤鱼制作此菜，并在附近地方有些名气，后来传到济南（图 1 –2）。

原料：黄河鲤鱼、姜、葱、蒜末、精盐、酱油、白糖、醋、清汤、湿淀粉、花生油。黄河鲤鱼生长在黄河深水处，头尾金黄，全身鳞亮，肉肥质细。

方法：鲤鱼去鳞，开膛取出内脏，挖去两鳃洗净，每隔 2.5 厘米，先直剖（1.5 厘米深），再斜剖（2.5 厘米深）成刀花。然后提起鱼尾使刀口张开，将精盐撒入刀口稍腌，再在鱼的周身及刀口处均匀地抹上湿淀粉。炒锅放花生油，中火烧至七成热（约 175℃）时，手提鱼尾放入锅内，使刀口张开。用锅铲将鱼托住以免黏锅底，入油炸 2 分钟，将鱼推锅边，再将鱼背朝下炸 2 分钟，然后把鱼身放平，用铲将头按入油炸 2 分钟，待鱼全部炸至呈金黄色时，捞出摆在盘内。炒锅内留少量油，中火烧至六成热（约 150℃）时，放入葱、姜、蒜末、精盐、酱油、加清汤、白糖、旺火烧沸后，放湿淀粉搅匀，烹入醋即成糖醋汁，迅速浇到鱼身上即可。

图 1 –2　糖醋黄河鲤鱼

特点：鱼尾翅起，色如琥珀，外焦里嫩，具有香酥、酸、甜、咸的独特风味。

（3）**清汆赤鳞鱼**

简介：泰山赤鳞鱼又叫螭霖鱼，是一种珍贵的野生鱼类。它产于泰山深潭之中，尤以西谿黑龙潭所产最佳，曾是清代贡品。泰山赤鳞鱼肉质细嫩，肥而不腥，含有较高的蛋白质和脂肪，滋味极美。

原料：活赤鳞鱼、姜、花椒、盐、酱油、醋、味精、绍酒、胡椒、清汤。

方法：用竹刀（忌用金属刀器）将鱼剥鳞破腹去内脏，洗净后用开水汆熟，捞出放在汤碗内，加上胡椒粉。炒锅加清汤、盐、酱油、花椒、绍酒、味精烧开，撇净浮沫，倒入鱼碗内。醋加姜末拌和，放入小碟，上桌佐食。

特点：肉质细嫩，肥而不腥，含有较高的蛋白质和脂肪，滋味极美。

（4）**烤小雏鸡**

简介：烤小雏鸡为山东青岛汉族传统名菜的三烤之一，是由青岛 20 世纪 40 年代著名厨师研制而成的。此菜选用当年的雏鸡，劈成大片，入油烹炸，再烤制成熟。成菜后按鸡的原形摆在盘中，浇以原汁，以生菜佐食，别具风味。是以生菜为主要材料，烹饪以烤菜为主。

原料：鸡、生菜、精盐、酱油、葱油、姜、菜籽油。

方法：将雏鸡从脊背中间劈开（腹部相连），再将鸡的大腿处割开一刀，翅膀用刀背拍断，去掉爪尖洗净。然后将鸡身蘸匀酱油。入九成热（225℃）的油锅中一触即出，放入烤盘内，加葱段、姜片，再倒入清汤、酱油、葱油等，入烤炉内烤 10 分钟左右至熟，呈金黄色时取出，剁成条状，按原鸡形状摆入盘内，浇入原汤。生菜洗净切段，放在鸡的两边佐食即成。

特点：颜色金黄，肉嫩淡香，用生菜佐食风味更佳。

三、江苏菜

江苏菜，又称淮扬菜，简称苏菜，泛指长江中下游地区，以江苏省为代表的地方风味菜，是中国四大著名菜系之一。江苏菜烹饪文化历史悠久，做工精细完善，菜品细腻精美。

（一）烹饪原料

江南鱼米之乡，时令水鲜、蔬菜四季常熟，还有镇江鲥鱼，两淮鳝鱼，太湖银鱼，南通刀鱼，连云港的海蟹、沙光鱼，阳澄湖的大闸蟹等，桂花盛开时，江苏独有的斑鱼也纷纷上市。此外，还有中外驰名的南通狼山鸡、高邮鸭、如皋的火腿、泰兴的猪、南京的矮脚黄清菜、苏州一带的鸭血糯、泰州的豆制品，以及遍布水乡的鹅、鸭、茭白、藕、菱、芡实等。相传汉淮南王刘安发明豆腐，南北朝时用面筋制作菜肴如笋、蕈等素食原料。丰富的烹饪原料为江苏烹饪发展提供了良好的物质基础。

（二）历史

江苏烹饪历史悠久，秦汉以前长江下游地区的饮食主要是“饭稻羹鱼”，《楚辞·天同》记有“彭铿斟雉帝何飨”之句，即名厨彭铿所制之野鸡羹，供帝尧所食，深得尧的赏识，封其建立大彭国，即今彭城徐州。隋唐两宋以来，金陵、扬州等地繁荣的市场促进了江苏烹饪的发展。如北宋《清异录》记有隋炀帝将扬州大筑宫苑定为行都，江苏以所产的糟蟹、糖蟹为贡品，并将蟹壳表面揩拭干净，将用金纸剪成的龙凤花密密地粘贴在上面。扬州用碧绿的竹筒或菊之幼苗，将鲫鱼肉、鲤鱼籽缠裹成的“缕子脍”，苏州用鱼鲊之片拼合成牡丹状的著名花色菜品“玲珑牡丹鲊”等，都说明在唐宋时江苏已有制作复杂、色泽鲜艳、造型美观的工艺菜品了。明清时代江苏内河交通发达，船宴盛行，南京、苏州、扬州皆有船宴。清代江苏烹饪技法日益精细，菜肴品种大为丰富，风味特色已经形成，在全国的影响越来越大。清人徐珂所辑《清稗类钞》中记有“肴馔之各有特色者，如京师、山东、四川、广东、福建、江宁、苏州、镇江、扬州、淮安”。这里所列举的10处，有5处为江苏名城。

（三）菜系构成

江苏菜按自身风味体系可大致分为淮扬风味、金陵风味、苏锡风味和徐海风味四大流派。

淮扬菜，以两淮（淮安、淮阴）、扬州为中心，南起镇江，北至洪泽湖，东含里下河及沿海一带。主体以大运河为主干的这一地区，水产发达，江河湖海出产甚丰，菜肴以清淡见长，味合南北，是江苏菜风味特色最浓的主体部分。扬州历史上是南北交通枢纽、东南经济文化中心，餐饮市场随经济的发展而繁荣发达。“扬州三把刀”之一的厨刀最为著名，它奠定了淮扬菜刀工精细之基础。扬州食雕是中国菜食品雕刻的典范，玲珑剔透，精美绝伦。其代表菜有：将军过桥、三套鸭、大煮干丝、水晶肴肉、镇江三鱼、两淮长鱼席。

金陵菜，又称京苏菜，指以南京为中心的地方风味菜。南京古为六朝金粉之地，今为江南地区的政治、经济中心，饮食市场自古繁荣。南京菜兼顾四方之优，适应八方之需，口味醇正，滋味平和，香醇适口，特别是烤鸭最为著名，是南京鸭肴的代表。另外，美人肝、松鼠鱼、凤尾虾、清炖鸡孚等也非常有名。

苏锡菜以苏州、无锡为中心，包括太湖、阳澄湖、滆湖地区的地方风味菜。苏锡菜甜味较重，咸味收口，浓油赤酱，近代逐渐趋向清新爽淡，善于表现原料本味。其代表菜有：碧螺虾仁、雪花蟹斗、莼菜莼鲈鱼、梁脆膳、太湖银鱼、鸡茸蛋、天下第一菜、叫花鸡、松鼠鳜鱼、常州的糟扣肉、昆山的虾仁拉丝蛋、无锡的肉骨头。

徐海菜指徐州沿陇海线向东延伸至连云港一带的地方风味菜。徐海菜用海产为原料的较多，以咸鲜为主，风味兼备，风格淳朴，注重实惠。其代表菜有霸王别姬、彭城鱼丸、沛公狗肉、羊方藏鱼、红烧沙光鱼、烧乌花等。

（四）风味特点

清鲜平和是江苏菜最根本的基调。江鲜、河鲜、海鲜、湖鲜、鲜蔬、鲜瓜果、鲜畜禽肉，都突出主料本味，特别注重原料固有的新鲜及鲜味。动物性原料多用活料，以求突出鲜活的本味。调味时主要用盐，以促使原料中的鲜味物质表现出来，但不能以盐之咸而压原料本味，部分菜肴少量加入白糖调味，以求甘鲜滋味，显得更为平和醇正，也常用香醋、芝麻油、糟油、红曲、椒盐、糖醋、醇酒、姜、葱等特色调料，使成菜在清鲜之中显得醇香多变。对于味薄的原料，多用特制调料或虾等鲜香味重的调料来赋味，增强原料的鲜香感。江苏菜也注重原料的荤素组合，合理配料，通过原料间的组配表现原料固有的醇正风味，突出原料清鲜之特色。

（五）代表菜

1．历史名菜

（1）水晶肴蹄

简介：水晶肴蹄又名“镇江肴肉”，亦叫“水晶肴肉”，是驰名中外的镇江名菜。相传300多年前，镇江有一家夫妻酒店。一天店主买回四只猪蹄，准备过几天再食用，因天热怕变质，便用盐腌制起来。但他万万没有想到，会误把妻子为父亲做鞭炮所买的一包硝当作了精盐。直到第二天妻子找硝准备做鞭炮时才发觉，连忙揭开腌缸一看，只见蹄子不但肉质未变，反而肉板结实，色泽红润，蹄皮呈白色。为了去除硝的味道，他一连用清水浸泡了多次，再经开水锅中焯水，用清水漂洗。接着入锅加葱姜、花椒、桂皮、茴香、清水焖煮。店主夫妇本想用高温煮熟解其硝味，没想到一个多钟头后锅中却散发出一股极为诱人的香味。“八仙”之一的张果老恰巧路过此地，也被香味吸引止步，于是他变成一个白发老人来到小酒店门口敲门。店门一开，香味立刻飘到街上。众人前来询问，店主妻子一边捞出猪蹄，一边坦诚地对大家说：“这蹄膀错放了硝，不能吃。”但那位白发老人却把四只猪蹄全部买下，并当即在店里吃了起来。由于滋味极佳，越吃越香，结果一连吃了三只半才罢休。店主和在场的人把剩下的半只蹄膀一尝，都觉得滋味异常鲜美。此后，该店就用此法制作“硝肉”，不久就远近闻名。后来店主考虑到“硝肉”二字不雅，方才改为“肴肉”。此后，“肴肉”渐渐名扬中外。

原料：猪蹄、绍酒、硝水、花椒、精盐、明矾、生姜丝、葱、姜末、八角、镇江醋。

方法：腌、焖。

特点：肉色鲜红，皮白明亮，肉冻犹如水晶透明，肉质香酥，回味隽永。佐以镇江香醋和发丝般姜丝，别具风味。

（2）**扬州狮子头**

简介：狮子头在淮扬菜中俗称“三大头”之一，北方称“肉丸子”，扬州话说是“大赞肉”。据传唐代郇国公韦陟宴客，当“葵花肉”这道菜端上来时，只见那巨大的肉团子做成的葵花心精美绝伦，有如雄狮之头。宾客们趁机劝酒道：“郇国公半生戎马，战功彪炳，应佩狮子帅印。”韦陟高兴地举酒杯一饮而尽说：“为纪念今日盛会，‘葵花肉’不如改名‘狮子头’。”从此扬州就添了“狮子头”这道名菜。

原料：五花肉、豆腐、生姜、料酒、芡粉、松仁、香蕈、笋尖、荸荠、姜等。

方法：炖。

特点：色彩淡雅，香气诱人，鲜嫩异常。由于火功到家，用汤匙舀食，汤味鲜美，入口而化，肥而不腻。衬底的菜心，也酥烂而味鲜。

（3）**叫花鸡**

简介：传说有一个叫花子，流落到常熟一个村子。那天正逢大年，他躺在破庙里，腹内饥饿且天气寒冷，看到人家都在杀鸡杀猪，准备过年，他好不凄然，想到外乞食，又怕人家忌讳。突然，他见到一只母鸡出来觅食，便将其捉住，匆匆来到山野荒郊处宰杀母鸡。他把鸡头拧断，放出鸡血，并从鸡肋下挖个洞，掏出内脏，用一小撮盐擦擦鸡膛，用水调稀黄泥，把鸡糊成泥团，用火石取火，点燃树枝枯叶，然后把鸡放到火上烤，树枝烧完了，他又找了一些干草，焖在火上，还在上面罩了一块破缸片。因为劳累，他倒地便睡。一觉醒来，他忙拨开火灰，余烬还未灭，泥团子已烤得有了细缝，往地上一摔，泥连鸡毛一齐脱落，顿时肉香四溢，他美美地饱餐一顿。叫花子吃鸡时，恰被路过的一家饭店的掌柜看见，觉得香气扑鼻，他便向叫花子讨食，并向其讨教制作方法。掌柜回店以后，如法炮制，并命名为“叫花子鸡”，从此名扬天下。

原料：嫩母鸡、瘦猪肉丁、猪网油、玻璃纸、虾仁、熟猪油、水发香菇丁，熟火腿丁、酒坛泥、酱油。

方法：烤。

特点：鸡肉酥嫩，香气袭人。

2. 特色菜品

（1）**扬州三套鸭**

简介：扬州一带盛产湖鸭，此鸭十分肥美，是制作“南京板鸭”“盐水鸭”等鸭菜

图1－3 扬州三套鸭

的优质原料。早在明代，扬州厨师就用鸭子制作了各种菜肴，如“鸭羹”“叉烧鸭”，用鲜鸭、咸鸭制成“清汤文武鸭”等名菜。清代时，厨师又用鲜鸭加板鸭蒸制成“套鸭”。清代《调鼎集》上曾记有套鸭的具体制作方法：“肥家鸭去骨，板鸭亦去骨，填入家鸭肚内，蒸极烂，整供。”后来扬州菜馆的厨师将野鸭去骨填入家鸭内，菜鸽去骨再填入野鸭内，又创制了“三套鸭”。因其风味独特，不久便闻名全国（图1－3）。

原料：鸭、野鸭、鸽、笋片、火腿片、冬菇、料酒、盐、葱节、姜。

方法：用刀将鸭子从宰口处剁断颈骨，再在鸭颈与翅膀相连处划一刀，拉出颈骨，然后用力翻开鸭皮，割开鸭肉与鸭骨连接处，使骨肉脱节，一直割到大腿的末端，留下小腿关节骨，其余骨都剔尽，挖出内脏，入沸水烫去污血，洗净，再把鸭翻成原状。野鸭、菜鸽以同样方法剔除骨头，入开水中焯后洗净。将野鸭、鸽子入沸水烫洗一次，取出后把鸽子由野鸭出骨口处套入野鸭腹中，再放入冬菇、火腿片、笋片，然后将“怀胎”的野鸭套入肥鸭腹中，又放入冬菇、火腿片、笋片，再将鸭子入沸水锅煮烫一次。砂锅内垫上竹垫，鸭胸脯朝下放在竹箅上，放入葱、姜、料酒，加满水，盖上一只盘子，用旺火煮开，再转至微火炖3小时，把鸭子翻身，去竹箅，投入余下的冬菇、火腿、笋片，再焖半小时，加盐，去姜、葱即成。

特点：肉质酥烂，形态完整。上桌时，以大砂锅盛装，食用时，由外向内，家鸭之肥嫩，野鸭之鲜香，菜鸽之鲜嫩，越吃越鲜，越吃越嫩。多作为高档筵席的头菜。

（2）**无锡肉骨头**

简介：三凤桥酱排骨俗称无锡肉骨头，从问世到现在已有近140年历史，为无锡著名的三大特产之一。三凤桥酱排骨产生于清朝光绪年间（1875年前后），无锡南门莫盛兴饭馆为了充分利用剩下的背脊和胸肋骨，加调味作料，煮透焖酥，起名为酱排骨，当作下酒菜出售。1927年，慎馀肉庄（三凤桥肉庄的前身）开张后，对肉骨头的烧制技术作了改进，味道得到了明显的改进。随着无锡经济的发展，外地游客日益增多，肉骨头深受大家青睐，一时间三凤桥酱排骨声名鹊起。

原料：猪排骨、绍酒、盐、酱油、白糖、葱、姜、八角、桂皮。

方法：将排骨洗净，斩成大小适当的块，用盐拌匀，放入大碗中腌制12小时。将腌制好的排骨取出，放入铁锅内，加入清水浸没，用旺火烧沸，捞出洗净，将锅里的汤倒掉，放入竹箅垫底，将排骨整齐地放入，加入绍酒、葱节、姜块、八角、桂皮，舀入清水，盖上锅盖，用旺火烧沸，加入酱油、白糖，盖好盖，用中火烧至汁稠，食用时改刀再装盘，浇上原汁即可。

特点：色泽鲜明，肉质酥松，芳香四散，咸中带甜，油而不腻。既可热食，也可冷食，佐酒下饭皆宜，是馈赠亲友的佳品。无锡肉骨头因选料严格、配料考究、做工精细、火功适度而具独特的风味。

四、广东菜系

广东菜，简称粤菜，泛指广东省及其附近地区的地方风味菜，是中国四大地方风味菜之一，在国内外享有盛誉。在中国当今餐饮市场中，广东菜对中国各地风味菜影响较大，引领了整个餐饮市场的新潮流。

（一）烹饪原料

广东物产极为丰富，粤菜所用的蔬菜、水果、家禽家畜、水产鱼虾达数千种，有著名的“十大海河鲜”龙虾、海螺、明虾、石斑、鳜鱼、鳙鱼、鲟龙、鲈鱼、鲢鱼等。外地不用的鼠、猫、狗、山间野味，以及蚕蛹、蜂蛹、禾虫、田螺、田鸡、蝗虫等奇异原料，也都是广东菜上佳之选。广东菜充分认识和利用原料的物性因时间、品种和气候的不同，适时合理用料，并形成很多季节性的美食。

（二）历史

广东地区饮食文化在新石器时代前已具雏形，杂食之风盛行。在三国至南北朝的300多年中，中原地区战乱频繁，汉族人大量南迁，使广东腹地得到开发。唐代，在中原饮食文化的影响下，粤菜烹饪发生了质的变革。据唐昭宗时曾任广州司马的刘恂所著《岭表录异》记载，当时广东菜所用的调料已很丰富，并能根据原料的质地，恰如其分地运用多种烹饪技法，因此，菜肴品种颇多，风味怡人。唐代已形成生食之风，依此法拌食的鱼生，一直沿用上千年，当今广东顺德的鱼生菜已非常著名。唐代时对一些粗腥之物，先用碱腌制，既可去其腥，又可使之松软爽脆，再以其他作料同烹，能去异增鲜，清爽悦目，清香味醇。此法已沿用至今，目前广东菜的“先姜葱滚煨、后烹调”的技巧正是这种风格的表现。

唐代以后为五代十国，中原连续战乱，民不聊生，文士们大批南迁，南汉主刘隐广招南下贤士，粤菜再一次受到中原饮食文化的影响。至宋代，广州地区的名肴美点明显增多，而且不少品种一直流传至今。高怿《群居解颐》载：“岭南地暖，好食馄饨，往往稍暄。”如今，广州以谐音“云吞”称之，与面条同煮，叫云吞面，是脍炙人口的美食。

明清时代，珠江和韩江两个三角洲逐渐开发成为商品农业的鱼米之乡，各地都出现了一批作物不同但又相互依赖的专业化农业区域，与之相适应的手工业和城镇逐步形成。这些城镇空前繁荣，民众讲究饮食之风大盛，民间食谱丰富多彩，烹调技术日臻精良。其中著名的有佛山的柱侯名菜、顺德的凤城食谱、潮汕的海产佳肴。与此同时，京津、扬州、金陵、姑苏的烹饪文化及食谱也不断传来，广州、佛山、汕头、惠州等地逐渐成为各帮名食荟萃之地。近代以后，广州成为中国对外贸易最为发达的地区，欧美各国的传教士和商人纷纷前来，西餐及外来餐料相继传入，餐饮行业空前繁荣，“食在广州”进入全盛时期，形成了很多影响广东地区的名菜名店。

20 世纪 80 年代改革开放以后，在贯彻“对外开放、对内搞活”政策的作用下，在珠江三角洲地区经济发展的影响下，广东引进了很多我国香港地区餐饮业的精华，将作为世界美食之都香港的烹饪原料、烹饪方法、烹饪调味，以及经营管理理念，全面引入到广东菜之中，形成红极一时的“港式粤菜”“新派粤菜”。广东成为中国餐饮最为发达的地区，广东菜很多新理念迅速传遍全国，对全国烹饪行业影响最大。随着社会主义市场经济的不断发展，粤菜必将更加尽善尽美，为“食在广州”这一盛誉增光添彩。

（三）菜系构成

广东菜由广州菜、潮州菜、东江菜三部分构成。

广州菜，泛指以广州市为代表的珠江三角洲地区的地方风味菜。它是广东菜的主要构成部分，是传统粤菜的代表。其特点为：选料多样，配菜变化大，菜品众多。质地上讲求鲜、嫩、爽、滑。口味追求原料本味，以清淡为主，但冬季由于用各种酱料调味，味又偏浓醇。烹饪技法众多，以小炒见长。广州菜注重菜质，力求本色原味，风味精鲜，但清而不淡，鲜而不俗，嫩而不生，油而不腻，有所谓五滋（香、松、软、肥、浓）和六味（酸、甜、苦、辣、咸、鲜）之别，时令性极强。代表菜有：白切鸡、白灼虾、蛇羹、油泡虾仁、红烧大裙翅、清蒸海鲜、焗酿禾花雀、籽扒婆参等。

潮州菜，泛指广东东南沿海，与福建相邻地区，以潮州、汕头地区为代表的地方风味菜。潮州菜吸收了西菜特色，风味自成一格，以经营海鲜为所长。其特点为：以烹制海鲜为主，以甜菜、汤羹菜最为著名；讲求原料鲜活生猛，现宰现烹；刀工精细，配料精致，装饰精美；善于追求原料固有本味，以清鲜为主，但又讲究因料跟碟，酱料众多。潮州菜是目前广东菜中最为高档的部分，不论是酒楼的规模及档次，还是用料、厨艺水平都胜过其他。代表菜有：烧雁鹅、潮州卤水、护国菜、甜皱炒肉、豆酱焗鸡、生菜龙虾、炊鸳鸯膏蟹等。

东江菜，也称客家菜，泛指广东东部地区，客家人聚居的东江流域地区的地方风味菜。其特点为：原料多选用家禽、家畜、豆制品，水产品极少使用，因此有“无鸡不香、无肉不鲜、无肘不浓”之说；菜式主料突出，量多，形大，成菜古朴，无过多装饰；质地上力求酥烂香浓，口味偏咸，油重；多用较长时间的烹调，砂锅菜品众多。代表菜品有盐焗鸡、香酥鸭、东江豆腐煲、爽口牛肉丸、梅菜扣肉、海参酥丸等。

（四）风味特点

广东菜具有浓厚的南国风味，菜肴讲究鲜、爽、嫩、滑，善于保持原料固有的本味。

广东特殊的地理及气候特征，决定了菜肴的口味要求清淡、爽滑。对肉食向来追求新鲜，讲究即宰即烹；火候要求也甚为严格，以刚熟为度。

广东菜在烹调过程中所用调味料基础为油、盐、酱油、味精、白糖、料酒、姜、葱、蒜、鲜椒之类，以保持原料本味突出。但随着时代的发展，广东菜引用了世界各地很多新的调味料，并制成各种酱汁，使广东菜风味迅速增多，味的变化更为广泛。广东菜虽然没有味型一说，但风味的复杂及变化众多是引起菜品风格各异的原因，广东菜的风味也因此变得更为复杂，其调味技法也影响了中国其他地方风味菜。

广东菜夏秋清淡，冬春浓郁。夏秋季菜式均具有清、爽、滑的特色，而寒冷的冬春季节是滋补身体的好时令，此时的广东菜崇尚滋补，经较长时间煲、炖的菜式众多。

（五）代表菜

1. 历史名菜

（1）**豹狸烩三蛇**

简介：豹狸烩三蛇，又名“龙虎凤大烩”“龙虎斗”。以蛇制作菜肴在广东已有2000多年历史，汉《淮南子》就有“越人得蚺蛇以为上肴”的记载。宋《萍州可谈》亦称“广东食蛇，市中鬻（指卖）蛇羹”。龙虎斗，据传始于清同治年间，当时出生于广东韶关的江孔殷在京为官，曾品尝过各种名菜佳肴、珍馐异味。他晚年辞官回到家乡后，着意研究烹饪。一年，他做70岁大寿时，为了拿出一道新菜给亲友尝鲜，便尝试用蛇和猫制成菜肴，蛇为龙，猫为虎，因两者相遇必斗，故名“龙虎斗”。后来又加入鸡，其味更佳。此菜自此一举成名，并改称为“龙虎凤大烩”而盛名于世。但人们仍习惯称它为“龙虎斗”。

原料：眼镜蛇、金环蛇、过树榕蛇、豹狸肉、老母鸡、生鸡丝等。

方法：炒。

特点：成菜汤汁稀稠，肉质绝嫩，滋味极鲜。

（2）**白云猪手**

简介：白云猪手是广东的一道名菜。相传古时，白云山上有一座寺院。一天，住持该

图1－4　白云猪手

院的长老下山化缘去了，寺中一个小和尚乘机弄来一只猪手，想尝尝它的滋味。在山门外，他找了一个瓦坛子，便就地垒灶烧煮，猪手刚熟，长老便化缘归来。小和尚怕被长老看见，触犯戒律，就慌忙将猪手丢在山下的溪水中。第二天，有个樵夫上山打柴，路过山溪，发现了这只猪手，就将其捡回家中，用糖、盐、醋等调味后食用，其皮脆肉爽、酸甜适口。不久，炮制猪手之法便在当地流传开来。因它起源于白云山麓，所以后人称它为“白云猪手”（图1－4）。现在广州的白云猪手制作较精细，已将原来的土法烹制改为烧刮、斩小、水煮、泡浸、腌渍等5道工序制作，最考究的白云猪手，是用白云山上的九龙泉水泡浸的。

原料：猪前后脚、白醋、精盐、白糖、五柳料。

方法：煮。

特点：骨肉易离，皮爽肉滑，不肥不腻，酸甜可口。

2．特色菜品

（1）**片皮乳猪**

简介：片皮为“八珍”之一，那时称为“炮豚”。在南北朝时，贾思勰已把烤乳猪作为一项重要的烹饪技术成果而记载在《齐民要术》中了。他写道：“色同琥珀，又类真金，入口则消，壮若凌雪，含浆膏润，特异凡常也。”1400多年前，中国汉族劳动人民烹饪技艺已有这样高深的造诣，实令世人赞叹。片皮乳猪也是许多年来广东人祭祖的祭品之一，是家家都少不了的应节之物，用乳猪祭完先人后，亲戚们再聚餐食用。

原料：乳猪、千层饼、酸甜菜、葱球、蒜泥、白糖、豆酱、甜面酱、南乳、芝麻酱、汾酒、五香盐、烤乳猪醋、花生油、木炭。

方法：选用约5千克重的净乳猪，沿胸骨劈开，去除内脏和猪脑，用豆腐、腐乳、芝麻酱、汾酒、蒜、白糖等涂匀猪腔腌20分钟，用沸水浇遍猪皮去除油污后，涂上糖醋，再用木炭火烤熟呈大红色。分两次片皮上席，均拼摆成猪形。

特点：油光明亮，皮松软，肉滑嫩，风味特异。

（2）**潮州冻肉**

简介：潮州冻肉是一道广东省的汉族传统名菜，属于粤菜系潮州菜。为广东的冬令凉菜。具有养颜美容、调理骨质疏松的功效。

原料：猪五花肉、猪前脚、猪皮、芫荽、鱼露、味精、冰糖、猪油、明矾、清水。

方法：五花肉、猪脚、猪皮刮洗干净，分别切成块，用沸水分别焯过后，再用清水洗净。砂锅内放清水烧沸，加入冰糖、猪油和鱼露，放入竹篾片垫底，把五花肉、猪脚和猪皮放在上面，在中火炭炉上或煤气炉上烧沸后，转用文火熬3小时至软烂取出，捞起肉料，放入洁净砂锅内（皮向下）。然后将原砂锅内浓缩的原汤，放回炉上烧至微沸，加入明矾，去浮沫，再加入味精，用洁净纱布将汤滤过后，倒入已放肉的砂锅，放在炉上烧至微沸。然后将锅端离火口，冷却凝结后，取出切块放在盘中，香菜叶伴边，以鱼露佐食。

特点：晶莹透明，鲜嫩软滑，入口即化，肥而不腻，以鱼露、香菜佐食，风味独特。

（3）**东江盐焗鸡**

简介：东江盐焗鸡是广东传统名菜。主要烹饪工艺是盐焗。制法独特，风味诱人，是宴会上常用的佳肴。

原料：三黄鸡等。

方法：选用肥嫩的三黄鸡，去毛去内脏后，用纱布或荷叶包好，然后埋入热盐锅内，用文火焗约20分钟至熟，除去纱布和荷叶，剥下鸡片，将肉撕成块，骨拆散，加入味汁拌匀，骨放盆底，肉放中间，皮盖上面，摆成鸡的形状，盆边放上香菜点缀。

特点：色泽金黄，皮脆肉嫩，骨肉甘香，风味诱人。

（4）**大良炒鲜奶**

简介：大良炒鲜奶是一道广东地区汉族传统名菜，最早始于广东顺德区大良镇，距今已有上百年的历史。主要由鲜奶、鸡蛋清和淀粉等精制而成。

原料：蛋清、鲜牛奶、火腿末、烧鸭肉末、蘑菇末、熟核桃末、香菜末、葱花、生油、细盐、味精、生粉适量。

图1－5 大良炒鲜奶

方法：大良炒鲜奶是广东传统风味名菜，因起源于顺德区大良镇，故名。在蛋清中倒入鲜奶加入水淀粉适量，调拌成奶蛋糊。将锅烧热，加油滑锅后，下生油，倒入奶蛋糊，使之慢慢凝固成片后捞出，沥净油。锅中加上汤、味精、细盐、鲜奶、烧鸭肉末、蘑菇末、核桃末及香菜末、葱花，倒入蛋片奶略烧片刻，勾薄芡，翻炒几下，出锅装盘，撒上火腿末即成（图1－5）。

特点：色泽乳白，光洁滑嫩，风味特异。

相关链接　搜索

为什么猪肉不宜长时间浸泡水内

很多人喜欢把买回来的新鲜猪肉（或切制成块）放在盆里，用冷水或热水长时间地浸泡、漂洗，以求干净。经这样处理的肉看上去虽然又白又嫩，但却会失去很多营养成分，鲜味淡薄，风味降低。这是因为猪肉的肌肉组织和脂肪组织里含有丰富的蛋白质。猪肉蛋白质可分为肌溶蛋白和肌凝蛋白两种，肌溶蛋白极易溶于水。当猪肉被置于热水中浸泡时，大量肌溶蛋白就会溶解到水里。肌溶蛋白含有肌酸、谷氨酸等各种鲜味成分，这些物质被浸出后，会严重地影响猪肉的味道，浸泡的时间越长，损失得就越多。另外，猪肉经浸泡后，纤维组织膨胀，含水分较多，也不便于切配。因此，猪肉不宜于用冷水或热水长时间浸泡。如果猪肉确系被污染，应先用干净的粗布擦拭干净，然后用冷水快速洗干净，即可切配烹调。

第三节　其他菜系

一、安徽菜

安徽菜，又称“徽菜”，泛指安徽省及其附近地区的地方风味菜，是我国著名的地方菜之一。安徽菜历史悠久，善烹山珍野味，讲究食补，技艺多样，兼有南北方口味，适宜面广，是中国烹饪文化宝库中的一颗明珠。

（一）烹饪原料

安徽地处华东腹地，气候温和，雨量适中，四季分明，物产丰富。皖南山区和大别山区盛产竹笋、香菇、木耳、板栗、甲鱼、石鸡、桃花鳜、果子狸等山珍野味。沿江、沿淮、巢湖一带是我国淡水鱼的重要产区、水产资源极其丰富。辽阔的淮北平原，肥沃的江淮、江南地区是我国农业主产区、著名的鱼米之乡。安徽地产资源成为徽菜取之不尽、用之不竭的物质基础，也造就了安徽菜就地取材，就地加工，选料严谨，保持原料新鲜、本味突出的用料特征。

（二）历史

安徽菜起源于世界闻名的旅游胜地黄山之麓——徽州，原是徽州地区的地方风味。在东晋、南宋时期，由于徽商的崛起，这种地方风味逐渐进入市肆，特别是明代晚期和清代乾隆年间，是徽菜的黄金时代。徽菜随徽商流传到苏、浙、闽、沪、鄂，以及长江中下游各地，哪里有徽商，哪里就有徽菜馆。明清时期，徽菜在武汉、扬州迅速发展，那时传入扬州的徽州圆子、徽州饼、大刀切面，至今仍盛名不衰，促进了徽菜与淮扬菜的大交流。近代后，屯溪成为皖南地区土特产的集散地，徽商由新安江南下经浙江转到上海及沿江各地，徽菜在屯溪和沿江一带得到进一步发展。徽菜的影响遍及大半个中国，成为自成一体的著名地方风味菜。

（三）菜系构成

徽菜主要由皖南、沿江、沿淮三种地方风味构成。

皖南菜以徽州地方菜肴为主体，是传统安徽菜的渊源和主流。皖南菜擅长烧、炖这类长时间加热的烹调方法，讲究菜肴火候，善用火腿佐味，很多菜肴都是用木炭火单炖、单㸆，原锅上桌，有很古朴的乡村风味。代表菜有：红烧头尾、黄山炖鸽、清炖马蹄鳖、腌鲜鳜鱼等。

沿江菜是以芜湖、安庆、巢湖地区为代表的风味菜。沿江菜善烹河鲜、家禽，擅长清蒸、红烧和烟熏技艺，善用糖调味。成菜味较醇厚，刀工、造型较好。代表菜有：毛蜂熏鲥鱼、清香砂焐鸡、无为熏鸭等。

沿淮菜主要盛行于宿县、阜阳等地。沿淮菜擅长烧、炸、熘等烹调方法，善用香菜、辣椒调味调色，成菜质朴，咸鲜爽口。代表菜有：符离集烧鸡、葡萄鱼、香炸琵琶虾等。

（四）风味特点

安徽菜的主体风味基本上以咸鲜为主，咸中微有甜味，整体风味比较醇和浓厚，善于表现原料的自然风味。徽州地方菜肴喜爱用火腿佐味，以冰糖调味提鲜，以突出原料、原汁、原味和咸鲜风味，放糖基本不表现甜味。沿江地区善用糖调味，形成以甜为主的各式风味特色，有咸鲜微甜、浓甜微咸、糖醋、咸鲜酸甜、辣味酸甜等多种风格。淮北则很少以糖调味，突出咸、鲜、辣的风格，善用香菜、辣椒、生姜等辛香料调味。

（五）代表菜

1. 清炖马蹄鳖

简介：清炖马蹄鳖又名“火腿炖甲鱼”，为安徽菜中古老的传统名菜。皖南山高背阴，溪水清澈，所产甲鱼腹色清白，肉嫩胶浓，食之无泥腥味。当地曾流传一首称赞它的民歌：“水清见沙地，腹白无淤泥，肉月背隆起，大小似马蹄。”据《徽州府志》记载，在南宋时期，用“沙地马蹄鳖”“雪天牛尾狸”烹制的菜肴，成为歙味的代表。据传，当时上至宋高宗，下至地方官员，都曾品尝此菜。明清时期，一些知名人士也纷纷慕名前往徽州府品尝“马蹄鳖”，因而此菜驰名全国，成为安徽特有的一道传统名菜。

原料：甲鱼、火腿骨、火腿肉、葱节、姜片、冰糖、熟猪油、精盐、绍酒、白胡椒粉、鸡清汤。

方法：炖。

特点：汤汁清醇，肉质酥烂，裙边滑润，肥鲜浓香。

2．奶汁肥王鱼

简介：“淮河八百里，横贯豫皖苏；欲得肥王鱼，唯有峡山口。”肥王鱼又名“淮王鱼”，也叫“回王鱼”，是全国极为少见的鱼种，产于安徽凤台县境内峡山口一带的水域。肥王鱼外形奇特，体呈扁圆，形如纺锤，黄亮、肥壮、光滑、无鳞，肉质细嫩，历来被当作鱼中上品，居淮河鱼类之冠。食其肉如豆腐一样细嫩，饮其汤如香菇鸡汤一样鲜美，闻其味如雅舍幽兰一样清香。据《凤台县志》记载，西汉时该地曾将肥王鱼献给淮南王刘安。他十分爱吃肥王鱼，每宴必备此菜。后来安徽蚌埠、合肥等地菜馆均用奶汁鸡汤烹制，故称奶汁肥王鱼，成为一道名菜，并驰名中外。

原料：肥王鱼、瘦猪肉、香菜、大葱白段、姜片、精盐、白胡椒粉、鸡汤、熟猪油。

方法：煮。

特点：汤浓似奶，鱼肉肥嫩细腻，味道极鲜。

3．腌鲜鳜鱼

简介：腌鲜鳜鱼，又名屯溪“臭鳜鱼”。屯溪原本是一个无名小镇，1840 年以后，上海成为我国对外贸易的港口，安徽山区把原经江西转运出口的特产，改由经新安江至杭州转上海出口。这样屯溪便成了本省的商品集散中心，每年重阳节后长江名产鳜鱼上市，便将鱼挑运到屯溪出售。从望江一带到屯溪，约有七八天路程，为防止鳜鱼在路上变质，便在行前将鱼置于木桶中，一层鱼洒一层淡盐水，途中住宿时，将鱼翻动一下，这样运到屯溪，鳜鱼不变质，鳃色仍红，散发出一种异味，但只要经厨师热油锅一煎，小火煨烧后，则鲜味透骨，特别鲜美。这样，屯溪“臭鳜鱼”便出了名，当地也因此又称之为“腌鲜鳜鱼”，至今已有 100 多年历史。

原料：净鲜鳜鱼、姜末、青蒜段、白糖、湿淀粉、绍酒、酱油、熟猪油等。

方法：腌、煨。

特点：色泽淡黄，鱼肉嫩白，鲜味浓厚，香而入味。

4．李鸿章杂烩

简介：李鸿章杂烩，又名李公杂碎。此菜始于清代末期，据传，清末时期李鸿章出访欧美，在美国的中国菜馆宴请美国公使时，曾食用烩燕窝一菜。因杂以鸡丝和火腿共煮，故谓之“杂碎”，此菜由此闻名于世。《清朝野史大观》记载了李鸿章出使时，“在美思中国饮食，嘱唐人埠之酒食店进馔数次。西人问其名，华人难以俱对，统之名曰杂碎，自此杂碎之名大噪”。杂碎，为安徽方言，即杂烩。因李鸿章为安徽人，所以“李鸿章杂碎”，便成为安徽名菜。

原料：鸡肉、海参、熟白鸡肉、鱼肉、熟火腿、油发鱼肚、鱿鱼、水发腐竹、干贝、冬菇、玉兰片等。

方法：煮。

特点：用料多样，质地软熟，鲜味浓厚，鲜咸适口。

二、湖南菜

湖南菜，简称湘菜，是泛指我国中南地区，以湖南省为中心的地方风味菜。湖南菜是以辣味著称的地方菜，有内陆烹饪的风格，近几年发展很快，突出菜品的乡土和家常风味。

湖南菜的制作历史悠久。早在战国时期，爱国诗人屈原在他的名篇《招魂》里就述说了当时湖南有很多种珍馐美味。后来在长沙马王堆发现了我国迄今为止最早（汉代）的菜单，其中记录103种名菜品和9类烹调方法，当今湖南的许多名菜和烹调技艺，都可以从这里追溯到渊源。六朝以后，湖南烹饪随统治者和士大夫的重视而丰富和活跃了起来。明清时期，湖南烹饪发展到了黄金阶段，五口通商，海禁大开，商旅云集，市场繁荣，茶楼酒馆遍及全省，湘菜的风格初步形成，出现了多种烹饪流派。到了民国，湘菜以其独有的风姿驰名国内。新中国成立后，特别是20世纪90年代，湘菜更在全国流行开来，其特有风格的几大类菜，在各大菜系中都得到应用和发展，湖南菜已成为中国地方风味的重要组成部分。

（一）烹饪原料

湖南是鱼米之乡，富饶物丰，可供烹调的原材料极其丰富。比较著名的物产有：洞庭鮰鱼、金龟、银鱼、白鳝、水鱼、鳅鱼等淡水湖产；家畜家禽有猪、牛、羊、狗、鸡、鸭、鹅、鹌鹑；植物类有寒菌、冬笋、魔芋、蘑菇、凤尾菌、黄花以及特色的调味品红干椒、永丰辣酱、湘潭子油姜、济阳豆豉等。这些都为湘菜的繁荣提供了物质基础。

湘菜对原料的加工，体现在选料多样而精细，刀法讲究，配菜组合变化大，造型美观，制成的菜品色、形、味俱美，令人叹为观止。

（二）菜系构成

湖南菜分为湘江流域、洞庭湖区和湘西山区三种地方风味，它们各自相对独立，差异很大。

湘江流域地区的风味菜主要指湘中南地区，以长沙、湘潭、衡阳为中心。以长沙为代表的地方风味菜是传统湖南菜的代表，其特点是选料上乘、广泛而精细，制成品繁多；在质地上讲求粑软酥烂，擅长较长时间加热的烹调方法；在口味上讲求原料的鲜香；在技法上以煨、炖、蒸、腌腊、炒为主。比较著名的菜品有腊味合蒸、清炖牛肉、红煨鲍鱼、酱汁肘子、麻辣子鸡、红烧肉等。

洞庭湖区的风味菜主要指洞庭湖地区，以常德、益阳、岳阳等地为中心的地方风味菜。菜肴以善烹湖鲜、水禽、野味为主，多采用煮、烧、腊的烹调技法，色泽较浓重，芡多油厚，咸味较重，有辣味风格。煮菜喜欢用火锅上桌，民间则用蒸钵置泥炉上炖煮，俗称“蒸钵炉子”，都是边煮、边下料、边吃。烧菜有红烧甲鱼、冬笋野鸭等水产风味的名菜。蒸菜有冰糖湘莲、荷叶软蒸鱼等以当地特产原料为代表的菜品，清淡宜人。另外，腊鱼、腊野鸭也非常著名。

湘西山区的风味菜主要指以吉首、怀化、大庸为中心的湖南西部山区的地方风味菜。湘西菜擅长制作山珍野味和各种腌腊制品，有浓厚的乡土风味，口味以咸、酸、辣为主调，味较浓厚醇香。用山区特产寒菌、冬笋、板栗制作的红烧寒菌、油辣冬笋、板栗菜心，都能给食者带来健康、清新、脆嫩香甜的饮食风格。湘西酸肉为湘西土家族的风味菜，以肉腌制后爆炒制成，香辣宜人。这些都是湘西最有特色的代表名菜。

（三）风味特点

品种繁多、口味复杂的众多调味品，经湘菜烹饪大师在烹调过程中的变化组合，形成了味浓、色重、清鲜兼备，以酸、辣、咸为主体风格的众多的麻辣味、椒盐味、胡椒味、陈皮味、咸辣味、咸酸味、五香味、咸鲜味等味型。其中，酸辣味特别具有风味特色。

（四）代表菜

1. 东安子鸡

简介：东安子鸡，因用子母鸡烹制，故名。此菜始于唐代。据传唐玄宗开元年间，湖南东安县城有一家小饭店，一天晚上来了几位客商，要求店家做几道鲜美的菜肴。当时店里菜已卖完，店家便捉来两只活鸡，宰杀洗净，切块，加葱、姜、蒜、辣椒等烹制，香味扑鼻，肉质鲜嫩，几位客商吃后非常满意，便到处夸小店菜香，于是此菜逐渐出名。东安知县开始不信，便亲自到该店品尝，觉得确实名不虚传，便称它为“东安子鸡”。这款菜从唐代流传至今，已有1000多年历史，成为湖南最著名的菜肴之一。

原料：嫩母鸡、姜、干红辣椒、清汤、黄醋、湿淀粉、绍酒、味精、葱、熟猪油、香油。

方法：烧。

特点：菜色呈红白绿黄，鸡肉肥嫩，味道酸辣鲜香。

2. 君山银针鸡片

简介：君山坐落在烟波浩渺、气象万千的洞庭湖，远看宛如一只青螺伏卧于湖中。相传为十二青螺仙女因搭救湖区灾民变化而成。唐代程贺有诗赞曰：“曾游方外见麻姑，说道君山自古无。原是昆仑山上石，海风飘落洞庭湖。”“君山银针”是摘自君山白鹤寺内十几株茶树上的茶叶。用君山银针茶烹制的鸡片，其味极佳，深受中外食客的欢迎。

原料：鸡脯肉、鸡蛋、百合粉、精盐、味精、君山银针茶叶、猪油、湿淀粉、芝麻油。

方法：炒。

特点：白绿相间，鸡片鲜嫩，银针清香。

3. 五元神仙鸡

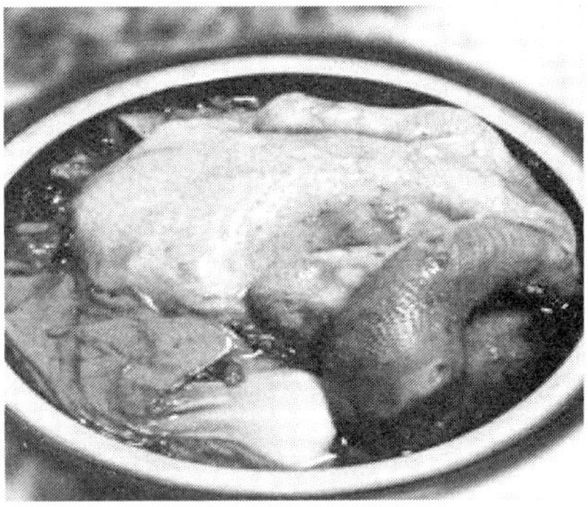

图1－6　五元神仙鸡

简介：五元神仙鸡又名“五元全鸡”。清《调鼎集》上曾载有炖“神仙鸡”的制法：“洗净，入钵，和酱油，隔汤干炖。嫩鸡肚填黄芪数钱，干蒸，更益人。”用鸡加黄芪蒸制，具有较强的滋补功效，常食可强身健体，延年益寿，故名“神仙鸡”。清同治年间，湖南地区就开始烹制五元神仙鸡，由长沙著名的曲园酒楼所创，它在原制法的基础上，加荔枝、桂圆、红枣、莲子、枸杞子，故名五元神仙鸡（图1－6）。这家酒楼在抗日战争期间迁至南京，新中国成立后迁到北京，现在是首都首屈一指的湖南风味菜馆，其早年经营的五元神仙鸡仍然是最著名的特色菜肴之一。

原料：嫩母鸡、桂圆、荔枝、红枣、莲子、枸杞、冰糖、胡椒粉、精盐。

方法：蒸。

特点：色泽淡红，鸡肉肥酥，汤汁浓醇，鲜而入味。富有营养，具有较强的滋补功能。

4. 龟羊汤

简介：乌龟在上古时期曾被列作“四灵”之一，“四灵”即麟、凤、龙、龟。麟、凤、龙被古人视为“神灵”，乌龟被视为“灵物”，均不可食。但到春秋战国时期，已被作为珍肴食用。《楚辞·招魂》就有“露鸡月霍蠵（卤鸡和烧大龟）”的记载。到明代，乌龟不仅可入药，而且也被视为食疗佳品。李时珍在《本草纲目》中记载，龟肉“甘、酸、温，无毒……煮食，除湿痹、风痹、身肿、折，治筋骨痛及一二十年寒嗽”。

自宋至元，宫廷御医均用羊肉制作滋补佳肴。元代还用羊肉与团鱼制汤做食疗。元代宫廷饮食太医忽思慧在《饮膳正要》中就记载了用羊肉相配的团鱼汤一菜的制法。故用羊肉与乌龟共煮，是一道珍贵的滋补名馐。

原料：羊肉、龟肉、党参、枸杞子、附片、当归、冰糖、绍酒、葱节、姜片、胡椒粉、味精、精盐、熟猪油。

方法：煮、炒、炖。

特点：汤汁浓醇，肉质酥烂，滋味鲜美。配以各种药料，具有滋补功效。

三、上海菜

上海菜又称海派菜，泛指当今上海地区的风味菜，是中国菜系的重要组成部分。上海菜是随着上海这个城市的演变而发展起来的，既受到全国各地风味菜肴的影响，又带有浓郁的上海本地特色，集多样性、传统性和变化性于一身，具有适应面广、善于创新开拓、风味多变、时代味浓的整体风格。

（一）烹饪原料

上海地处我国海岸线的中心点、长江入海口，腹地广阔平坦，土壤肥沃，物产丰富。这里有四季连绵不断的时鲜蔬菜，大量海产的鱼、虾、蟹、贝、螺和淡水所产的鱼虾以及畜禽，是中国自然出产最为丰富的地区。加之上海还有来自中国各地、世界各地的各种原料和调味品。这些充沛的物产资源为上海风味菜提供了物资保障，形成了上海菜选料多样、善用新料、富于变化的原料特征。

（二）菜系构成

上海菜基于包容各地风味的形成和发展基础，按 20 世纪 80 年代上海饮食市场的实际现状及其影响，上海菜可分为：海派江南风味、海派四川风味、海派北京风味、海派广东风味、海派西菜和功德林素菜六大组成部分。每一组成部分既保留了原来地方风味的饮食精华，又不完全等同于各地方风味，有种似曾相识又不尽相同的效果，带有很多源于传统而又创新变革的气息，使各地方风味在上海这个饮食大舞台上共存共荣，共同构成了上海风味菜。

上海菜各构成部分都各自依托属于自己风味的著名餐厅、酒楼、饭店和酒店，各自保留特色经营，形成共同繁荣的景象。著名老店有上海老饭店、新雅粤菜馆、红房子西餐厅、老正兴菜馆、老四川饭店、功德林素食等。

（三）风味特点

上海地处暖温带，气候温暖，饮食习俗比较讲究清淡的本味，也善于调味，突出表现原料真味。基于上海菜品荟萃全国及世界各地风味这一大特色，外来菜既有相互融合、逐步同化的一面，又有独立表现原有的独特风味的一面，使上海菜品种繁多，融合百味。总体上讲，上海菜仍以清淡为主，口味平和，味感层次丰富，有辣、酸、甜、香等复合的各种风味，质感分明，菜品个性特色浓厚，适宜不同口味食客的需求。

（四）代表菜

1. 大闸蟹

简介：我国江河湖海均产蟹，但以江苏省阳澄湖清水大闸蟹最为闻名。清水大闸蟹青背白肚，金爪黄毛，每年阴历秋冬之季，蟹最肥美，清蒸后红壳白肚，膏脂肥满。但蟹性寒，胃弱者不宜多食，一般吃两只就可以了。食蟹宜独味，不再吃其他菜肴，但必佐以生姜、醋，或饮适量热黄酒。活蟹久贮时，要用细绳扎紧实，使之勿动，用湿蒲包装置于阴暗处，可以经久不死，但不宜放水中。

原料：大闸蟹等。

方法：蒸。

特点：青背，蟹壳成青泥色，平滑而有光泽；白肚，贴泥的脐腹甲壳，晶莹洁白，无墨色斑点；黄毛，蟹腿的毛长呈黄色，根根挺拔；金爪，蟹爪金黄，坚实有力。蟹一般每只重 200 克左右，肉质细腻，营养丰富。

2. 桂花肉

图 1－7　桂花肉

简介：桂花肉是汉族传统名菜，属于浙菜系。后传入上海。经当地厨师的不断改良，色泽金色，口味醇正，深得食客喜爱。

方法：瘦肉切约三分厚大片，用刀背敲捶，使肉质纤维松开，切成小块用糖、盐酒略腌一下。鸡蛋打散与糯米粉调和成蛋糊，然后把腌好的肉拌入。炸油烧至八成热，将肉块逐个放入，略炸捞起，待油温回升后复炸至金黄，捞起滴干油。加入糖、醋、盐、麻油生粉、味精，盛起。

原料：猪夹心肉、鸡蛋、料酒、精盐、花椒盐、糖醋卤、面粉、干淀粉、芝麻油、猪油。

特点：色似金色桂花，香脆、鲜嫩。也可蘸番茄沙司或甜面酱食用（图 1－7）。

四、北京菜

北京菜，也称京菜，泛指目前北京地区的地方风味菜，是中国地方菜之一。北京菜融合了山东菜、清真菜、宫廷菜、官府菜之味，并旁及全国各地方风味。

北京是历史悠久的古都，先后有众多朝代建都于此，这就形成了多民族聚居北京、五方杂处的状况。如明永乐皇帝迁都北京，大批南方官员北上，南方的很多菜肴随之传入，著名的北京烤鸭就是源自金陵（南京）的片皮鸭；清代，满族人的一些古朴烹调方法也传入北京，现今北京人喜爱的涮羊肉就是从东北满族人的“原野火锅”演变而来的。这些众多的外来风味传入以后，由于年代久远，在操作和口味方面又有了发展和变化，并深入到人们的日常生活之中，成了当地的北京菜。

（一）烹饪原料

由于北京本地出产不多，北京菜的用料多广收博取，充分使用来自全国及世界各地优良的烹饪原料。东北的熊掌、鹿筋、哈士蟆，海南及东南亚的鱼翅、燕窝，渤海的海参、对虾，日本的鲍鱼，白洋淀的淡水鱼鲜，张家口的羊肉，四川的猪肉，江南的时令鲜蔬……都是北京菜的首选。这些优良的外地原料，经过历代厨师的广泛利用，精心烹制，更加丰富多彩，菜式品种众多。

（二）菜系构成

北京菜主要由山东菜、宫廷菜和官府菜、清真菜等组成。

北京的山东菜汁少清淡、醇厚不腻、咸鲜脆嫩的特色易为北京人接受，大量山东风味菜馆层出不穷。历经数百年的山东菜馆，在烹调方法和调味技术方面不断改进，并创新了很多名菜。这些名菜已与原来传统的山东菜有明显区别，成为北京菜体系中最大的组成部分。

宫廷菜和官府菜的烹调技艺及菜品逐步流入民间，对北京菜的形成也起了极大的作用。在清代，宫廷御膳房和北京一些官府中的菜肴通过各种渠道流传到民间。宫廷菜和官府菜用料考究，做工精细，讲究色香味形的高度和谐，本味突出，味道醇鲜，成菜高贵典雅，用具独特，逐渐成为北京菜最有特色的代表。

清真菜也是北京菜的重要组成部分。自元代以来，受各少数民族的影响，北京人喜食羊肉。乾隆年间就有著名的全羊席，即利用羊的各个部位，通过多种烹调技法和用多种风味调制成众多的羊肉佳肴。这种融合不同菜肴制作精华的烹调技艺逐步被回族人民所继承，并在北京开设了以烹羊为主的清真餐馆，一直到现在，清真菜仍是回汉等各族人民喜爱的佳肴。

除此之外，北京还有很多风味名菜来自全国各地。这些菜传入北京以后，在原料、配伍、制作方法上融合变通，成为适宜北京人口味的新风味菜。

（三）风味特点

北京菜总体上讲求味浓、汁浓、肉烂、汤肥的风味特点，也兼收全国各地的一些地方风味，酥、辣、甜、酸经常使用。但随着人们对口味和营养要求的提高，整体上开始向清、香、鲜、嫩、脆的口味转化，讲究菜品的外观色形搭配、营养素的平衡、火候的精准、口味的多变。

（四）代表菜

1. 北京烤鸭

简介：北京烤鸭是誉满全球的名肴，也是我国烹调艺术中的瑰宝。来到北京的中外来宾，一般都要到全聚德烤鸭店吃上一顿美味的烤鸭。烤鸭的吃法多种多样，最常见的是用荷叶饼卷着吃，即将荷叶薄饼对折，在鸭肉抹好甜面酱，放上葱段，卷起来吃。现在许多国家都有我国派出的名师传授烤鸭技艺。

相传，烤鸭源于名贵品种北京鸭，它是当今世界最优质的一种肉食鸭。据说，这一特种纯白京鸭的饲养起于1000年前左右，辽金元之历代帝王游猎，偶获此纯白野鸭种，后为游猎而养，一直延续下来，并培育成现今名贵的肉食鸭种。填鸭即用填喂方法育肥的一种白鸭。北京鸭曾在百年以前传至欧美，经繁育一鸣惊人。因而，作为优质品种的北京鸭，成为世界名贵鸭种来源已久。关于烤鸭的形成，早在400多年的南北朝，《食珍录》中即有“炙鸭”字样出现，南宋时，“炙鸭”已为临安（杭州）“市食”中的名品。其时烤鸭不但已成为民间美味，而且是士大夫家中的珍馐。但至后来，据《元史》记载，元破临安后，元将伯颜曾将临安城里的百工技艺迁至大都（北京），烤鸭技术由此传到北京，烤鸭也成为元宫御膳奇珍之一。继而，随着朝代的更替，烤鸭亦成为明清宫廷的美味。明代时，烤鸭还是宫中元宵节必备的佳肴。据说清代乾隆皇帝和慈禧太后，都特别爱吃烤鸭。从此，便正式命名为“北京烤鸭”。后来，北京烤鸭随着社会的发展，逐步由宫廷传到民间。

新中国成立后，北京烤鸭的声誉与日俱增，更加闻名世界。据说周总理生前十分欣赏和关注这一名菜，他曾29次到北京全聚德烤鸭店视察工作，宴请外宾，品尝烤鸭。为了适应社会发展需要，而今全聚德烤鸭店的烤制操作已愈加现代化。

原料：北京填鸭、酱、葱段等。

方法：烤。

特点：汁液丰富，气味芳香，且易于消化，营养丰富。

2. 煳肘

简介：“煳肘”，是北京砂锅居饭庄“燎法”的代表菜之一，已有200多年的历史。

图1-8　煳肘

吃起来带有一种煳香味，滋味特殊。

原料：猪肘肉、腌韭菜花、大蒜泥、腐乳汁、辣椒油、酱油。

方法：先用火将猪肘子皮燎煳，并起小泡，然后放入温水里泡30分钟，刷去煳皮呈金黄色，再放入清水锅内煮熟，切成厚片装入盘内，同酱油、蒜泥一起上桌（图1-8）。

特点：肉白皮黄，柔软鲜嫩，有浓郁的煳香味，屡吃不腻。

第四节　少数民族菜和官府菜

一、少数民族菜

（一）少数民族菜的特点

1. 苗族菜

在菜肴口味上，各地的苗族同胞略有差异。贵州的苗民喜食腌制品，湘西的苗民爱食酸，云南的苗民嗜麻辣。其共同点是口感比较浓、咸味重，常用的烹调方法是腌、煮、焖、烧、炖、烤，而且原料野味较多，如麂、鹿，还有蚯蚓、竹鼠、飞蚂蚁等。苗族的特色菜有：瓦罐焖狗肉、清汤狗肉、红烧竹鼠、油炸飞蚂蚁、炖全嘎嘎、酢鱼、草鱼酸、辣骨汤、腌蚯蚓、蒸糯米肠、乌米饭、糯米粑等。

2. 布依族菜

布依族人讲究饮食卫生，不食生，选料极为宽泛，青苔、竹虫、蝌蚪等皆为美味。口味酸、辣、麻香、脆，最擅腌制。常用的烹调方法为烧、炸、煮、爆、冻等，菜点新鲜、素雅、朴实、爽口。布依族的特色菜点有：青苔冻肉、软炸沙巴虫、炸竹虫、香椿蝌蚪、糯米穿肠、酸味芭蕉树心、芝麻油团粑、糍粑等。

3. 侗族菜

侗家食酸几乎到了无菜不酸的地步，而且是无菜不腌。所有酸菜都要拌以豆豉和生姜，其味是酸中带辣、咸。他们的酸菜很特殊，如酸鱼经腌制后放入大缸中以巨石压紧，密封并埋入土中，起码3年后取食，香味很浓。常用的烹调方法有腌、炸、烧、烟熏、煮、汆等。特色菜点有：酸肉、酸鱼、酸虾子、酸蚯蚓、酸糯米饭、烟熏鱼、白水煮鱼、辣椒鱼、拖芡炸鱼、油茶等。

4．瑶族菜

瑶族菜烹调方法以焖、煮、烤、腌等为主，口味麻辣、咸鲜，喜香甜。特色菜点有：鸟鲊、肉鲊、清肠脆肚、酸菜蒸鲫鱼、五色花糯米饭、干笋焖鸡、油茶等。

5．白族菜

白族聚居云南大理，以牛奶加工成的乳扇（图1－9）、鹤庆火腿、永平腊鹅和弥渡卷蹄等都是白族的菜肴主料。烹调擅长腌、煮、炸、蒸、炖、冻、拌、烩、酿等方法，口味喜辣、酸、甜、凉、麻。白族善于腌制火腿、香肠、弓鱼、猪肝鲊、油鸡枞、螺蛳酱等，白族有整套的宴席菜，大致分为素席、果酒席和荤席三大类。特色菜点有：砂锅鱼、乳扇、冻鱼、凉拌螺肉、炸仙人花、牛奶煮弓鱼、荞糕、糖煮饵麸等。

图1－9　乳扇

6．哈尼族菜

哈尼族人常用的菜肴原料除青菜、萝卜外，还有鱼、虾、泥鳅、黄鳝、蚂蚱、蜂蛹、竹蛆、石蹦、麂子、蛇等，擅长腌咸菜，尤以做豆豉出名，并能以花卉入馔，颇具特色，口味鲜、酸、辣、香、咸。特色菜点有：紫花拼盘、油炸蜂子、生炸竹蛆、五香芭蕉花、清汤橄榄鱼、石蹦炖蛋、酸笋炒麂肉、煮蛇丸子、酸虾、豆腐丸等。

7．傣族菜

傣族烹调方法受佛教寺院和汉族菜肴影响较深，擅用煮、烘、烤、腌、拌、舂、炖等技术，常用原料除鱼、猪肉、牛、鸡、螺、蔬菜外，还有青苔、蚂蚁、酸笋、狗肉、蜂蛹、牛屎虫蛋、竹蛆、大蛐蛐、竹虫、棕色蛆等。特色菜点有：牛撒撇、鲊什锦、鱼剁参、酸肉、香芳草烧鸡、刺猬酸肉、酸笋焖鸡、田鸡干巴、青苔松、三味蚂蚁蛋、香竹饭、炸麻脆、象耳粑粑等。

8．拉祜族菜

拉祜烹调技术擅长烤、腌、煮、蒸，口味鲜、香、麻辣。特色菜点有：血鲊、群星托月、烤牛肉、烤麂子、烤野猪、鸡肉稀饭、猪肉团子、竹筒饭、竹筒烤肉、辣椒蒸肉。

（二）历史名菜

1．涮羊肉

简介：涮羊肉是民族风味菜之一。涮羊肉的吃法是：先备镀锡火锅，吃前生好炭火，锅里放入热水，放入锅底作料。吃涮羊肉时配制的作料，主要有芝麻酱、韭菜花、腐乳汁、卤虾油、辣椒油、酱油、醋等，还可入香菜末，锅底作料有海米、细粉丝、葱花、白菜、酸菜丝等。火锅水开以后，先下海米，再将部分细粉丝、白菜、酸菜丝等放入，等到火锅水再开后，即可一边涮、一边吃。涮羊肉时，先夹一片羊肉，在火锅中摆动数次（约涮五六秒钟），当血色退去、表皮微呈灰白色时，将肉片放到小作料盘里，蘸着作料吃，只有掌握恰到好处的吃法，羊肉才能鲜嫩，不腥、不膻、不腻。如涮的时间太短，则肉里的血色未褪，吃起来就没有鲜的感觉；涮的时间长了，羊肉紧缩并且呈褐色，说明已过火，吃起来硬而柴。可见，涮羊肉的吃法比较讲究，关键在这一“涮”的瞬间。

特点：肉片呈灰白色、薄匀、鲜嫩，没有膻味，配菜、作料多样，大吃、小吃皆佳，冬季尤为适宜，围锅而坐，自己动手，边涮边吃，热而香鲜。

随着炊具的改进，现在涮羊肉已较多使用燃气火锅和电火锅。锅的材质也有用铁合金或不锈钢锅的，有的在锅中间一分为二，一半放辣汤，一半不加辣汤，此种火锅又称为鸳鸯锅。有的火锅还有烧烤功能，原料也多种多样，除羊肉外，还可有各种海味、鱼片、虾、蟹、鸡片、鸭片、牛肉片、猪肉片和各类蔬菜。

2. 烤肉

简介：烤是很古老的烹调方法之一，烤肉是少数民族传统的饮食。北京过去有不少家烤肉店，最出名的要数“烤肉宛”和“烤肉季”。“烤肉宛”的历史悠久，开始是清康熙年间用手推小车走街串巷流动卖烤肉，到咸丰年间才在宣武门大街开设铺面。“烤肉季”则是从清同治年间开始摆摊卖烤肉，至 1920 年才在什刹海北岸形成餐馆，两家烤肉店一南一北，人们习惯称呼它们为“南宛北季”。“烤肉宛”以烤牛肉见长，“烤肉季”则以烤羊肉著称。

特点：生肉经火烤制，炙香诱人，肉质含浆滑美，肥而不腻，瘦而不柴，鲜嫩可口。

3. 全羊席

简介：全羊席是指分别用整只羊的不同部位，烹制出各种菜肴，从羊头至羊脚，每一处都可做一个菜，其品种五花八门，名称都不一样，而且所有的菜名中不露一个“羊”字。一桌全羊席，最少要有 44 个菜，人多时，还可以随意添菜，但是一定要按照全羊的每个部位逐一操作。

特点：全羊菜品具有软烂、清淡、味口宜中以及酸、辣、和谐、不腥不膻、脆、嫩、鲜香之特点。

二、孔府菜

（一）孔府菜的特点

山东文化古城曲阜，是春秋时期思想家、教育家孔子的故乡。孔府拥有大量的田地和朝廷俸禄，使孔府家族的地位和豪奢的程度达到了空前的水平。在孔府日常生活中，上要迎接圣驾，下要接待各级祭孔官贵，宴请频繁而讲究。

孔府的膳食受孔子“食不厌精、脍不厌细”的影响，十分考究。经过千百年来名厨的继承和创新，创造出了丰富多彩、精烹细做的各种菜肴，形成了独具特色的孔府烹饪。

孔府宴席是用于接待贵宾、袭爵上任、生辰祭日、婚丧喜寿时特备的高级宴席。这些宴席遵照君君臣臣、父父子子的封建等级制度严格区分，有不同的规格。第一等用于接待皇帝和钦差大臣的“满汉全席”，是按清代国宴的规格设置的，使用全套银餐具，上菜196道，全是山珍海味、名菜佳肴，有驼蹄、熊掌、猴头、鹿筋、燕窝、鱼翅等，以及满族的“全羊带烧烤”，还有火锅、品锅、全盒之类的丰盛大件；第二等为名门显贵而设，一般为鱼翅、海参等；第三等为一般官员所设，稍差一些。

孔府宴席菜在烹调中善用清蒸、清氽、清炒，注意保持原味、原色、原形。为提取烹调中使用的鲜汤，要用鸡、鸭、肘子清煮后，再用鸡肉茸清汤，用料多达三套，所以又叫“套汤”。有时为使海参、鱼翅、燕窝等名贵原料能够入味，提鲜也要用这种高级套汤氽过，这种操作方法叫“度”。

孔府的另一类菜肴是“家常菜”。这类菜一般用鸡鱼肉蛋、时令蔬菜，如米粥、煎饼、咸菜、豆腐、豆芽、香椿、鸡蛋、茄子，不一而足，具有浓厚的乡土风味。这些来自民间的家常小吃，经过厨师的精巧制作，成为孔府的独特菜品。其原则是“粗菜细作，细菜精炒”，所以孔府家常菜也别有风味。像豆芽菜，要将豆芽掐去芽和根，只留豆莛，清油快炒，鲜脆爽口，曾受到乾隆皇帝的赞赏。香椿芽也是山东西部民间春季常用的蔬菜，孔府每年收进数百斤头茬上好的椿芽，供一年食用。

孔府点心注意应时制作，有用各种花卉为料制作的桂花饼、荷花饼、菊花饼、薄荷饼；还有夏季的绿豆糕，冬季的豆沙包、水晶包，秋季的萝卜丝饼。节日糕点也自有特色，元宵节的各种馅心元宵，端午节的玫瑰粽子、冰糖枣粽，中秋时的酥皮豆沙月饼，火腿、海米、冬菜月饼，年节的年糕、黄糕，数不胜数，而且年年都有新花样面市。

丰富而精巧的面点与技艺高超的菜肴形成了孔府烹饪完美的风味特色。这是历代在孔府从事烹饪的名厨吸取各方经验，不断提高、创新的结果。

（二）历史名菜

1. 八仙过海闹罗汉

八仙过海闹罗汉是一个大品锅菜，选用 8 种鲜物做成各种形状，经烧制而成（图 1－10）。在数代孔府做寿、办喜事时，此菜作为宴席的首菜，此菜上桌后，喜庆宴会才开始，为传统的孔府名菜。

图 1－10　八仙过海闹罗汉

2. 神仙鸭子

神仙鸭子是一个大件菜，为了保持原味，在将鸭子装进砂锅后，上面糊一张纸，隔水蒸制。为了精确地掌握时间，在蒸制时烧香，共三炷香的时间即成，故名"神仙鸭子"。相传这是被逼出来的，衍圣公要求此菜做成立即趁热上桌，不得延误，菜肴蒸制既要熟烂，又要准时。为此，厨师想出点香计时的方法，成为烹饪中的美谈。

三、满汉全席

（一）简介

满汉全席是我国历史上著名的筵席之一，兴于清代，由满菜、满点和汉菜组成，也是清朝最高级的筵席。

清朝政权在未入关前，饮食并不讲究，但在入关统一中国后，看到了汉族文化的发达，感受到了中原的菜肴烹制香醇精美，使他们的饮食习惯有了转变。满族官员不断被汉族官员邀请赴宴，尝到了汉族厨师烹制的美味佳肴。满族的王公大臣也时常回请或赐宴，大家常借此机会比富贵、比阔气，相互探听生活习惯和饮食特色，交流烹调技艺，对满汉全席的形成起到了推动作用。满汉全席有宫内和宫外之别。宫内专供皇帝、皇后等享用，皇亲贵族、宰相、功臣才有资格参加宫内的满汉全席。宫外的满汉全席用于朝廷科考的封疆大吏中，入席时，要控制排列座次，顶戴朝珠，公服入席。

满汉全席又称"翻桌席"，宴席越丰富、越隆重，翻桌的次数就越多。一般是"三撤席"，即一次宴席分为三个阶段，每一阶段所有的家具和餐具均进行更换，作为"段"的标志。第一段喝软酒，吃软菜，即喝绍兴黄酒，吃酒菜；第二段喝硬酒，吃肥菜，即喝白酒和吃肥腻的菜；第三段喝汤，吃面饭、点心。

满汉全席包括大小菜肴数共108件，其中南菜54件、北菜54件，且面点不在其中，满洲饽饽大小花式品种44道。

（二）程序

满汉全席的宴请程序为：

（1）**到奉**。客人到达宴会厅后，先送上毛巾净面，随后送上香茗（茶盅不大，要上好绿茶），接着便以四色精美点心和银丝细面奉客。

（2）**茗叙**。吃罢“到奉”，便开始“茗叙”。沏上好茶，奉上瓜杏手碟（即瓜子、杏仁对镶在碟里，供随时用手取食），这时，客人可以弈棋、吟诗、作画，或随意谈心。

（3）**入席**。清朝时，席面用方桌，每方坐两人，下方空出不坐，以便看戏，共坐6人。以后才改成圆桌，坐10人或12人。由于满汉全席菜肴众多，一餐之间，是吃不完和吃不下的。所以，有的分为全日，以早、中、晚进行，或分为两日，有的分为三日，才能终席。

与此同时，酒席的台面已经摆好。四生果（即鲜橙、甜柑、柚子、苹果）、四京果（即红瓜子、炒杏仁、荔枝干、糖莲子）、四看果（即用木瓜或沙葛雕成如甜橙、阳桃、苹果、雪梨等鲜果形象）被摆放在台面上（由于当时的运输和冷藏条件所限，时令鲜果无法在冬季或春节使用，所以制成鲜果形状做摆设）。入座后，先将鲜果削皮献上，随四冷荤吃酒，继上四热荤，酒过三巡后，上大菜鱼翅。至此，撤去碟碗，献毛巾。然后上第二席的双拼、热荤，饮酒行令。稍歇，又献一次毛巾，接着又上第三席、第四席，酒尽兴后，再上第五席饭菜、粥汤。食毕，上一个精致的小银盘，盛着牙签、槟榔等，供客选用。再上一遍洗脸水（叫作“槟水”），至此宴席宣告结束。

满汉全席的席名都是吉庆寓意，有玉堂宴、龙门宴、金花宴、鹿鸣宴等。

相关链接　搜索

6种满汉全席

（1）蒙古亲藩宴。此宴是清朝皇帝为招待与皇室联姻的蒙古亲族所设的御宴。一般设宴于正大光明殿，由满族一、二品大臣作陪。历代皇帝均重视此宴，每年循例举行。而受宴的蒙古亲族更视此宴为大福，对皇帝在宴中所例赏的食物十分珍惜。

（2）廷臣宴。廷臣宴于每年上元后一日即正月十六日举行，是时由皇帝钦点大学士，九卿中有功勋者参加，故兴宴者荣殊。宴所设于奉三无私殿，宴时循宗室宴之礼。皆用高椅，赋诗饮酒，每岁循例举行。蒙古王公等也皆参加。皇帝借此施恩来笼络属臣，同时也是廷臣们功禄的一种象征形式 。

（3）万寿宴。万寿宴是清朝帝王的寿诞宴，也是内廷的大宴之一。后妃王公，文武百官，无不以进寿献寿礼为荣。其间名食美馔不可胜数。如遇大寿，则庆典更为隆重盛大，系派专人专司，衣物首饰，装潢陈设，乐舞宴饮一应俱全。

（4）千叟宴。千叟宴始于康熙，盛于乾隆时期，是清宫中规模最大、与宴者最多的盛大御宴。清康熙五十二年（1713年），在阳春园第一次举行千人大宴，玄烨帝席赋《千叟宴》诗一首，故得宴名。

（5）九白宴。九白宴始于康熙年间。康熙初定蒙古外萨克等四部落时，这些部落为表示投诚忠心，每年以"九白"为贡，即：白骆驼一匹、白马八匹，以此为信。蒙古部落献贡后，皇帝设御宴招待使臣，谓之九白宴，每年循例而行。

（6）节令宴。节令宴系指清宫内廷按固定的年节时令而设的筵宴。如元日宴、元会宴、春耕宴、端午宴、乞巧宴、中秋宴、重阳宴、冬至宴、除夕宴等，皆按节次定规，循例而行。满族虽有其固有的食俗，但入主中原后，在满汉文化的交融中和统治的需要下，大量接受了汉族的食俗。又由于宫廷的特殊地位，促使食俗定规详尽。其食风又与民俗和地区有着很大的联系，因此，腊八粥、元宵、粽子、冰碗、雄黄酒、重阳糕、乞巧饼、月饼等在清宫中一应俱全。

四、谭家菜

（一）简介

谭家菜出自清末官僚谭宗浚家中，流传至今，已有百余年历史了。

谭宗浚字叔裕，广东南海人。谭宗浚在清同治十三年（1874年）考中了榜眼，以后入翰林，督学四川，又充任江南副考官，稳步跨进了清朝的官僚阶层。

谭宗浚一生酷爱珍馐美味。从他在翰林院中做京官的时候起，便热衷于在同僚中相互宴请，以满足口腹之欲。当时，"饮宴在京官生活中几无虚日，每月有一半以上都饮宴"。谭宗浚在宴请同僚时，总要亲自安排，将家中肴馔整饬得精美适口，常常赢得同僚们的赞扬。因此，在当时京官的小圈子中，谭家菜便颇具名声。

（二）特点

（1）**甜咸适口，南北均宜**。在我国，在饮食界素有"南甜北咸"之说。谭客菜在烹调中往往是糖、盐各半，以甜提鲜，以咸提香，做出的菜口味适中，鲜美可口，无论南方人、北方人都爱吃。

（2）**讲究原汁原味**。烹制谭家菜很少用花椒一类的香料炝锅，也很少在菜做成后，再撒放胡椒面一类的调料。吃谭家菜，讲究吃鸡就品鸡味，吃鱼就尝鱼鲜，绝不能用其他异味、怪味来干扰菜肴的本味。在焖菜时，绝对不能续汤或兑汁。谭家菜的这些独特之处，曾大受一批老饕们的击节赞赏，以至于心醉神往，趋之若鹜。

（3）**火候足，下料猛**。谭家菜在烹调上的特点是火候足，下料猛，菜肴软烂，易于消化。谭家菜是家庭菜，讲究慢火细做，因此，在谭家菜中采用较多的烹饪方法是烧、烩、焖、蒸、扒、煎、烤以及羹汤等，而绝少爆炒类的菜肴，也不讲究抖勺、翻勺等技术。

（三）特色菜

谭家菜有近200种佳肴，其海味菜最有名，制作素菜、甜菜、冷菜以及各类点心等也很拿手。例如，汤鲜味美的蚝油鲍鱼、新颖别致的柴把鸭子、脆嫩香鲜的罗汉大虾、清淡适口的银耳素烩，都是极具特色、别具一格的佳肴。谭家菜的点心麻茸包色白皮软，馅甜而香，入嘴即化，非常适口；酥合子肉馅鲜美，酥皮松脆，色、香、味、形俱佳。

谭家菜中最驰名的是燕翅席。吃燕翅席有一定的仪式。客人进门，先在客厅小坐，上茶水和干果。待人到齐后，步入餐室，围桌坐定，一桌十人。先上六个酒菜，如叉烧肉、红烧鸭肝、蒜茸干贝、五香鱼、软炸鸡、烤香肠等，这些酒菜一般都是热上。与此同时，顶好的绍兴黄酒也烫热端上，供客人们交杯换盏。

酒喝到二成，上头道大菜黄焖鱼翅。这道菜中的鱼翅软烂味厚，金黄发亮，浓鲜不腻，吃罢后，口中余味悠长。

第二道大菜为清汤燕菜。在上清汤燕菜前，会有人给每位客人送上一小杯温水，请客人漱口。因为这道菜鲜美醇酽，净口后，方能更好地体味其妙处。

接着上来的是鲍鱼，或红烧，或蚝油，汤鲜味美，妙不可言。但盘中的原汁汤浆仅够每人一匙之饮，食者每以少为撼，引动其必要再来的念头。这道菜亦可用熊掌代之。

第四道菜为扒大乌参。参有尺许长，三斤重，软烂糯滑，汁浓味厚，鲜美适口。

第五道菜上鸡，如草菇蒸鸡之类。

第六道为二素菜，如银耳素烩、虾子茭白、鲜猴头等。

第七道菜上鱼，如清蒸鳜鱼。

第八道菜为鸭子，如黄酒焖鸭、干贝酥鸭、葵花鸭、柴把鸭等。

第九道菜上汤，如清汤哈士蟆、银耳汤、珍珠汤等。所谓珍珠汤，是用刚刚吐穗、二寸来长的玉米做成的汤。此汤有一股淡淡的甜味，清鲜解腻，非常适口。

最后一道菜为甜菜，如杏仁茶、核桃酪等，随上麻蓉包、酥合子两样甜咸点心。至此，谭家菜燕翅席便结束。上热毛巾揩面后，众人起座到客厅，又上四干果、四鲜果，一人一盅云南普洱茶或安溪铁观音，茶香馥郁，醇厚爽口，饮后回甘留香。

曾有人在吃了谭家菜的燕翅席后，发出过“人类饮食文明，到此为一顶峰”的赞叹。

第五节　药　膳

一、中国药膳的起源和发展

中国药膳不是食物与中药的简单相加，而是在中医辨证配膳理论指导下，由药物、食物和调料三者精制而成的一种既有药物功效，又有食品美味，用以防病治病、强身益寿的特殊食品。

中国药膳源远流长。古代关于“神农尝百草”的传说，反映了早在远古时代中华民族就在开始探索食物和药物的功用，故有“医食同源”之说。公元前1000多年的周朝就有“食医”，即通过调配膳食为帝王的养生、保健服务。战国时期的中医经典著作《黄帝内经》载药膳方数则。秦汉时期，我国现存最早的药学专著《神农本草经》记载了许多既是药物又是食物的品种，如大枣、芝麻、山药、葡萄、核桃、百合、生姜、薏苡仁等。东汉医圣张仲景在《伤寒杂病论》中，亦载有一些药膳名方，如当归生姜羊肉汤、百合鸡子黄汤、猪肤汤等，至今仍有实用价值。唐代名医孙思邈的《备急千金要方》和《千金翼方》专列有“食治”“养老食疗”等门，药膳方十分丰富。据史书记载，至隋唐时期，我国已有食疗专著60余种，惜多散佚。唐代孟诜所著《食疗本草》是我国现存最早的食疗专著，对后世影响较大。

至宋代，王怀隐等编辑的《太平圣惠方》论述了许多疾病的药膳疗法；陈直的《养老寿亲书》是我国现存的早期老年医学专著，在其所载的方剂中，药膳方约占70%。该书强调：“凡老人之患，宜先以食治，食治未愈，然后命药。”元代御医忽思慧所著的药膳专书《饮膳正要》，药膳方和食疗药十分丰富，并有妊娠食忌、乳母食忌、饮酒避忌等内容。至明代，李时珍在《本草纲目》中收载了许多药膳方，仅药粥、药酒就各有数十则；明代高濂的养生学专著《遵生八笺》，也载有不少养生保健药膳。清代的药膳专著各有特色，如王士雄的《随息居饮食谱》介绍了药用食物7门300余种，章穆的《调疾饮食辩》所涉及的药用食物更多，袁枚的《随园食单》介绍了多种药膳的烹调原理和方法，曹庭栋的《老老恒言》（又名《养生随笔》）中则列出老年保健药粥百种。

药膳的品种在传统工艺基础上正在不断增加，如药膳罐头、药膳糖果等。结合现代科研成果制成的具有治疗作用的食品、饮料，品种繁多，各具特色，既有适合糖尿病、肥胖者和心血管疾病患者服食的药膳食品，也有适合运动员、演员和矿工等服食的保健饮料，还有促进儿童健康发育或用于老人延年益寿的保健食品或药膳。

中国药膳开始走向世界，不少药膳罐头和中药保健饮料、药酒等销往国际市场，有的国家已经开设药膳餐厅。国际上一些学术界和工商界人士十分关注中国药膳这一特殊食品，希望能开展这方面的学术交流与技术合作。中国药膳将为世界人民的健康做出贡献。

二、中国药膳的类别

（一）特制药膳

根据特定配方，如古方、宫廷方、民间方等配制的药膳，往往具有某种特定的治疗或滋补保健功能。它按照一定的配方，选用特定药物做原料，并经精心炮制加工，再与特定的食物配合烹调而成。如：汉末《金匮要略》中的“当归生姜羊肉汤”，用当归、生姜、羊肉煮汤服食，可治血虚寒疝、产后腹痛。

（二）饭食点心

饭食点心是具有防治疾病和某种保健功能的充饥主食，或为消闲零星食品，有的杂有药物或全无药物。传统食疗药膳中，饭食、点心甚多，有不少品种，名称繁多，散见于古代医学或食治等书籍记载中。以元代的《饮膳正要》一书为例，其中“聚珍异馔”所载的就有粉面、馒头、包子、馄饨、饼等。

（三）药膳菜肴

药膳以菜肴形式出现最常见。各种水陆百珍、山海野味、荤素菜肴，都可与中药制成药膳。我国近5000种中药材中，可制成药膳的约有500种，其中常用的如冬虫夏草、人参、黄芪、枸杞子、天麻、山药、茯苓、首乌、海马、海龙、燕窝、当归、白术、熊掌、珍珠粉等。近代药膳菜肴发展迅速，且与营养学结合起来，形成现代食疗药保健宴肴。这些药膳菜肴注意膳食营养素分配的平衡，热量适中，加入的药物按照中医理论为导，使五味调和，性味相胜，同时注意饮食的色味形之美。近年来的福寿宴、青春健美宴都是药膳中的代表。其中名菜如山海双参、枫桥夜泊、神农百草艺术拼盘等，已名传中外，脍炙人口。

（四）药膳饮品

古代传统饮品以药制成汤、酒剂、乳品、茶、露、饮的甚多。

（1）**汤**。元代《千药神书》中的大枣人参汤，用人参和大枣隔水炖制而成。《千金翼方》中的“耆望汤”，用生姜、薤白、酒、白蜜、油、椒、胡麻仁、橙汁、豉、糖共煮沸，冷却后装入瓷器中密封，以便服用，有延年益寿的功效。

（2）**酒剂**。酒剂是用药和有药效作用的食物浸泡于酒中过滤而成的。如清代《食鉴本草》中的猪肾酒，以童便2盏加酒1盅、猪肾1副，盛瓦瓶中泥封，用慢火煨熟，开瓶食腰子饮酒，能治肾虚腰痛。

（3）**乳品**。常用人、牛、羊、马等乳，以酥等乳类制品与药物制成，具有保健治病的作用。

（4）**茶**。多为茶膏与少许药物混合制成，可用于某些食治食养。如《饮膳正要》中的枸杞茶、玉磨茶、金字茶、紫笋雀舌茶、川寮、藤茶、燕尾茶等。近代的减肥茶、降脂茶等，多属于传统药茶基础上的创新茶类。

（5）**露**。露是用各种果、瓜、菜、草、木、花、叶诸品之肉，取其新鲜之时，依法入甑蒸馏，所得液体名之为露。清《随息居饮食谱》记载："诸露生津解热，诚为妙品。"如常用的金银花露、地骨皮露等，都有清热生津作用。

（6）**饮**。饮是指将瓜果茎、根等挤压而得的汁。如五十饮，是用甘蔗、鸭梨、鲜芦根、生荸荠、生藕等挤出汁液，具有清热养阴、生津止渴的效用，是高热患者的良好饮料。

三、中国药膳的特点

（1）**注重整体，辨证施食**。所谓注重整体、辨证施食，即在运用药膳时，首先要全面分析患者的体质、健康状况、患病性质、季节时令、地理环境等多方面情况，判断其基本症状；然后再确定相应的食疗原则，给予适当的药膳治疗。如慢性胃炎患者，若证属胃寒者，宜服良附粥；证属胃阴虚者，则服玉石梅楂饮等。

（2）**防治兼宜，效果显著**。药膳既可治病，又可强身防病，这是有别于药物治疗的特点之一。药膳尽管多是平和之品，但其防治疾病和健身养生的效果却是比较显著的。如莱阳梨香菇补精，是由莱阳梨汁和香菇、银耳提取物制成，中老年慢性病患者服后不仅能显著改善各种症状，而且可使高脂血症者血脂下降，并可使免疫功能得到改善。

（3）**良药可口，服食方便**。由于中药汤剂多有苦味，故民间有"良药苦口"之说。有些人，特别是儿童多畏其苦而拒绝服药。而药膳使用的多为药、食两用之品，且有食品的色、香、味等特性，即使加入了部分药材，由于注意了药物性味的选择，并通过与食物的调配及精细烹调，仍可制成美味可口的药膳，故谓"良药可口，服食方便"。

四、药膳的制作与烹调

药膳具体制作烹调可分为食品和药品的预加工与烹饪两个主要过程。

（一）药膳制作的预加工

（1）**配料**。配料可以分为：治疗型或辅治型药膳的配料和滋补预防保健型药膳的配料。前者主要将有某种相同或有协同作用的药、食物组合在一起，针对某一病症可以产生治疗作用或辅治作用。例如当归乌骨鸡，将当归和乌骨鸡配在一起，加生姜、黄酒、花椒等做调味料，以增加健脾、温肾、补血、养颜的作用。当归可先用黄酒浸泡后备用。这样药膳补血、养颜的治疗作用明显。又如双仁芝麻粥，先将芝麻、核桃及松子打碎、炒香，再与粳米同煮粥。如此配合具有辅治便秘、润肠通便的效用。再如补肾双鞭膏，将牛鞭、狗鞭、淫羊藿和巴戟天配合一起调制，具有补肾的功效。

（2）**药物预处理**。不少药食品要根据功用及色、香、味、形的不同要求先做必要的处理，如泡发、清洗、烫焯、预煮、预炒、蜜炙、水炙、切配等步骤。经过预处理后的药和食物可以进行烹调而制成药膳。

（二）药膳的形式

伊尹著《汤液论》，是药膳的始祖，因此古代药膳都是以汤液为主。其优点是使药物的有效成分充分融入汤中而发挥其功效。随着生产的发展，食物日益丰富，各种肴馔饮食形式和品种不断增多，目前的药膳大致可分为见药型药膳、不见药型药膳和混合型药膳。

（1）**见药型药膳**。在菜肴中可以见到加入的药物，这些药物多半也可食用。如人参、冬虫夏草、西洋参、枸杞子、麦冬、山药、茯苓、玉竹等。有些是虽不能吃但可以作为点缀，增加菜肴的艺术性和观赏性，如灵芝、竹叶、菊花、梅花、天竺子、钩藤等。可食用的药物大都是煎汁入膳，其煎过的药渣有较佳外形的，可以用来装饰菜肴，以使人觉得确是药膳，从而产生信任其效用的心理效应。

（2）**不见药型药膳**。为仅用药汁、药露、药的粉末加入菜肴中，未能见到原来药物形态的药膳。这种药膳因药渣已除，食者看不到菜中有药，若不加说明，可能产生菜中无药的错觉，因此在供应时，应加以说明。

（3）**混合型药膳**。菜肴中既有药的露汁、粉末，也有能见的药物形态。

（三）药膳的烹饪和调味

药膳常用炖、煨、蒸等方法烹调，这样可使药物在较长的加热过程中，析出尽量多的有效成分。也可将药物先行煎汁，取其浓汁，在食物烹调过程中加入，这样食物的烹调形式可以不受任何限制，煎、炸、爆、炒、烩、蒸、炖、焖等烹调方法都可根据需要选用，甚至有不少菜肴也可凉拌。

药膳的调味，一般以保持原料本身所具有的鲜味为主，不宜多用调味品来掩盖其本来的鲜美味道。对本身有腥膻味的药、食物，如鸡、龟、鳖、鱼、牛、羊肉、鹿肉、牛鞭、狗鞭等，应用葱、姜、酒等调味。原料本身味淡的，如海参、鱼肚、蹄筋、燕窝等，可加调味品调味。总之，药膳制作的特点是以药物和食物的原汁、原味为主，适当辅以作料来调整其色、香、味、形，做到既有治疗滋补作用，又鲜美可口，诱人食欲。

（四）药膳组餐

根据中医理论，将正常人分成不同的体质，然后根据各人所具体质的特点，选择合适的食物。人们若能经常按照辨体施食的原则和要求来选食药膳，就能调整体质阴阳方面的偏胜偏衰，防病于未然，从而起到保健作用。

正常成人阴阳无偏胜偏衰，内环境和谐，机体趋于平衡状态。但不少人存在着轻度的阴阳不平衡，不过尚未达到整体的失衡和疾病状态，而是表现为不同的体质属性，最多的是偏寒和偏热两种体质属性，介乎两者之间则属于正常。

五、药膳适用范围

药膳的最大特点是变“良药苦口”为“良药可口”，使人们在品尝它们时，不知不觉地得到保健治疗作用。但药膳与一般膳食的最大不同点是不能随意食用，要以“辨证用膳”为原则，根据不同的疾病及病人的不同体质来选择。

药膳具有一定的局限性，急病和重病若仅用药膳，往往收不到立竿见影的效果。故食用者若患疑难重病，应及时就医，以免贻误病情。药膳只适用于下列情况：

（1）许多急性病的恢复期。经治疗后大病已去，元气尚虚，适当服用药膳可促进机体的康复。

（2）慢性病的治疗和急性病的辅助治疗。在用中西药治疗的同时，适当服用药膳，对消除症状、恢复健康，往往会收到事半功倍的效果。

（3）禀赋不足、体质虚弱之人的强身和正常人的保健益寿。

六、常见药膳配方

（一）壮阳菜单

适用于体形较瘦，并有乏力、畏寒、健忘、腰酸、腿软、性功能差者。

（1）新复原汤。其原料为牛肉、核桃仁、人参或党参、熟地。

（2）碧叶肾片。其原料为韭菜、猪或牛肾加淫羊藿露。

（3）凤呈祥。其原料为明虾、仔鸡、菟丝子、枸杞子。
（4）虫草海参。其原料为海参、冬虫夏草。
（5）玫瑰枣糕。其原料为玫瑰汁、枣泥、糯米粉。
（6）大补露。其原料为十全大补汤、糖。

（二）暖胃温补菜单

适用于胃寒、脘痛、腹胀、消化功能差者。
（1）新马思答吉汤。其原料为牛肉、胡豆、肉桂、生姜、草果、荜拨、丁香。
（2）补中鹌鹑。其原料为鹌鹑肉、黄芪、白术。
（3）韭菜肚条。其原料为韭菜芽、猪肚丝、豆蔻、砂仁。
（4）暖胃鱼羹。其原料为去骨刺河鱼、胡椒、砂仁、豆蔻。
（5）玉芝饼。其原料为猪肚、莲子、面粉。
（6）枣姜茶。其原料为生姜、大枣、甘草。

（三）养神清补菜单

适用于心悸、不安、失眠、忧虑、健忘、易倦、情绪不稳、心脑功能欠佳者。
（1）山海双参。其原料为人参、海参。
（2）玉麦鸡片。其原料为鸡脯肉、玉竹、麦冬。
（3）洋参鲜贝。其原料为鲜贝、西洋参。
（4）养心素烩。其原料为绿色蔬菜、香菇、蘑菇、芦笋、酸枣仁、核桃仁。
（5）山药莲蓉糕。其原料为山药、莲蓉、糯米粉。
（6）杞菊茶。其原料为枸杞子、菊花。

（四）润肺清补菜单

适用于伤风感冒、干咳无痰、口燥、咽干、消渴多饮、阴虚内热者。
（1）燕窝银耳羹。其原料为燕窝、洋参、银耳（图 1－11）。
（2）凉拌雪羹。其原料为海蜇皮、荸荠。
（3）枫斗河鱼。其原料为枫斗、麦冬、青鱼。
（4）地麦团鱼。其原料为生熟地、麦冬、甲鱼。
（5）三色琼糕。其原料为三种色泽的瓜或花汁、珍珠粉、琼脂。
（6）百合茶。其原料为百合、米仁、石斛。

图1－11　燕窝银耳羹

图1－12　开胃浓汤

（五）益气平补菜单

有补充能量、提高食欲、改善代谢的作用。

（1）开胃浓汤。其原料为萝卜、猪肉、山药、番茄酱（图1－12）。

（2）青椒鸡片。其原料为豆蔻、生姜、青椒、嫩鸡片。

（3）玉肤豆腐。其原料为草菇、金针菇、枸杞子、豆腐。

（4）参芪鲳鱼。其原料为党参、黄芪、鲳鱼。

（5）益气小笼。其原料为党参、黄精汁加猪肉制馅，面粉做皮。

（6）健美露。其原料为荷叶、山楂。

（六）补肾平补菜单

有健脾开胃、强壮体质、提高内分泌腺功能等作用。

（1）养胃酸辣汤。其原料为山楂、谷麦芽汁、蛋、醋、肉丝。

（2）珍珠虾仁。其原料为珍珠粉、枸杞子、虾仁。

（3）玉球。其原料为绿色蔬菜、鸽蛋。

（4）松子鸡米。其原料为松子肉、鸡肉茸。

（5）宝花酥饼。其原料为茯苓、山药、白术、甘草、花粉、虾肉馅。

（6）香颐露。其原料为香菇、蜂蜜。

七、食用药膳应注意的事项

由于药物和食物不同，食用时必须坚持“辨证施治、对症下药”的原则。

（1）**择时施膳**。药膳有滋补作用。为充分发挥药物功效，药膳宜在饭前半小时，即空腹时食用；而心脏病患者因有特殊性，某些药膳可在饭后半小时食用。

（2）**按季进补**。春季万物复苏，宜升补；夏季炎热，宜清补；秋季凉爽，宜平补；冬季寒冷，宜滋补。

（3）**适量进膳**。药膳有寒热温凉、功效主治、制法、用量等区别，因而要掌握好各种药物、食物的量。服食不可过量，若长期无节制地食用，也会吃出病来。

（4）**单一食疗**。每一种食疗方都有配伍禁忌，如果进食过杂，药性相互矛盾，就不会起到治病、健身的作用，因此，药膳不可数方同食。

鉴于药膳并非普通饮食，食用时最好经有经验的中医指导，合理选食，不要盲目进食。

复习与思考

一、 名词解释

菜系　风味流派　外来菜　药膳

二、 简单题

1. 中国主要烹饪流派有哪些？
2. 简述湖南菜辣的原因。
3. 我国主要有哪六种满汉全席？

三、 单项选择题

1. 下列不属于淮扬菜的是(　　)。
   A. 叫花鸡　　B. 虾仁锅巴　　C. 炸蚂蟥　　D. 三套鸭
2. 我国历史上第一篇烹饪理论文章是(　　)。
   A. 《吕氏春秋·本味篇》　　B. 《食珍录》
   C. 《随园食单》　　D. 《千金要方》
3. 宫廷菜南味以金陵(　　)、鄞都为代表。
   A. 临安　　B. 广州　　C. 开封　　D. 长安
4. (　　)菜口味以辛辣爽口、脆嫩鲜香为主，烹调方法多采用生拌。
   A. 朝鲜族　　B. 满族　　C. 土家族　　D. 维吾尔族
5. “食不厌精，脍不厌细” 是(　　)的饮食原则。
   A. 谭家菜　　B. 孔府菜　　C. 随园菜　　D. 红楼菜
6. 构成中国菜的主要部分是 (　　)。
   A. 素菜　　B. 地方风味菜　　C. 宫廷菜　　D. 少数民族菜

7. 我国最早阐述“医食同源”理论的书籍是（　　）。

A.《黄帝内经》　B.《千金要方》　C.《饮膳正要》　D.《本草纲目》

四、 多项选择题

1. 下列属于“藏北三珍”的是（　　）。

A. 冬虫夏草炖血鸡　B. 人参果拌酥油大米饭

C. 马奶酒　D. 蘑菇炖羊肉

E. 开胃浓汤

2. 下列属于朝鲜族传统菜肴的是（　　）。

A. 冷面　B. 狗肉火锅

C. 泡菜　D. 生拌鲜鱼片

E. 五彩米饭

3. 下列属于“塞北三珍”的是（　　）。

A. 羊肉　B. 醍醐　C. 酥油　D. 马奶酒　E. 猴头菇

五、 案例分析题

蔬菜为什么不能先切后洗

一天，在课堂上，一位同学问老师，“老师，为什么蔬菜不能先切后洗？”老师一时答不上来，很是尴尬。这仅仅是我们生活中的简单常识，却常常不被大家重视，这个案例告诉我们，烹饪不是简单的做菜做饭，而是一门科学，涉及食品学、化学、营养学等众多的科学知识。这些知识都要求我们去学习、去了解。

根据以上案例，回答如下问题：

1. 蔬菜含有哪些主要营养成分？
2. 这些营养成分中哪些易溶于水？
3. 为了避免蔬菜中营养成分的流失，在烹饪过程中应采取哪些正确的操作方法？

第二章 外国菜

本章导读

外国菜，又称西餐，是东方国家、地区的人对西方各国菜点及其餐饮文化的统称。西方各国的饮食文化有许多共同之处，如制作方法、制作工具基本相同；西餐礼仪相通，且比较复杂而规范；进餐方式相同，每个人只享用自己盘中的饭菜。在配有多道菜的情况下，菜肴不同，食用方式各异，餐具也随之改变。不过，由于自然条件、历史传统、社会制度的差异，不同国家和地区的风土人情、饮食习惯各有特色，从而出现了风格不一的西餐派系。其中，法国西餐、意大利西餐、俄国西餐、德国西餐影响较大，而法国西餐最为有名。另外，日本菜、印度菜、伊斯兰国家的清真菜也自成一体，各有特点。

学习目标

知识目标

1. 了解外国菜的风味流派、外国菜的特点及其代表菜。
2. 了解什么是西餐、西餐的组成及分类。
3. 掌握法国、俄罗斯等国家菜肴的历史及特点。

能力目标

1. 能够运用所学知识，详细陈述我国主要客源国/地区的烹饪主要原材料、主要烹饪方法。
2. 掌握我国主要客源国/地区的饮食特点、饮食禁忌、进餐礼仪等。

案 例

团餐中的水果

小王从某外语学院毕业后在旅行社工作，刚刚拿到英语导游证，旅行社派他带一个欧洲团。小王非常高兴，这是他带的第一个外国团队，他下决心一定要把这个团带好。在带团过程中，他满腔热情地为游客服务。因为这个团队成员喜欢吃中餐，所以在安排餐饮的时候，小王也是费尽心思，尽量使游客满意。可是，到最后他竟然接到游客的投诉，原因是他们的团餐中没有水果。小王觉得冤枉，中国团餐都是没有水果的，怎么在外国游客身上就会出差错呢？

案例分析

1. 西方人就餐为什么一定要上水果？
2. 这个案例反映了西方人什么样的餐饮观念和习俗？

第一节 西餐概述

一、西餐组成

西餐也称为西式大菜或套餐。除了大型宴会如冷餐会、鸡尾酒会及快餐等形式外，套餐是饭店西餐供应最常见的形式。西餐不论在饭店还是在家庭，均实行严格的分食制，上菜顺序和上菜方法都有一定的规程。在大多数欧美国家，套餐的组成和顺序为：开胃菜、汤、主菜、甜品。而在法国，套餐的顺序略有变化。其顺序为：汤、开胃菜、主菜、甜品。

（一）开胃菜

开胃菜也可称为头盆、头道，但不能简单地称之为冷盆，因为有些热菜如蜗牛、肉串等也作为头盆供应。据说，欧洲从前的西餐正餐是从汤开始（法国现在仍以汤作为头道菜），而现在把开胃菜安排在汤前面供应，其目的是为了促进食欲。

开胃菜的形成可能是受俄国宴会形式的影响。俄国在宴会的宾客没有到齐前，会把先到的客人安排在其他房间品尝餐前酒和小吃、点心，渐渐地这些小吃等形成了一个类别，称之为开胃菜。现在几乎所有餐厅都提供开胃菜，客人一入座就提供。但开胃菜不是主菜，即使将其省略，对正餐菜肴的完整性以及搭配的合理性也无妨碍。

（二）汤

西餐上汤的目的，并不是要人们吃饱，而是要起到润喉、开胃的作用，为品尝后面的正餐做准备。因此，西餐的汤，在制作和服务上都遵循少而精的原则。

西餐汤有两大类，即浓汤和清汤。浓汤的汤汁较稠，味道浓郁。清汤是肉类等煮制出的汤，味道清鲜。清汤又可分为热清汤和冷清汤两种。西餐汤可分 4 个种类：即清汤、奶油汤、蔬菜汤、菜泥汤。汤的名称一般根据所使用的主要原料和配料或汤的原产地地名、人名等来确定。

西餐汤风味别致，花色多样，具代表性的汤有：

（1）**法国洋葱汤**。在清汤里加入洋葱、奶酪等焗制的浓汤，是法国南部地区的名汤。

（2）**法国海鲜汤**。是法国南部普罗邦地区的名汤。

（3）**蛤肉汤**。加入蛤肉煮出的奶油浓汤，是美国具有代表性的名汤。

（4）**意大利蔬菜汤**。加入面条、奶酪的茄汁浓汤，是意大利名汤。

（5）**罗宋汤**。加入牛肉、蔬菜、酸奶油等煮出的浓汤，是俄国名汤。

（三）主菜

主菜的内容较为广泛，它实际包括了水产类菜肴、畜肉类菜肴、禽肉类菜肴（野味）及蔬菜菜肴（蔬菜色拉）。

（1）**水产类菜肴**。水产类菜肴的品种很多，其原料来自淡水鱼类、海水鱼类、贝壳类及软体动物类。其他原料如甲鱼、食用蜗牛、食用蛙等一般也都属于水产类。通常人们把水产类菜肴与蛋品、面条、酥盒菜等统称为小盆菜。常用水产类菜肴的烹调方法有煮、蒸、煎、炸、烤、焗、铁扒、烟熏等。所配的调味汁有鞑靼汁、荷兰汁、莫内汁、大主都汁、美国汁、水手鱼汁等。

（2）**畜肉类菜肴**。畜肉类菜肴的原料取自牛、猪、羊、牛仔（小牛）等各个部位的肉。其中最受欧美人欢迎、最有代表性的菜肴应数牛排。牛排或牛肉按肉的部位可制成许多品种，常见的名菜有沙朗牛排、天篷牛排、薄牛排、汉堡牛排、匈牙利烩牛肉等。其他如猪肉菜肴、羊肉菜肴、牛仔菜肴等品种也很多。肉菜常用的烹调方法有烤、煎、铁扒等。

（3）**禽肉类菜肴**。禽肉类菜肴的原料取自鸡、鸭、鹅，通常将野味菜肴也归入禽肉类。禽肉类菜肴最有代表性的当推鸡菜，以鸡为主料的菜肴可以说花样繁多。野味菜过去在冬季食用。现在有许多野味是人工饲养的，一年四季都有货源。常用的野味有山鸡、木鸡、竹鸡、斑鸠、鹌鹑、鸽子、火鸡、珍珠鸡、鹧鸪、獐、鹿肉、兔肉等。适用于禽类的烹调方法较多，主要调味汁有黄色肉少司、咖喱少司、奶油少司等。

（4）**蔬菜菜肴（蔬菜色拉）**。色拉是英文 Salad 的译音，原意为冷拌菜。色拉的品种很多，大致可分为荤色拉（如鸡肉色拉、虾仁色拉等）和素色拉两类。荤色拉通常作为开胃菜上，而素色拉（各种冷拌的生食蔬菜）通常安排在主菜后上，或与主菜同时提供，这是西餐讲究营养的一个例证。因为大部分肉菜属酸性食物，蔬菜大多属碱性食物，色拉与主菜同时食用可以保持人体营养平衡。生蔬菜色拉一般用生菜、芦笋、番茄、黄瓜、卷心菜、洋葱、玉米粒、嫩玉米笋、球形甘蓝等新鲜蔬菜制作。为了突出色拉的风味，有时要在色拉中配用各种带香味或咸味的原料，主要有蒜泥、欧芹、酸黄瓜、腌橄榄、酸豆、咸凤尾鱼等，处理成圈、丝丁、片、末等状拌入。色拉配用的调味汁有酸味和油性两种，酸味来自柠檬汁、酸黄瓜、果醋等，油性来自橄榄油或色拉油。主要的调味汁有法国汁、千岛汁、色拉酱等。

（四）甜品

主菜后的甜品，一般有各种甜点心、冰激凌和水果点心。甜品可分为冷、热两种，冷的有冰激凌、冷布丁、冻糕及冻点心等；热的有布丁、苏夫来、酥点、薄煎饼等。甜品是正餐后的食品，量不能过多，要以美丽的造型引人入胜。因此甜品不仅应味美，而且应注重装饰，装饰原料常用水果、巧克力、鲜奶油等。

虽然奶酪不属于甜品，但人们通常把它归于甜品类。奶酪是西餐中不可缺少的食物。古代欧洲谚语说：“没有奶酪的佳肴犹如缺少一只眼睛的美人。”上席时，通常将奶酪切成薄片或小块，供客人用手拿着吃。

二、西餐特点

西餐作为世界范围内最流行的餐饮方式，具有以下特点：

（1）**注重营养搭配**。西餐极重视各类营养成分的搭配组合，充分考虑人体对各种营养（糖类、脂肪、蛋白质、维生素等）和热量的需求来安排菜品或加工烹调。

（2）**选料精细，用料广泛**。西餐烹饪在选料时十分精细、考究，而且特别广泛。例如，美国菜常用水果制作菜肴或饭点，咸里带甜；意大利菜则会将各类面食，像面片、面条、面花制成美味的席上佳肴；法国菜选料更为广泛，蜗牛、洋百合、椰树芯等均可入菜。

（3）**讲究调味，注重色泽**。西餐烹调的调味品大多不同于中餐，如酸奶油、桂叶、柠檬等都是常用的调味品。法国菜还注重用酒调味，在烹调时普遍用酒，不同菜肴用不同的酒做调料；德国菜则多以啤酒调味，在色泽的搭配上讲究对比、明快，因而色泽鲜艳，能刺激食欲。

（4）**工艺严谨，器皿讲究**。西餐的烹调方法很多，常用的有煎、烩、烤、焖等十几种，而且十分注重工艺流程，讲究科学化、程序化，工序严谨。烹调的炊具与餐具均有不同于中餐的特点，特别是餐具，除瓷制品外，水晶、玻璃及各类金属制餐具占很大比重。

三、西餐分类

西餐大致可分为法式、英式、意式、俄式、美式、德式等几种。

（1）**法式**。法式大餐是西菜之首。法国人一向以善于吃并精于吃而闻名，法式大餐至今仍名列世界西菜之首。

（2）**英式**。英式西餐的特点是简洁与礼仪并重，英国的饮食烹饪有家庭美肴之称。

（3）**意式**。意式大餐是西菜始祖。在罗马帝国时代，意大利曾是欧洲的政治、经济、文化中心，虽然后来意大利落后了，但就西餐烹饪来讲，意大利却可以与法国、英国媲美。

（4）**美式**。美式菜肴的特点是营养快捷。美国菜是在英国菜的基础上发展起来的，继承了英式菜简单、清淡的特点，口味咸中带甜。美国人一般对辣味不感兴趣，喜欢铁扒类的菜肴，常将水果作为配料与菜肴一起烹制，如菠萝焗火腿、苹果烤鸭，喜欢吃各种新鲜蔬菜和各式水果。美国人对饮食要求并不高，只要营养、快捷。

（5）**俄式**。俄式大餐是西菜经典。沙皇俄国时代的上层人士非常崇拜法国，贵族不仅以讲法语为荣，而且饮食和烹饪技术也主要学习法国。但经过多年的演变，特别是北欧地带，选用食物讲究热量高的品种，逐渐形成了自己的烹调特色。

（6）**德式**。德式菜肴的特点是啤酒加自助。德国人对饮食并不讲究，喜吃水果、奶酪、香肠、酸菜、土豆等，不求浮华只求实惠营养，首先发明自助快餐。德国人喜喝啤酒，每年的慕尼黑啤酒节大约都要消耗掉100万公升啤酒。

四、西餐进餐礼仪

西餐主要在餐具、菜肴、酒水等方面有别于中餐。因此，参加西餐宴会，除了应遵循中餐宴会的基本礼仪之外，还应掌握以下几个方面的礼仪知识。

（一）餐具使用的礼仪

吃西餐，必须注意餐桌上餐具的排列和置放位置，不可随意乱取乱拿。正规宴会上，每一道食物、菜肴即配一套相应的餐具（刀、叉、匙），并以上菜的先后顺序由外向内排列。进餐时，应先取左右两侧最外边的一套刀叉。每吃完一道菜，将刀叉合拢并排置于碟中，表示此道菜已用完，服务员便会主动上前撤去这套餐具。如尚未用完或暂时停顿，应将刀叉呈八字形左右分架或交叉摆在餐碟上，刀刃向内，意思是告诉服务员，我还没吃完，请不要把餐具拿走。

使用刀叉时，尽量不使其碰撞，以免发出大的声音，更不可挥动刀叉与别人讲话。

（二）进餐礼仪

西餐种类繁多、风味各异，因此其上菜的顺序因不同的菜系、不同的规格而有所差异，但其基本顺序大体相同。

一餐内容齐全的西菜一般有七八道，主要由以下几部分构成：

（1）**饮料（果汁）、水果或开胃菜**。目的是增进食欲。

（2）**汤类（即头菜）**。需用汤匙，此时一般上有黄油、面包。

（3）**蔬菜、冷菜或鱼（也称副菜）**。可使用垫盘两侧相应的刀叉。

（4）**主菜（肉食或熟菜）**。肉食主菜一般配有熟蔬菜，此时要用刀叉分切后放餐盘内取食。如有色拉，则需要色拉匙、色拉叉等餐具。

（5）**餐后食物**。一般为甜品（点心）、水果、冰激凌等。最后为咖啡，喝咖啡应使用咖啡匙、长柄匙。

进餐时，除用刀、叉、匙取送食物外，有时还可用手取。如吃鸡、龙虾时，经主人示意，可以用手撕着吃。吃饼干、薯片或小粒水果，可以用手取食。面包则一律手取，注意取自己左手前面的，不可取错。取面包时，左手拿取，右手撕开，再把奶油涂上去，一小块一小块地撕着吃。不可用面包蘸汤吃，也不可一整块咬着吃。

喝汤时，切记不可以汤盘就口，必须用汤匙舀着喝。姿势是：用左手扶着盘沿，右手用匙舀，不可端盘喝汤，不要发出“吱吱”的声响，也不可频率太快。如果汤太烫，应待其自然降温后再喝。

吃肉或鱼的时候要特别小心。用叉按住后，慢慢用刀切，切好后用叉子进食，千万不可用叉子将其整个叉起来，送到嘴里去咬。这类菜盘里一般有些生菜，往往是用于点缀和增加食欲的。

餐桌上的作料，通常已经备好，放在桌上。如果距离太远，可以请别人帮忙，不能自己站起来伸手去拿。

吃西餐时相互交谈是很正常的现象，但切记不可大声喧哗，放声大笑，也不可抽烟，尤其在吃东西时应细嚼慢咽，嘴里不要发出很大的声响，更不能把刀叉伸进嘴里。至于拿着刀叉做手势在别人面前挥舞，更是失礼和缺乏修养的行为。

吃西餐还应注意坐姿。坐姿要正，身体要直，脊背不可紧靠椅背，一般坐于座椅的四分之三即可。不可伸腿，不能跷起二郎腿，也不要将胳臂肘放到桌面上。

饮酒时，不要把酒杯斟得太满，也不要和别人劝酒（这些都不同于中餐）。如刚吃完油腻食物，最好先擦一下嘴再去喝酒，免得让嘴上的油渍将杯子弄得油乎乎的。干杯时，即使不喝，也应将酒杯在嘴唇边碰一下，以示礼貌。

总之，西餐既重礼仪，又讲规矩，只有认真掌握好，才能在就餐时表现得温文尔雅，颇具风度。

五、西餐饮食习俗

饮食习俗在不同国家、不同地区、不同宗教信仰的地方差异极大，弄清一些国家的基本饮食习惯，对于顺利开展外事交往工作十分必要。

英国人每天四餐，即早餐、午餐、午后茶点和晚餐。早餐一般是牛奶、麦片粥、煎鸡蛋加煎西红柿；午餐简单随便；晚餐较讲究，用餐时对服饰、座次、用餐方式等都有规定。英国人一般只吃八成饱。口味尚清淡、酥香，不爱吃辣，烹调以烤、煮、蒸、烙为主，喜欢吃烤牛肉、鳗鱼、青鱼等鱼类和虾等。同时他们喜欢在固定时间喝茶，多半是大清早、每顿饭后、午茶时及临睡前，一次只喝一杯，还爱喝啤酒、葡萄酒和低度酒。

美国人一日三餐，早餐一般是果汁、鸡蛋、牛奶、面包，午餐很随便，晚上较丰盛些，最常吃的是牛排和猪排，最典型的饮食是快餐。口味咸中带甜、清淡，烹调以煎、炒、炸、烤为主，不吃蒜、酸辣食品、清真食品、红烧食品，忌食动物内脏。爱喝矿泉水、冰水、可口可乐及啤酒，威士忌和白兰地常当茶水喝。每餐比较讲究喝饮料。

法国人很讲究吃，素有“食在法国”的美誉。口味喜欢肥嫩、鲜美、浓郁，不爱辣味，烹调用料讲究，制作精细，注重色、香、味、形俱美。爱吃肉类、水产、家禽、蔬菜及海鲜，喜欢喝浓咖啡，爱喝葡萄酒、苹果酒及白兰地。

德国人的早、午餐比较讲究，晚餐比较简单。口味喜酸、甜，不喜欢辛辣和油腻。烹调多为烧、烤、煎、煮和清蒸，喜欢吃猪肉、牛肉、鸡、鸭、野味等肉食，不太喜欢鱼、虾。平时最喜欢喝啤酒，是世界上饮啤酒最多的国家之一。

俄罗斯人的早餐时间与我国相仿，午餐和晚餐则较晚，口味喜浓，油水要足，喜欢酸、甜、微辣味，爱喝由土豆、西红柿、卷心菜制成的罗宋汤，爱饮伏特加酒。

日本人的日本料理，主食是米饭，副食主要是蔬菜和鲜鱼。口味以清淡、少油、味鲜带甜为主，烹调讲究炒、炸、生拌、蒸。喜欢吃咸水鱼、海带、对虾、牛肉、精猪肉及各种蔬菜瓜果，特别爱吃青菜、豆腐，爱喝中国绍兴酒、茅台酒，喝茶特别讲究。

相关链接 搜索

西餐烹调技术

煎：煎是西餐中使用最广泛的烹调方法之一。它是指将原料加工成形后加入调料使之入味，再投入油量少（一般浸没一半原料）、油温较高（一般为七八成热）的油锅中加热成熟的一种烹调方法。煎可分为清煎、软煎等，如葡式煎鱼、煎小牛肉、意式煎醉猪排等。

炸：将原料加工成形后调味，再对原料进行挂糊后投入油量多（一般应完全浸没原料）、油温高（七八成热）的油锅中加热成熟的一种烹调方法。炸可分为清炸、面包粉炸、面糊炸等，如炸鱼条、炸鸡腿、炸黄油鸡卷等。

炒：将加工成丝、丁、片等的小型原料，投入油量少的油锅中急速翻拌，使原料在较短时间内成熟的一种烹调方法。在炒制过程中一般不加汤汁，所以炒制类菜肴具有脆嫩鲜香的特点，如俄式牛肉丝、炒猪肉丝等。

串烧：将加工成片、块、段状的原料加调料腌渍入味后，用金属钎穿起来放在敞开式炭火炉上，直接把原料烤炙成熟的一种烹调方法。串烧类菜肴具有外焦里嫩、色泽红褐、香味独特的特点，如羊肉串、杂肉串、牛里脊串、海鲜串等。

煮：将原料放入能充分浸没原料的清水或清汤中，用旺火烧沸，改用中小火煮熟原料的一种烹调方法。煮制菜肴具有清淡爽口的特点，也保留了原料本身的鲜味和营养，如煮鱼鸡蛋沙司、煮牛胸蔬菜、柏林式煮猪肉酸白菜等。

焖：将原料初步热加工（一般为过油和着色）后放入焖锅，加入少量沸水或沸汤（一般浸没原料的1/2至2/3），用微火长时间加热使原料成熟的一种烹调方法。焖制成熟的菜肴所剩汤汁较少，所以具有酥软香糯、滋味醇厚的特点，如干果焖羊肉、意式焖牛肉、乡村式焖松鸡、苹果焖猪排等。

铁扒：将加工成形的原料加调料腌渍后放在扒炉上加热至规定的成熟度的一种烹调方法。扒制菜肴宜选用质地鲜嫩的原料，具有香味明显、汁多鲜嫩的特点，如西冷牛排、铁扒里脊、铁扒比目鱼等。

烩：将原料经初步热加工后加入浓汤汁（沙司）和调料，用先旺后小的火力使原料成熟的一种烹调方法。烩制菜肴具有口味浓郁、色泽艳丽的特点，如蜜桃烩鸡、薯烩羊肉、辣根烩牛舌、咖喱鸡等。

烤：将原料初步加工成形后，加调味品腌渍使之入味，再放入烤炉或烤箱加热至上色的一种烹调方法。如烤火鸡、烤牛外脊、橙汁烤鸭、比萨饼等。

焗：指将各种经初步加工基本成熟的原料，放入耐热容器内，加调味沙司后放入烤箱加热的一种烹调方法。菜肴因带有沙司，所以具有质地鲜嫩、口味浓郁的特点，如焗蜗牛、焗小牛肉卷、焗羊排、丁香焗火腿、海鲜焗通心粉等。

第二节 法国菜

法国有着悠久的历史和文化，其丰富多彩的菜肴和点心是从古代的宫廷美食发展而来的。法国的各个省份也同时存在着各种风格且极具魅力的地方菜肴。法国菜品种的纷繁、调味的丰富、用料的讲究、色彩的配合等，都已达到了很高的程度。古典的法国菜，受意大利菜的影响也很深。

在16世纪前后，法国人首先刀、叉、匙、盘并用，西餐的进餐形式日臻完善，并且风靡整个西方。

一、法国菜的历史

法国菜是西餐中最有地位的菜品，法国也以自己的烹饪技术而自豪，堪称“西方文化最亮的明珠”。据说16世纪时，意大利女子凯瑟琳（Catherine）嫁于法皇亨利二世后，把意大利文艺复兴时期盛行起来的牛脏、黑菌（Truffle）（黑菌长于地下，但经过训练的猪，用其嗅觉能发觉，并用猪鼻拱地发掘而得，因此很名贵）、嫩牛排、奶酪等的烹饪方法带到了法国，原本讲究饮食的法国人就融会了两国烹饪的优点。法皇路易十四在凡尔赛宫中还经常为他的300多名厨师发起烹饪比赛，赛后皇后会赏给他的厨师绶带奖，即现今仍流行的Cordon Bleu奖。路易十五也崇尚珍馐美味，食不厌精。在这种环境下，法国名厨辈出，创造了许多名菜。路易十六也是讲究美食的，因此当时厨师已成为一个新兴的职业，甜食也列入菜肴了。路易十六时期，饼干、通心粉、花式糕点和蛋白酥皮等创制出来了，早餐和餐后饮用咖啡已列为常规。之后，又从印度传入了咖喱，从英国传入了烤牛肉，法国菜已十分丰富。

在这期间，曾任英皇乔治四世和沙皇亚历山大一世的首席厨师安东尼·凯莱梅（Antoine Careme）写了一本《饮食大字典》（*Dictionary of Cuissine*），奠定了古典法国菜式的基础。后来曾被誉为“厨师之王”的奥古斯脱·爱斯柯弗收集了法国新旧菜式，并系统地分门别类，还写了多本烹饪巨著，其中《法国烹饪》（*Le Cuisinier Francoi's*）影响很大，流传甚广，被各国奉为经典。

二、法国菜烹饪原料

法国菜选料广泛，无论是稀有名贵还是普通寻常的原料，均可入菜，许多脍炙人口的菜肴所取的原料如蜗牛、青蛙、鹅肝、黑蘑菇等在欧美其他国家的菜谱上是极少见到的。蜗牛和蛙腿做成的菜肴，是法国菜中的名菜，许多旅游者甚至为一饱口福而专程前往法国。此外，法国菜中还经常选用各种野味，如鸽子、鹌鹑、斑鸠、鹧鸪、竹鸡、野鸡、野鸭、鹿、獐、野兔、野猪等。由于选料广泛，品种能按季节及时调换，每个主菜的配菜（蔬菜大多用于配菜）不能少于两种，且要求烹法多样。光是土豆就有几十种做法。法国菜中的一些名菜并非全用名贵原料做成，有些极普通的原料经过精心调制同样能够成为名菜，例如，著名的洋葱汤的主料就是洋葱。

三、法国菜的风味特点

法国菜的特点是选料广泛，用料新鲜，做工精致，滋味鲜美，讲究色、香、味、形的配合，花式品种繁多，多用牛肉、蔬菜、禽类、海味和水果，特别是蜗牛、黑菌、蘑菇、芦笋、洋百合、鹅肝和龙虾等被选为食品的上好原料。法国菜肴烧得比较生，如烧牛肉、烧羊腿，只烧到七八成熟；如吃生牡蛎，喜欢从水里捞出来的活的牡蛎，揭开盖子而食。水产常用贝壳类和比目鱼类，无鳞类不经常用，一般不吃辣食。调味用酒较重，也很讲究，什么菜用什么酒都有规定，如清汤用葡萄酒，海味用白兰地，火鸡用香槟，水果和甜点用利口酒或白兰地等。

四、著名法国菜

（一）鹅肝酱（Foie Gras in Aspic）

制法：鹅肝酱是法国著名菜肴之一。它是选择用特别的饲养方法育肥的鹅，专取其肝，去筋去胆，放在猪油锅里煎，加香料调味，用小火焖熟。冷却后，铰细，再加黄油和鲜奶油调和即成。然后再用明胶熔起，倒入模子里，中间填入鹅肝酱，入冰箱冷冻。吃时，将模子在热水里稍烫，扣在盆里，即可上席。

特点：鹅肝酱制作精细，花纹装饰成图案，晶莹透明，犹如水晶球，滋味鲜美，为冷盆菜中的佳品，也可做其他菜中的配菜。

（二）牡蛎杯（Oyster Cocktail）

制法：牡蛎即蛎蝗，是产在近海边的软体动物。制法是将新鲜牡蛎洗净，滤去水分，再用洁净的白布蘸干，将牡蛎放入鸡尾酒杯内，浇上甜辣椒沙司即好。

特点：牡蛎味鲜，是法国人喜爱的海味冷菜之一，但须注意新鲜洁净，现吃现做。

（三）焗蜗牛（Baked Snail）

制法：焗蜗牛是法国名菜。其制法为将培养的优质蜗牛洗净，先用鱼汤氽，捞出后取出蜗牛肉，去尾部，剁碎蜗牛肉的食用部分，将大蒜头末、洋葱末、香菜末一同用黄油炒，然后塞进蜗牛壳内，用黄油封好口，再将一只只蜗牛盛入特制有凹槽的焗盘内，放入烤炉内烤，至封口的黄油滚热而冒泡时即取出，并用原盘上席，一盘4~6只（图2-1）。

图2-1　焗蜗牛

特点：客人左手边放蜗牛夹，右手边放蜗牛叉（吃蜗牛的专用工具），并以法式干面包蘸汁吃，很有风味。如主料采用蛤蜊，也基本按上述方法烹制，即为焗蛤蜊。

（四）马令古鸡（Chicken Marengo）

制法：据说拿破仑在1800年马令古战役中击败奥地利后，他的厨师杜纳（Dunand）首创此菜，并精心烹调，以示欢庆。后来此菜成为法国传统名菜。其制法为将嫩鸡切大块，用橄榄油或生菜油爆炒至金黄色，加番茄酱、蘑菇、洋葱、蒜头、胡椒粉、盐等调味，用小火焖熟，盛盘时将蘑菇、洋葱等放上，浇上原汁，撒上香菜末，配上炸面包丁（Crouton）即可。

特点：色金黄，味香，鸡肉鲜嫩，略带酸味。

（五）麦西尼鸡（Chicken Manacini）

制法：麦西尼鸡即奶酪鸡面（Chicken and Noodle au gratin）。它是用整只嫩光鸡，放入烤炉内烤，熟后取出，切成八大块。鸡蛋面条用水氽熟后，加鸡肝、蘑菇、洋葱等，用黄油炒过，将鸡块盖在炒面上，摆成整鸡形状，撒上奶酪粉后，再放进烤炉焗黄。上席时，在鸡脚尖端各套一只纸套以做装饰。

特点：金黄色，味极香，面条香软，适用于高级宴会。

（六）洋葱汤（Onion Soup au gratin）

制法：洋葱汤是法国菜中的名肴，制法简单，但技艺很强。把洋葱切成丝，用黄油炒黄。在小型焗斗或厚瓷茶杯内盛入牛肉清汤，放入调料和洋葱丝，汤上面撒上奶酪，放入烤炉焗热即成。要做好这道菜，炒好洋葱是关键，洋葱要炒出香气，呈棕黄色，技术含量较高。洋葱汤要讲究到口热，因此必须先将汤做好，再盛入瓷罐内焗热，用原罐出菜，不要另换盛器。

特点：深红色，清香可口。

（七）沙浪牛排（Sirloin Steak）

图 2-2 沙浪牛排

制法：沙浪牛排，又称西冷牛排，是牛骨两旁的肉，也是牛肉中最好的部分。其制法是将沙浪牛排去骨（不需要带任何骨头），用刀拍平扁，撒上盐和胡椒粉，刷上生菜油，用铁排炉扒至七成熟即可。扒时注意火力要旺，随时刷上生菜油，以免扒焦。上席时，给每位客人牛排一块，浇上少许黄油，旁边配上做好的土豆条、蘑菇、番茄等蔬菜（图 2-2）。

特点：经明火烤炙，肉香四溢，令人垂涎。

（八）马赛鱼羹（Bouillon Marseilles）

制法：将鲳鱼、鳜鱼、红洋鱼、鳗鱼肉切块，将蔬菜、香料用黄油炒过后放入烩锅，加清汤和调味便成为马赛鱼羹的汤料。临吃时，将鱼块放入汤内煮数分钟，起锅装盘。可再加入半只煮熟的明虾、数只河虾和蛤蜊。

特点：嫩黄色，味浓软香，多种鱼肉各有鲜味，亦汤亦菜，尤宜热吃。

第三节 俄罗斯菜和意大利菜

一、俄罗斯菜

（一）俄罗斯菜概述

俄罗斯，包括苏联时的一些加盟共和国，烹饪不像法国、意大利、西班牙等国家有着自己传统的、独特的方式。俄罗斯菜中除了俄罗斯民族传统的菜肴之外，其他的均取自西欧、东欧，乃至亚洲一些国家的菜式，经过长期演变后，成为地道的俄式菜。俄罗斯烹饪在欧美菜系中有着自己独特的地位。

俄罗斯疆域辽阔，其菜式在东欧诸国家中起着领先的、代表性的作用。俄罗斯的宫廷大菜享誉世界，其服务形式至今仍影响着欧美各国。

（二）俄罗斯菜的风味特点

酸黄瓜、酸奶渣是常用的菜品。酸黄瓜可用作配菜，也可以用作冷菜；酸奶渣既可做原料（如奶渣饺子），也可做冷菜。

黄油在俄式菜中用得较多，许多菜在烹制完成后，浇上一些黄油，所以菜味比较肥浓。

鱼子酱是俄式菜中的名贵冷菜，黑鱼子酱比红鱼子酱更名贵。

肉类以牛、羊、鸡为主，猪肉次之。牛、羊肉常被铰成馅做肉饼。高加索的烤羊肉世界闻名，野味中的烤山鸡被称为冬季名菜之一。

俄式菜的冷菜特点是鲜生，如生番茄、生洋葱、酸黄瓜和酸白菜等。

（三）俄罗斯代表菜

1. 鱼子酱（Caviar）

制法：鱼子酱大都以鲟鱼（Sturgeon）卵和鲑鱼（Salmon）卵加工制成。鲟鱼卵是黑色的，相应的酱称黑鱼子酱。鲑色卵是红色的，相应的酱称红鱼子酱。它们都适宜生吃，营养丰富，多用于高级宴会中的小吃等。鲟鱼长一般可达3米多，性成熟迟，一般需10年左右，分布于欧洲、亚洲和北美洲。鲟鱼子经过加工腌制后是非常珍贵的佳肴。

特点：判断鱼子酱品级的公认标准是口感好、滋味美、外观好。

吃鱼子酱时，可放在淡的不涂黄油的面色或麸皮面包上吃，或放在饼干或吐司上加些柠檬汁吃，也有和洋葱一起吃的。鱼子酱罐头一旦打开就不能久藏。

在俄罗斯，鱼子酱是非常名贵的菜肴，好的黑鱼子酱只有在高级豪华的宴会上才有供应。

2. 罗宋汤（Russian Borscht）

制法：罗宋汤又叫莫斯科红菜汤（Moscow Borscht）。它是将牛肉、牛骨、洋葱、番茄、蒜茸、卷心菜等煮成汤后，再加入红菜头（有罐装的）和柠檬汁，使汤呈红色，汤里放酸奶油（图2－3）。注意加红菜头后不可久煮，否则汤色晦暗不美观。

图2－3　罗宋汤

特点：汤热味鲜，牛肉酥嫩，略带酸味，色红味浓。

3. 冷鳇鱼（Cold Huso Sturgeon）

简介：将鳇鱼洗净，对半切两片，放入有胡萝卜、洋葱等香料的开水锅里氽熟，捞出冷却后，放入冰箱。食用时，取出鳇鱼切片装盘上席，同时跟上辣根一盅。

特点：鳇鱼片滋味鲜美，为俄罗斯名贵鱼种，有多种吃法。

4. 酸黄瓜（Pickled Cucumber）

制法：酸黄瓜虽是腌制的小食品，但深受俄罗斯人及东欧人的欢迎，不但可做菜肴的主料和配料，还可作为下酒的小菜。腌制酸黄瓜的方法是选用鲜嫩、个小、无籽的黄瓜，装入小口酒坛子内，同时放入芹菜根、香叶、大蒜头、胡椒、藿香草等，灌入冷盐水，上面压上石头，不让黄瓜漂浮起来，坛口用油纸包紧，涂上水泥或石膏封口（不要漏气），放在阴凉处，两个月后可以取出食用。

特点：酸黄瓜味道酸淡清香，脆嫩可口。

5. 串烤羊肉（Shashlik of Lamb）

制法：将羊肉切成3厘米见方的块，用盐、胡椒粉拌匀，加上切成细末的洋葱头、柠檬汁等放入盛器，移入冰箱，腌24小时。然后，用金属钎将羊肉块、青椒块、番茄块相间穿成一串，也可穿上白蘑菇、洋葱块等，在炭火上炙烤，不时刷上生菜油，烤至八成熟，肉心带血汁时，可连钎子上席，由客人手拿钎子享用。

特点：串烤羊肉经炙烤后，香味诱人，肉嫩不腻，别有风味，不但俄罗斯人和东欧人爱吃，英、美等国的人也喜爱，特别是中东国家和伊斯兰教徒更是喜爱。

6. 基辅鸡卷（Chicken Kiev）

制法：基辅鸡卷即黄油鸡卷，是将鸡脯肉切成长条并去皮，将黄油做馅，包在鸡脯肉内，小心包严，滚上面粉，刷上鸡蛋糊，裹上面包粉，用黄油煎黄炸透。装盘时，鸡卷底下垫坡形并带渠沟的炸面包托，基辅鸡卷骨把上插纸卷花做装饰，配上炸土豆丝、炒豌豆等蔬菜即成。

特点：颜色金黄，外焦里嫩，香鲜可口，形式美观。

7. 红烩牛肉（Beef Goulash）

制法：红烩牛肉又名土豆烧牛肉，是俄罗斯和许多其他国家民众都爱吃的菜肴之一（图2-4）。红烩牛肉是匈牙利菜式，由于加入了匈牙利特有的调料红辣椒粉，故称匈牙利红烩牛肉（Hungarian Beef Goulash）。现在则改加番茄酱，不爱吃辣的人也很喜欢。

特点：色呈红色，味鲜，肥、糯、香。既可用于点菜，也可用于宴会。

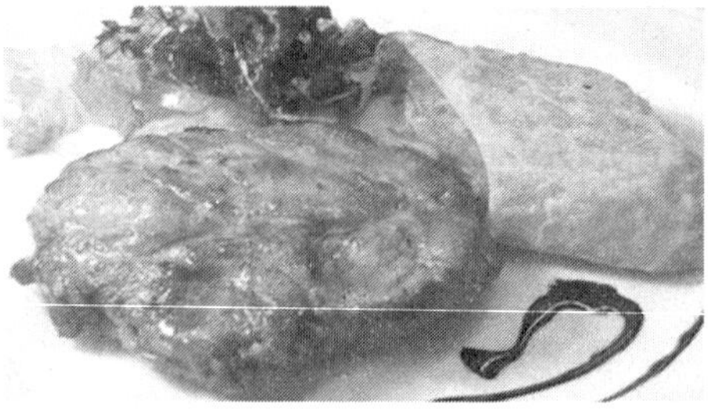

图2-4　红烩牛肉

二、意大利菜

意大利菜源远流长，闻名世界。这与意大利悠久的历史、灿烂的文化、优越的地理位置、良好的气候、丰饶的物产是分不开的。意大利烹饪堪称欧洲大陆之鼻祖，其古典宫廷菜式曾对法国烹饪产生过巨大的影响。意大利烹饪技术注重食物的本质，以原汁原味闻名。在烹调上以炒、煎、炸、红烩、红焖等方法为主，烧烤的菜不多。意大利人喜欢油炸、熏炙的菜。海鳗被意大利人誉为“第一美味”。

（一）意大利菜的特点

意大利的烹饪与法国相似，着重于原汁原味，红焖红烩的菜较多，烧烤菜较少，既保守又重传统。意大利菜的调味品，除盐与胡椒外，以番茄汁、橄榄油、红花为主，较少使用其他调味品，一般多直接利用物料本身的鲜味调剂，所以“直接”“简单”是意大利烹饪的一个主要特点。

意大利周围大部分临海，海鲜种类很多。意式焗鱼味道很好，制法别致，风行于欧洲各国。意大利的农业生产也很好，蔬菜、水果丰富。葡萄酒与日常生活有着极其密切的关系，与橄榄油一样，几乎所有的菜都要用到。意大利乳制品很多，奶酪的用途很广泛，而且种类繁多。著名的巴美仙奶酪（Parmesan Cheese）通常被磨成粉状，与意大利通心粉及肉类同食，在意大利烹饪中广泛使用。还有用碎牛肉为馅心、以大蒜调味制作的香肠，质硬形大，世界闻名，称之为色拉米香肠（Salami）。

（二）著名的意大利菜

1. 意大利菜汤（Minestrone）

制法：意大利菜汤是用白扁豆、青豆、洋葱、芹菜等，加蒜茸、腌肉、马佐林香草粉（Marjoram，或称牛膝草）制得的，食用时，加通心粉和巴美仙奶酪。

特点：汤热味鲜。

2. 意大利馄饨（Ravioli）

制法：意大利馄饨的馅心是用切碎的猪肉、猪脑、菠菜、牛肉等调味品混合制成的，馄饨皮加蛋黄配制而成。馄饨煮熟后，浇上炒好的番茄沙司，装入焗斗撒上奶酪粉，放进烤炉焗黄，因有番茄酱，其白色中点缀深红色。

特点：香糯滑嫩，鲜美可口。

3. 奶酪焗通心粉（Macaroni au Gratin）

制法：将通心粉放入开水锅内氽至八成熟，用黄油、奶油和鲜奶调和制成的白沙司拌和，再盛入盘内，撒上奶酪粉，再浇上黄油，移入烤炉焗黄即成。

特点：色呈奶油色，味香而肥软。

4. 比萨（Pizza）

制法：比萨是意大利的传统美食，闻名世界。将发面擀成圆薄饼，在平底锅内加黄油用中火两面煎黄。另外将番茄、蒜头切碎，放在煎饼上，入焗炉内焗黄，撒上奶酪即成。有的还放上沙丁鱼、圆葱末、蘑菇等。

特点：清香适口，别有风味。

第四节　其他国家菜

一、日本菜

（一）日本菜的特点

日本菜味道鲜美清淡，保持原味，喜甜而不用香油。主料多用海鲜，其次为牛肉，较少使用禽蛋、猪肉。日本菜加工精细，讲究配色和装饰，更讲究餐具的使用（日本的餐具有独特的形状、色彩，有瓷器的，也有漆器的）。其中具有特殊风格的生食鱼鲜是很有代表性的花式菜点。日本菜是当前世界上颇具风格的菜式之一。由于日本经济迅速发展，生活方式趋向欧美各国，使日本的传统菜掺入了外国做法，形成了现代的日本菜。例如锅类菜中的铁板烧，就十分接近西洋菜式。榨菜的风味，也增添了接近欧美的风格。中国烹调对日本菜也产生了很大的影响。

日本菜主要的配料和作料有海藻类的海带和紫菜，其用途很广，海带除做主料使用外，还常做上汤使用。紫菜普遍用于寿司、拌菜、汤菜和面饭类等。酱和酱油均闻名于世，味极鲜美。酱油分为浓味、淡味和重味三种，各有不同用法。酱的种类也很多，常用于烤菜和做酱汤。蔬菜加工中的蒟蒻粉丝是魔芋制成的，也属于一种常用的配料。松鱼干，日文名“鲣节”，俗称“木头鱼”，刨成鱼片，可用于拌菜、配菜，尤其用于煮汤，是日本烹调中必不可少的重要材料之一。

日本菜的进餐形式丰富多彩，有简单而迅速的盖浇饭、煮面、冷面，有经济实惠的“定食”，有以冷餐为主的“便当”（即饭盒），有举行茶道前的“怀古料理”，有素食的“精进料理”，有饭店酒楼风格的“公席料理”，有正式宴饮的“本膳料理”，有受中国影响的“桌袱料理”，有寺院风格的“普茶料理”和地方风格的“四茶料理”等。

（二）日本菜的代表菜

1．天妇罗

制法：天妇罗是用面糊裹其他原料炸制的菜，便餐、宴会都适用。天妇罗的烹制方法来源于中国。天妇罗可分为海鲜、蔬菜、家禽三类。用海鲜制作的天妇罗，当以明虾为最高级，还有用墨鱼、鱿鱼、鳗鱼、干贝等做的；用蔬菜制作的天妇罗，主要采用小茄子、扁豆、青椒、藕等蔬菜制作；用家禽制作的天妇罗，主要是用鸡肉制作的。

特点：天妇罗要现吃现炸，吃时蘸“天汁”、萝卜泥、柠檬、盐等。

2．明虾刺身

制法：天妇罗生鱼片在日语中被称为“刺身”，生鱼片用料有金枪鱼、鲷鱼、鲈鱼和虾或贝类等，其中以金枪鱼、鲷鱼为最高级。明虾刺身是将新鲜明虾用盐水洗净，放入盐水锅中煮1～2分钟，取出后去壳，剔去背肠，将白萝卜切丝、姜擦成泥。上席时，将萝卜丝放在器皿里，上放明虾，再将食用菊花、姜泥等在旁拼摆整齐，配上一小碗酱油。

特点：明虾刺身以现吃现做最好，虾鱼新鲜，味道鲜美，适用于宴会和喜庆之日宴请。

3．四喜饭

制法：四喜饭是用金枪鱼片和墨斗鱼片抹上辣根粉，放在用醋汁调料拌匀的饭团上，外裹紫菜切段，再配上黄瓜、红鱼子酱而成（图2－5）。

特点：口味酸中微带甜咸，颜色鲜艳，鱼肉新鲜。

图2－5　四喜饭

二、印度菜

（一）印度菜的特点

印度咖喱滋味鲜美特殊，芬芳浓郁，独具风格，享誉世界。咖喱是用多种香辛植物及其籽研碎混合而成，所以按不同成分可以做成许多不同的咖喱，在加入酸奶和椰子露后即成为湿咖喱。印度菜几乎都用咖喱做调料，如咖喱鸡、咖喱鱼、咖喱饭等。

多数印度人因宗教信仰关系，不吃牛肉，而食羊肉、鸡肉。还有人是穆斯林，不吃猪肉。印度人中有许多人是素食者，不吃肉类或鱼类，甚至不吃蛋类或植物中的某一部分。

印度菜的烹调方法主要是炸、烤。蔬菜多用茄子、豆类、花菜、蘑菇，调料多用咖喱、杧果酱、红辣椒、洋葱和其他香辛料。

（二）印度菜的代表菜

1. 咖喱鸡（Curry Chicken）

制法：咖喱鸡是将嫩光鸡切块，加油煎至呈金黄色，放进烩锅内，再加入咖喱酱或咖喱粉和苹果片即成。

特点：咖喱味很浓。

2. 印度式羊肉（Indian Style Mutton）

制法：印度式羊肉是将羊肉切成片，油煎后和香料一起放入烩锅内，加入咖喱烩焖而成。

特点：色泽金黄，咖喱味浓香。

三、清真菜

（一）清真菜的特点

清真菜是伊斯兰教徒的饮食。伊斯兰是阿拉伯语回教的译音，伊斯兰教是 7 世纪初在阿拉伯半岛由麦加人穆罕默德创立的一种宗教，其信徒又称穆斯林。穆罕默德在创立伊斯兰教时，把猪视为不洁之物。《古兰经》规定了严格的禁食制度，教徒除了戒食猪荤以外，还要戒酒，要吃洁净之物；伊斯兰教食规还规定不得食用甲壳类动物、鳗类及海生哺乳动物。所以猪肉、猪血、猪油、蟹类、蛤类、无鳞鱼等都不能作为清真菜的原料。

世界上约有 90 个国家，如阿富汗、伊朗、伊拉克、索马里、土耳其、巴基斯坦、马尔代夫、卡塔尔、印度尼西亚等国有伊斯兰教存在，伊斯兰教徒大约有 10 亿人。

面粉是阿拉伯人的重要主食，一般用来烤面包或做阿拉伯大饼。阿拉伯大饼香脆可口，有的还加奶油、撒上芝麻，有咸口的，也有甜口的。大米也是阿拉伯人的主食，有加姜黄、豌豆煮成的米饭，还有用红花水、奶油以及类似枸杞的调料制成的米饭，色泽鲜艳，松软可口。阿拉伯人喜欢将牛肉、羊肉、鸡肉、鱼以及各种蔬菜作为副食。烤肉串是阿拉伯人喜欢吃的菜肴，食客围坐在饭店里的烤炉旁，把鲜嫩的牛肉片、羊肉片串在铁钎子上，边烤边吃，也有人把流油的烤肉和生菜、葱头及西红柿片卷在薄饼里或夹在面包里吃，很有风味。伊朗人吃酸奶，喜欢把黄瓜、芫荽、西红柿等切碎了一起拌在酸奶中，吃起来清香可口。也把黄瓜当作水果食用，而且在食用时，要先捏点盐撒上，咬一口，再撒。

（二）清真菜代表菜

1. 串烤羊肉（Broiled Skewered Lamb－Sis Kebad）

制法：选用无骨羊肉，切成5厘米见方的块。洋葱切圆片或掰成小环，番茄、青椒一切为四，柠檬挤汁，把洋葱、柠檬汁、橄榄油、盐与胡椒粉放入深碗拌和，加进羊肉，腌两小时。将腌好的羊肉块串在铁钎上，排紧，羊肉四边涂上奶油。番茄块和青椒块相间穿在另一根铁钎上。两串都放在炉火上烤炙，不时转动，烤至青椒和番茄黄熟，羊肉红熟，整串搁在盘上，再配以洋葱片、番茄片上席。

特点：颜色红、绿相间，有诱人的肉香味。

2. 冰冻酸奶黄瓜汤（Coled Yoghoustand Cocumber Soup）

制法：冰冻酸奶黄瓜汤是把黄瓜洗净、剖开、去籽、切末，薄荷、莳萝叶切碎。将酸奶放入深碗内，打滑，加黄瓜末、醋精、橄榄油、薄荷叶、莳萝叶和盐拌匀，分装汤盆内，移入冰箱两小时，使其凉透，取出装盆时，也可加上冰块。

特点：冰凉爽口，鲜酸开胃。

3. 樱桃鸡饭（Steamed Rice with Sour Cherry and Chicken）

制法：把樱桃洗净去核，放入沙司锅内，加糖拌和，煮软熟，选1千克以上的嫩鸡，用橄榄油煎至微黄，放入煮锅。洋葱切片，稍煎，也倒入煮锅，覆在鸡上，加少量水把鸡煮至嫩熟，待鸡冷却后，斩成六块。大米淘净，煮至半熟。先将一半黄油放入鸡汁煮锅，待融化，加入半熟的米饭一半，再放入鸡块与樱桃甜汁的一半，然后将余下的米饭、鸡汁和樱桃甜汁全部倒入，直至米饭软熟。另将红花用温水浸湿。上席时，先从锅内盛一碗饭，加余下的已融化的黄油和浸湿的红花拌匀。再将锅内的一些米饭在盘内垫底，上放鸡块，又盖上些米饭，并把用红花拌好的米饭撒在最上层，最后将锅底的饭焦刮起，放一小片在盘沿作为装饰。

特点：色彩鲜艳，红、白、黄相间，味甜而酸，饭糯，肉香，有水果味。本菜被伊朗人称为Alo－BaloPolo，为伊朗人在结婚和节日所吃的主菜之一。有时还在菜面上点缀绿白相间的青果仁和杏仁。

4. 羊肉莳萝鲜蚕豆饭（Steamed Rice with Lamb, Dill and Lima Beans）

制法：羊肉莳萝鲜蚕豆饭是把羊肉切方块，莳萝切段，洋葱切碎，红花用水湿润，煎锅内放黄油，将洋葱煸炒，再把羊肉煎黄，放入煮锅煮至嫩熟。另用煮锅将大米煮至半熟，放入莳萝、蚕豆、羊肉、洋葱和黄油，直至汤汁收干，蚕豆嫩熟，米饭软糯。上席时，先从锅内舀出一碗饭，加湿润了的红花，拌至米饭呈明黄色，然后将锅内米饭装入盘内，饭上放羊肉，羊肉上再盖上些米饭，米饭上又撒些红花饭，浇上余下的黄油。

特点：米饭软糯，羊肉浓香，色呈明黄，红白相间。

5. 手抓羊肉（Hand Catch Lamb）

制法：手抓羊肉是将羊排剁去脊骨，顺着肋骨改成块，入水洗净后捞出，放入煮锅内，加水烧沸，再加入葱头块、胡萝卜块、芹菜段香叶、黑胡椒粒、绍酒、精盐，用小火将羊排煮烂，另取一小碗，将芝麻酱加黄酒、米醋、芝麻油、蒜泥、胡椒粉等调兑，把炖好的羊排骨肉捞入盘内，浇上兑好的汁，撒上芫荽段和葱花，小碗的调味汁和羊排一起上桌，用手抓羊骨柄吃。

特点：软烂适口。

复习与思考

一、　名称解释

西餐　开胃菜　色拉　进餐礼仪

二、　简答题

1. 西餐由几部分组成？
2. 西餐的主要特点是什么？
3. 法国菜有哪些代表菜？并叙述其特点。

三、　单项选择题

1. 日本料理调味的味型主要为（　　）。

A. 酸辣　　B. 酸咸　　C. 咸辣　　D. 甜咸

2. 由于宗教信仰的关系，吃素人数占全国一半以上，并称为“素食王国”的是（　　）。

A. 日本　　B. 印度　　C. 朝鲜　　D. 越南

3. 从公元16世纪以来，厨艺博采众长，最终赢得“西方烹饪艺术代表”的是（　　）。

A. 德国菜　　B. 法国菜　　C. 英国菜　　D. 俄罗斯菜

4. 下列国家中，玉米宴被称为国宴的是（　　）。

A. 牙买加　　B. 墨西哥　　C. 伯利兹　　D. 多巴哥

四、 多项选择题

1. 下列属于日本菜式的选项有(　　)。

　A. 生鱼片　　B. 烧物　　C. 咖喱饭　　D. 飞饼　　E. 生牛河

2. 兴起于20世纪60年代末的新式烹饪运动，促使传统法国烹饪注重的“四更”是(　　)。

　A. 更清淡　　B. 更新鲜　　C. 更包容　　D. 更美观　　E. 更高雅

3. 尊奉伊斯兰教习俗的国家有(　　)。

　A. 阿尔及利亚　　B. 埃及　　C. 摩洛哥　　D. 英国　　E. 澳大利亚

4. 新西兰烤肉中最令人称道的品种有(　　)。

　A. 烤羊肉　　B. 烤羊排　　C. 烤牛肉　　D. 烤鱼片

五、 案例分析题

如何品味西餐文化

研究西餐的学者们经过长期的探讨和总结认为：吃西餐应讲究以下6个“M”。

第一个是“Menu”（菜谱）

当您走进咖啡馆或西餐馆时，服务员会先领您入座，待您坐好后，服务员首先送上来的便是菜谱。菜谱被视为餐馆的门面，老板也一向重视，采用最好的材料做菜谱的封面，有的甚至用软羊皮打上各种美丽的花纹，显得格外典雅精致。

如何点好菜？这里介绍一点经验之谈。那就是打开菜谱后，看哪道菜是以店名命名的，这道菜可千万不要错过。因为餐馆是不会拿自己店的名誉来开玩笑的，所以他们下功夫做出的菜，肯定会好吃的，这道“招牌菜”大家一定要点。

另外要特别说明的一点是，不要以吃中餐的习惯来对待西餐的点菜问题，即不要对菜谱置之不理，不要让服务员为你点菜。看菜谱、点菜已成了吃西餐的一个必不可少的程序，是一种优雅生活方式的表现。

第二个是“Music”（音乐）

豪华高级的西餐厅，通常会有乐队，演奏一些柔和的乐曲，一般的西餐厅也播放一些美妙典雅的乐曲。这里最讲究的是乐声的“可闻度”，即声音要达到“似听到又听不到的程度”。就是说，要集中精力和友人谈话就听不到，在休息放松时就听得到，这个度要掌握好。

第三个是“Mood”（气氛）

吃西餐讲究环境雅致、气氛和谐。一定要有音乐相伴，桌台整洁干净，所有餐具一定要洁净。如遇晚餐，要灯光暗淡，桌上要有红色蜡烛，营造一种浪漫、迷人、淡雅的气氛。

第四个是“Meeting”（会面）

和谁一起吃西餐是要有选择的。吃西餐的伙伴最好是亲朋好友或是趣味相投的人。吃西餐主要是为联络感情，最好不要在西餐桌上谈生意。所以在西餐厅内，氛围一般都很温馨，少有面红耳赤的场面出现。

第五个是“Manner”（礼俗）

这一点指的是“吃相”和“吃态”。既然是吃西餐，就应遵循西方的习俗，勿有唐突之举，特别是在手拿刀叉时，若手舞足蹈，就会“失态”。

刀叉的拿法一定要正确：应是右手持刀，左手拿叉。用刀将食物切成小块，然后用叉送入口内。一般来讲，欧洲人使用刀叉时不换手，一直用左手持叉将食物送入口内。美国人则是切好后，把刀放下，右手持叉将食物送入口中。但无论何时，刀是绝不能送物入口的。西餐宴会，主人都会安排男女相邻而坐，讲究女士优先的西方绅士，都会表现出对女士的殷勤。

第六个是“Meal”（食品）

一位美国美食家曾这样说：“日本人用眼睛吃饭，料理的形式很美；吃我们的西餐，是用鼻子的，所以我们鼻子很大；只有你们伟大的中国人才懂得用舌头吃饭。”中餐是以“味”为核心，西餐则以“营养”为核心，至于味道，那是无法同中餐相提并论的。

根据以上案例，回答如下问题：

1. 你从以上案例中收获了什么？

2. 如何更深层次理解西餐文化？

第三章 中西面点

本章导读

火，改变了人们的饮食习惯，而原始农业的应运而生，谷物的产生和发展，为面点制作提供了物质条件，加工工具的出现又丰富和完善了面点制作。

中国面点大致分为北方点心、广东点心、四川点心和少数民族点心等流派，各流派又有自己不同的风味特点。而西式面点分为蛋糕、面包、酥点三类，不同类别又包括不同的品种。

宴席面点要根据宴席的级别和主题来配制，并应具有口味多样的特色。

学习目标

知识目标

1. 了解中式面点制作的工艺流程。
2. 了解面点制作相关的专业理论和操作技能。
3. 了解宴席面点的配制方法。

能力目标

1. 掌握识别和选用各种原料的知识。
2. 掌握面点原材料选择、调配、切配、加工处理方法。
3. 掌握中式面点的制作方法、西式面点的制作方法。

案　例

小小糕点师

某学校，区域游戏间隙，一群同学到糕点店买糕点。看了又看，一位同学自言自语地说："唉！糕点太少了，你看人家'万千糕饼'店里的糕点才多呢！"旁边的同学也说："我经常去'万千糕饼'店，那里有很多生日蛋糕！"看着同学们流露出羡慕的眼神，老师决定请大家参观那家糕点店，模仿糕点师制作糕点。

通过活动不仅丰富区域游戏材料，而且满足了同学们的好奇心，让同学们在活动中体验生活的乐趣，激发他们表现美、创造美的情趣，给予大家自由的空间，避免重技巧训练与成就导向的教学，不要求同学们循规蹈矩地模仿。

案例分析

1. 从该案例中你得到什么启发？
2. 面点制作对你有什么样的影响？

第一节　中式面点

一、中式面点概述

（一）中式面点的起源

人类在原始社会初期，主要从浆果块茎、嫩叶幼芽和捕捉到的飞禽走兽、蚌蛤鱼虫为生，活剥生吞，饮其血、茹其毛，使用一些打制石器，过着简普的原始生活。

自从学会人工取火，将生食变为熟食以后，人类烹饪术就开始了。由于野生兽畜繁衍周期长，原始狩猎工具落后，人类要想生存下去，必须在食源开发上另辟蹊径。于是，原始农业应运而生。《白虎通义》中言："于是神农因天之时，分地之利，制耒耜，教民以耕，神而化之，使民宜之。"农业为人们提供了新的较为稳定的食物来源，谷物逐渐成为农业部落的主要食物。

谷物的产生与发展，为我国面点制作提供了物质条件。春秋战国时期，随着生产力的进步，谷物品种增多，种植面积扩大，人们对食品的要求也不断提高，出现了较多的面点品种。这时期还出现了一些加工谷物的工具，如杵臼、石磨、碓等。早期的陶质炊器也相继问世，并出现了鼎、鬲、甑等炊具。由于物质条件日趋成熟，先秦时期，我国面点制作已有了一定的雏形，出现了类似糕、饼之类的面点制品，如《周礼·天官》中记载的“糗”“酏食”“糁食”等。

（二）中式面点的发展

从隋唐到宋元时期，我国面点已经进入全面发展阶段，面点制作技术迅速提高，新品种大量涌现。这一时期，我国南北政治统一，大运河开凿，促进了南北经济、文化的交融。在此背景下烹饪原料增多，饮食行业日益兴隆，有关面点方面的著作也比前代增多。这些发展和进步，表明了我国面点技艺在隋唐，特别是宋元时，已达到了一个新的水平。

根据记载，唐代开始出现“点心”之名。宋代吴曾《能改斋漫录》中说：“世俗例，以早晨小吃为点心，自唐时已有此说。”食用点心已成为“世俗例”，可见当时点心制作的普遍性。宋元时期，从早点到夜宵都有点心作为饮食市场的重要品种，供应食者。制作技艺具体表现为：面团调制种类齐全；馅心品种丰富多彩；成形方法富于变化；熟制方法多种多样；面点质量、特色分明。

（三）中式面点的兴盛

明清时期，我国面点制作已达到相当高的水平，不但新品种迅猛增加，而且在旧式面点基础上不断更新、创造、制作出了更精细、更美观、更可口的品种。这时期，中式面点的重要品种大体已经出现，各风味流派面点已基本形成，面点在饮食中的地位更加突出，面点的有关著作也愈加丰富。随着中外文化交流的日趋频繁，西式面点开始传入中国，中式面点也大量传到国外。

新中国成立后，在党和政府的关怀下，各地面点师在继承传统技艺的基础上，对面点制作技术不断进行总结、交流与创新。

从 20 世纪 50 年代起，我国设立了烹饪、面点专业，编写了面点教材，经过几十年的发展，培养出了众多的各个层次的面点人才。各地区各个部门之间组织了各种类型的交流，相互取长补短，共同提高，长期形成的南、北方不同的饮食习惯相互融合，南式点心的北传，北方面食的南移，使南北面点品种大大丰富，出现了大批中西风味结合、南北风味结合、古今风味结合的品种和许多胜似工艺品的精细高级点心新品种。

随着科学技术的发展，烹饪能源由原来使用的柴、煤、油逐步向煤气、电、太阳能、微波等方面发展；新的生产设备也有了飞跃，完全的手工操作正在被机械化、自动化生产方式所取代，这些都使中国面点技艺的发展如虎添翼。

二、宴席面点

（一）宴席面点配备

1. 宴席面点设计

宴席面点要适应宴席的级别和围绕宴席的主题来设计。宴席的级别以价格而定，分类一般以用料价格的高低、选料的精粗、烹制工艺的难易程度、菜肴的贵贱及席面的摆放方式来区分。据此宴席划分有高、中、普通三级。宴席中的菜肴也相应分高、中、普通三个档次。对于面点级别来说，可以从用料价值的高低、馅心的粗精、成形的繁简几方面来划分。高级面点的特点是：用料精良，制作精细，造型细腻别致，风味独特；中级面点的特点是：用料较高级，口味醇正，成形精巧；普通面点的特点是：用料普通，制作一般，具有简单造型。面点要适应宴席的级别，才能使宴席上的菜肴质量与面点质量相匹配，达到整体协调一致。

宴席形式一般分国宴、晚宴、便宴、招待会等，包括寿宴、婚宴、庆功宴、节日宴等不同内容。面点的安排就要围绕宴席的形式、内容来组合，同时做到与宴席其他内容合拍。例如，做成“欢迎”字样的点心，以表达对亲朋好友的欢迎；用“寿桃”烘托祝寿的席面气氛；根据客人的饮食特点配置点心等。总之，要以食客为中心，使席面造型生动，席点配合贴切、自然。

2. 宴席面点配备

面点配备要适应宴席菜肴的口味，并应具有多样的特色。面点按口味分有咸、甜、咸甜三类；按馅心分则有荤、素、荤素混合馅三类。面点口味的变化，是通过馅心种类的变换表现出来的。宴席中不论安排几道点心，都要做到咸味菜带咸点，甜味菜带甜点，在这个前提下，应做到：

（1）灵活掌握面点的各种口味，注意变换馅心或面团等，以使席面上面点不至于出现过于单调的现象。例如：同是咸味的馅心，有猪肉、三鲜、鱼肉、虾肉等；变换面团则形成各种蒸饺、酥饺、粉饺等。再如酥点，用甜馅较多，变换成形技法，可使配席面点多彩多姿，如眉毛酥、百合酥、海棠酥、兰花酥等。

（2）在确定用某一味的馅心时，要考虑原料的时令情况，把握“物以稀为贵”的食者心理，如冬季宴席配点，咸馅里放点韭黄，会使宾客齿唇留香，回味无穷。

（3）确定宴席面点的馅心时，一方面要立足本味，发挥原料的质地，取料要新鲜、卫生，通过精细加工，使咸馅鲜嫩、多卤，甜馅细腻、香甜；另一方面，要突出风味，在传统面点的风格上大胆引进糖醋、麻辣、鱼香、咖喱、蚝油、椒麻、奶黄等复合味，使点心在宴席中更为宾客所青睐。

（4）突出时令季节特色。宴席有春、夏、秋、冬之别，菜肴如此，面点亦然。面点的季节性问题应从两方面考虑，即与举办宴席的季节相适应，与这一季节里生物周期生长规律相协调。春季，气候变暖，人们喜爱不浓不淡的食品，配席面点可上“春卷”“荠菜包子”等。同时，春季也正是早期植物芬芳吐艳的季节，可以配之以“杏花”“梨花”“桃花”命名的具有自然风采的面点。夏季，正是百花争艳、鸟语花香的季节，酷暑炎热，人们的味觉自然有些变化。这时，搭配的面点既要有消暑、清凉之作用，如“如意凉卷”等，又要有体现季节特色，如“荷花酥”“鲜花饼”“绿豆糕”等。秋季，菊黄蟹肥，气候由温热转凉，可配“菊花酥”“葵花合子”等，寓意收获，唤起食客无限的秋思和遐想。冬季，气候寒冷，且是梅花傲霜斗雪之季，如配“梅花饺”“雪花酥”等有象征意义的面点，可起到烘托宴席气氛的作用。面点与我国民风食俗有很大关系，如果宴席的日期与我国某个民间节日临近，面点也要相应安排。如春季正赶上端午节前，各种粽子制品也可即席配备，春节可配食年糕、春卷，元宵节可配食汤圆、元宵，清明节可配食青团，中秋节可配食月饼，等等。

（5）“全席”宴的配点要求风格统一。全席，古代称之为“屠龙之技”，系指用一种主要原料制成的全套花点，诸如以鸡、鸭、鹅、鱼、猪、牛、羊、菌、藕、笋、薯、芋等做主料均可成全席，作为这种性质宴席的配点，要多从营养学角度考虑。

3．宴席面点制作

宴席面点制作必须技法多样，口感顺应菜肴的烹调方法。面点外观形态的变化是通过成形技法表现出来的，水面、酵面、酥面、粉面等面团都可通过成形技法展现梅花、月季等缤纷的花卉和白兔、小鸡等可爱的动物形象，可谓千姿百态。

口感，乃口味感觉，即适应程度。所谓面点口感要顺应菜肴的烹调方法，不能理解为炸菜和炸点、蒸菜和蒸点的配合，而是依据菜的烹调方法考虑与面点口味上的配合，如烤鸭、鱼、鸡、乳猪、猪肉等，配备蒸或烙的饼片；大件甜菜，配两种形态各异的甜点等。各地席点的配备有些出入，但只要配置较符合进餐需要，口感上比较平衡即可。

（二）编制宴席面点单

编制宴席面点单，是宴席面点制作的第一步。编制食单工作，应根据主办者的意图和要求、宴席的规格水平、民族特点、市场供应和时令情况，以及面点师的技术特长来合理编制。

1．传统宴席食单

（1）冷盘：熊猫戏竹、八围碟（白嫩油鸡、陈皮牛肉、油爆河虾、芥末鱿鱼卷、香糟鸭、蒜泥黄瓜、八宝菜心、咖喱冬笋）。

（2）热炒菜：清炒虾仁、椒盐鳝背、翡翠茭白、蚝豉排骨。

（3）五大菜：鸡茸鱼翅、八珍全鸭、清蒸鳜鱼、蟹粉狮子头、时令双蔬。

（4）点心：虾仁蒸饺、火腿酥饼、糖油春卷、枣泥拉糕。

（5）汤：人参炖鸡汤。

2. 现代宴席食单

（1）冷盘：烤乳猪、八单盘（盐焗鸡、盐水鸭、葱油海蜇、干切牛肉、盐水虾、甜酸白菜、梅香花生、炝黄瓜条）。

（2）热菜：三味海鲜羹、茄汁焗明虾、蚝汁鸽松、北京烤鸭、明炉鲈鱼、植物四宝、鸽蛋鲍鱼盅。

（3）点心：葱油酥饼、火腿麻枣、奶香窝窝头、南瓜饼。

（4）水果：时令果拼。

3. 冷餐会食单

（1）冷菜：蚝油鸡、什锦色拉、鸡丝粉皮、麻辣鹌鹑、苏式熏鱼、紫菜饭卷、腊味两样、鸳鸯鱼卷、酸黄瓜、彩色蛋糕、四鲜烤麸、盐水大虾。

（2）热菜：咖喱牛肉串、白汁海烩、咕老肉、椒盐花菜。

（3）点心：鸡丝凉面、什锦炒饭、奶油花蛋糕、火腿粽子、豌豆黄、清酥牛肉卷、千层油糕、鲜肉烧卖。

（4）水果：西瓜、菠萝、葡萄、香蕉、彩色冰糕。

三、历史名点

（一）北方点心

图3－1　银丝卷

我国北方以面食为主，所以面条、馒头、烙饼、饺子等是常吃的主食。北方的面食，大多做主食，当然也可做点心，特别是常作为早餐。

1. 银丝卷

银丝卷是北京风味食品，现在各地饭店都有制作。制作银丝卷，需要经过和面、发酵、揉面、溜条、抻面、包卷、蒸熟7道工序。其中的抻面，已成为厨师显示精湛技艺的重要工序之一，常在餐厅当众献技。将抻面切成小段，用面包卷起蒸熟即成。特点是色白软和，味香可口（图3－1）。

2. 拔丝苹果

拔丝苹果是将苹果去皮，切成三角旋刀块，将苹果拌上干面粉，裹上稀蛋面糊，下热油锅滚炸，另用锅将糖化开，再将油锅内的苹果捞出，滤去油，倒入糖汁锅内，至糖汁完全均匀地裹在每一块苹果块上，外皮明亮甜脆，内心变成细泥，用筷子能挑出很长的丝来即好。特点是苹果呈金黄色，味甜、酸，外硬里脆，糖汁韧如藕丝，能绵延数尺不断，宜于热吃、快吃。上菜时外带一碗凉开水，用筷子夹苹果涮后吃。

3. 饺子

饺子是我国颇负盛名的传统面点，特别是在北方，食者较多。饺子的种类很多，一般可分为荤、素两大类。素馅中有青素和花素之分；荤馅中可分为肉类、禽蛋类、海鲜类等；也有混合的，如三鲜馅。三鲜馅因时令要求不同而变化，有海参、鸡、大虾三样组成三鲜的，也有海米、猪肉、鸡三样组成三鲜的。最普遍的是大白菜加肉或韭菜加肉做馅。饺子可分为水饺、蒸饺、煎饺、炸饺等。

4. 包子

包子据说是三国时诸葛亮创制的。诸葛亮征孟获胜利后，班师回朝，过泸水时狂风大作，兵不能渡。当地土人说，要杀人以祭，才能如愿。武侯不从，令随军厨师以羊肉包之以面，形似人头以祭祀，后人称此为包子。包子的特点是肉馅鲜嫩，汤汁丰满，外皮色白，软且香。

（二）广式点心

广式点心可分为点、饼、糕、粉、粥，制作方法独到。一为选料广，采用原料有数百种之多；二为用料精，精在鲜活；三为烹法多，烤、炸、蒸、焗、烘、煎等各式烹饪俱全；四为外形各异，各具特色。例如，叉烧包呈雀笼形，馅有汁；虾饺要皮薄，味鲜美；糯米鸡以熟馅用荷叶包蒸，透出一股清香；粉果红绿相映，两头小中间大，甚为别致；各式酥饼异彩纷呈，做饼选精白面粉和油揉制，然后为一层水油面、一层油面叠制后分别辅以果料、奶黄、莲蓉等进行烘烤而成，可多达20余层，特点为油而不腻，入口即化，口感极佳。

广式咸味粥味道鲜美，其秘诀在于以高汤熬粥，米烂粥不稠。熬好的粥加入皮蛋为皮蛋粥，加入鱼片为鱼片粥，加入牛肉馅为牛肉粥，加入芫荽薄脆为香粥，还有艇仔粥、鸡蓉粥等。

常见的广式点心有：

1. 鹌鹑千层酥

鹌鹑千层酥是用千层酥做皮料，内酿猪肉、虾仁、鸡肝、冬菇做成的馅料，放入焗炉焗熟，再以煎鹌鹑蛋铺面即成。鹌鹑千层酥的特点是表面金黄光亮，酥体洁白层多，馅心鲜美肉嫩。上席时，四周拌以笋刻成的双飞蝴蝶和青绿嫩翠的芫荽，色彩非常协调。

2. 透明马蹄糕

透明马蹄糕是用马蹄粉（即荸荠粉）加糖、清水搅成粉浆，倒入盘内，放入蒸笼中用中火蒸熟，待糕凉透后切块，上席时用少许油小火煎热。成品晶莹通透，故称透明马蹄糕，吃起来清甜滑爽，焦香可口。

3. 绿茵白兔饺

绿茵白兔饺是用澄面（是做面筋时洗下的面粉经沉淀晒干的粉，广东特产）和生粉用沸水混合，再压成饺皮，包入猪肉、虾肉、鲜笋等馅料，捏成兔形，入笼蒸熟。上席时，以芫荽衬底，活像一群可爱的小兔在草地上追逐嬉戏，味鲜爽口（图3－2）。

图3－2　绿茵白兔饺

4. 蚝油叉烧包

蚝油叉烧包是用叉烧肉切片，加蚝油、糖等做馅，包成包子。其特点是香松、色白、肉鲜，稍带甜味。

5. 云吞

云吞一般称馄饨，四川称抄手。云吞所用的肉馅主要是猪肉，考究的加上虾肉，冬天加上荠菜，也有用鸡肉或羊肉的。云吞除讲究汤美馅细外，还特别注意皮薄，如采用全蛋液和面，用重力压至匀薄而有韧性，煮熟后晶莹有半透明之感，鲜汁馅满。将云吞入油锅炸熟，可做菜肴，叫锦卤云吞。

图3－3　娥姐粉果

6. 娥姐粉果

娥姐粉果是广州各大茶楼、酒家传统美点之一。它是用饭粉做皮（即大米加冻饭锤碎成粉），用猪肉做馅，捏成树叶形，上笼蒸熟。其特点是色白、皮薄、稍硬，有透明感，馅料隐约可见，食之软滑爽韧，味道香浓（图3－3）。

据说，娥姐粉果出现在20世纪初。娥姐原是珠江水上人家的一位姑娘，由于家境贫寒，一家数口靠她在小艇上卖粉果为生。她做的粉果皮薄肉厚，馅料干湿适中，味美鲜香。后来，被茶香室的老板看中，聘去专制粉果。她在茶香室门口设案，现制现卖，全城闻名，群众称其粉果为娥姐粉果。由于生意很好，各茶楼、酒家竞相仿制。娥姐粉果逐渐成为当地传统美点之一。

7．薄皮鲜虾饺

薄皮鲜虾饺精巧别致，独具一格，外形小巧玲珑，美观动人。薄皮鲜虾饺一般捏成弯梳状，褶纹清晰可见，蒸后洁白透明，白里透红，如同羊脂白玉，有的还捏成各种动物造型点心，如小白兔、金鱼等，形象逼真，栩栩如生，十分可爱。它吃起来润滑、爽口、鲜美异常，是点心中的佼佼者。

（三）四川点心

四川点心品种繁多，各具特色。

1．赖汤圆

四川赖汤圆是有名的民间小吃。相传是清末成都一个沿街挑担叫卖的摊贩赖鑫最开始经营的。后来，民国初年有个叫赖元兴的资阳人，因家贫生活无着落，随乡人来成都学卖汤圆，其汤圆乖巧玲珑，味美香甜，品种很多，有麻蓉汤圆、玫瑰汤圆、桂花汤圆等。赖汤圆的特点是香甜白嫩，细软力清，不腻口，不粘牙。

2．成都担担面

盛名天下的担担面确有独到的特点，令人不能忘怀。一是少，一碗面多则50克，少则25克，意在品味，不在饱餐；二是精，精在制面用手工。作料除酱油、麦醋、胡椒、辣椒油等香辛调料外，特别需要少许切细的陈年芽菜，方显出川味本色。每碗担担面中还可放一点豌豆苗尖、菠菜，碧叶清汤，备觉清爽宜人。担担面有鱼香、口蘑、海味、鸡丝、红油、酸辣等几十种口味。

3．钟水饺

钟水饺原由姓钟的小贩经营，故以其姓命名，也因其调味重用红油，又称红油水饺（图3－4）。饺子皮薄，馅多鲜嫩，香辣突出，有着浓厚的川味特色。一小碗吃下去，会使人直冒汗，回味无穷。

图3－4 钟水饺

4. 冰糖银耳羹

冰糖银耳羹是用涨发的银耳，加冰糖、橘瓣，用小火熬制而成。特点是汤清软糯，味甜醇厚，营养丰富，在宴席中常做甜羹用。

（四）江苏、浙江点心

1. 萝卜丝饼

萝卜丝饼是用萝卜丝、火腿丝等做馅，做成饼后，在平底锅内烤熟。饼呈嫩黄色，清香酥肥，非常可口。

2. 黄桥烧饼

黄桥烧饼的种类很多，有火腿、葱油、虾仁等馅，色嫩黄，酥层多，一触即落，酥松可口。

3. 三丁包子

三丁包子是扬州最著名的小吃，个大，肉馅多，包皮吸收了馅的汁液，使味道浓厚，油而不腻，甜咸可口。

4. 淮安汤包

做淮安汤包的面粉是烫面，馅用鸡丁、肉糜、虾米末、竹笋末等混合制成（图3－5）。包皮极薄，蒸熟后似半透明，如果是蟹黄汤包，皮外可以看到里面的蟹黄。此点心以江苏省淮安文楼最为有名，已经有100多年的历史。清朝道光年间，淮安设有淮安府、漕督和文武考场。因此，京城常派钦差来此地，再加上盐商云集，茶楼生意鼎盛，因此淮安汤包驰名全国，各地竞相仿制。蟹黄汤包，一般在中秋节后，菊花盛开，清水蟹肥时，开始应市，至农历十一月，大闸蟹落令时停止。汤包要现吃现做，味道才特别鲜美，经常原笼上席。吃汤包时佐以镇江香醋和姜丝，口味更美，并能驱寒、去腥、解腻。

图3－5　淮安汤包

5. 东台鱼汤面

东台鱼汤面是江苏省东台市的名点，是用鲫鱼熬汤制成，又名白汤面，历史悠久。据传，此面是清乾隆年间一个流落东台做摊贩的御膳房厨师所首创，后来他被某小面店主请到店中掌厨，该店果然门庭若市，生意兴隆，于是此面传遍全国。1942年，东台鱼汤面曾在巴拿马博览会上展出，受到赞赏。

东台鱼汤面的特点是汤白质浓，鱼酥不腻，汤清可口，面白滑顺。

6. 宁波猪油汤团

宁波猪油汤团因色、香、味、形俱美，名噪中外，成为有名的小吃。在除夕、春节的年夜饭或团聚饭宴席上，都以汤圆作为席上点心，以示喜庆欢愉之情。宁波猪油汤团是用糯米水磨后磨细，与猪板油（绝不可用其他油代替）揉透，再加白糖制成。宁波猪油汤团特点是皮薄馅多，加上桂花的香气，咬开皮子，芝麻、猪油的香气扑鼻，烫口而爽滑，真是香、甜、糯、滑、嫩一应俱全。

（五）少数民族点心

1. 回族名点

（1）**奶油回饼**

奶油回饼是用酵面团再次发酵，加花椒水、奶粉、盐、糖，经烤制而成。

据传，早年昆明合香楼的一位面包师把面团搓好后让其发酵，时至下午方才想起忘了放鸡蛋。后经李清祥师傅指点，将酵面团加小苏打揉匀，再入烤炉烤，终于使原来变酸发黑的面团，变成了洁白的烤饼，视之如雪，尝之味美。师傅们商议后说："这饼既是发面返回而成的，就叫它'回饼'吧。"从此，奶油回饼正式问世。

奶油回饼是将奶油化开与花椒油、糖粉、奶粉、盐、发酵剂与第一次发酵的面团合拌均匀后，再同酵面搓揉均匀，揪剂制成生坯。将生坯入炉烘烤至熟即成。成品光泽亮丽，泡松柔软，甜中回咸，清香可口。

（2）**干巴月饼**

干巴月饼是用油酥面团擀皮包牛干巴馅，经烘烤而成（图3－6）。

图3－6　干巴月饼

干巴月饼的出现，是云南汉族和回族饮食文化交流的结果。云南回民过中秋节，就用腌制的上好牛肉为馅，制成月饼。因他们称腌制的牛肉为牛干巴，故名。

云南回族有饲养黄牛、腌制牛干巴的专长。每年寒露节气前后，家家户户都要用上等牛肉腌制成牛干巴。回民糕点师就将它引入点心做馅，制成月饼。干巴月饼风味浓郁，皮酥松，馅咸香。

2. 朝鲜族名点

（1）**朝鲜打糕**

朝鲜打糕是用传统打糕工具，将糯米饭打制成糕，裹豆面蘸糖或盐而成。

打糕是将净糯米用清水浸泡10小时以上，捞出沥干，上笼用大火蒸至软硬合适，取出，放在砧板上，用木槌边打边翻，越匀越好，以看不见饭粒为宜。然后把打成的糕切成适当的小块，外面裹上一层豆沙或熟豆面即成。喜甜食者可蘸白糖，喜咸食者可佐精盐。

打糕较一般年糕更加黏润可口，味道清香凉爽，是朝鲜族民间膳食中的佳品。

（2）**冷面**

冷面是将荞面、淀粉按一定比例混合，用沸水烫成稍硬的面团，加碱后揉匀，放入压面条机内，快压制成面条，放入沸水锅内煮，煮熟后用冷开水拌制。将已过凉的面条加辣白菜及四五片熟肉，浇上蒜辣酱（用蒜泥、干辣椒面和水搅成糊状的酱），放水果片、鸡蛋丝，最后浇上凉牛肉汤，撒熟芝麻、味精，淋上麻油即成。冷面冷辣爽口，清香醇厚。

3. 维吾尔族点心

（1）**馕**

馕是用玉米或面粉加淡盐水、酵面，制成面团，擀制坯，经烤制而成。

“馕”字源于波斯语。这种食品最早流行于阿拉伯半岛、土耳其和中亚、西亚各国，随伊斯兰教传入我国新疆，维吾尔族先称其为“艾买克”，后才称为“馕”。据《唐书》记载，居住在新疆叶尼塞河流域的柯尔克孜人，早在唐朝以前就食用一种面食饼饵。新疆吐鲁番阿斯塔娜唐墓出土的物品中就有馕，距今已有1200多年。

馕是用面粉或玉米粉，加淡盐水、酵面，揉成面团，烫过，做成圆形饼坯，一面用木模压上简单的图案。将饼坯底面蘸盐水贴入馕坑壁上，烤制而成。馕含水分少，久贮不坏，适宜于沙漠长途旅行时食用。

（2）**薄皮包子**

薄皮包子是用冷水面团擀皮包羊肉馅，蒸制而成。食用时一般与馕或素抓饭同食，先将馕上笼蒸软，再把包子放馕上。吃抓饭时，则将包子放抓饭上。

薄皮包子的制法是：用面粉和成面团，下剂，擀成薄皮。将羊肉丁、洋葱末、胡椒粉和适量盐水拌制成馅。面皮包馅心后捏成鸡冠形，上笼用大火蒸20分钟至熟即成。成品皮薄馅香，味浓。

4. 藏族点心

（1）**糌粑酥油茶**

糌粑酥油茶是用青稞炒香，磨成面，和以酥油茶汁，用手指捏团而成。

糌粑和酥油茶是云南迪庆藏族的两道名食，因食用配套，故往往连在一起说。

糌粑，是藏语，意为青稞炒面；酥油是用牦牛乳提炼而成。酥油茶，是藏族同胞每天不可缺少的饮料，《中甸县志稿》载：“藏胞一见酥油茶，其胸中已有悦乐，若一入口，则其辛苦忧郁恐怖疑惑完全冰解，如饮我佛甘露焉。”由此可见，酥油茶与高原藏胞的生活关系是何等密切。

制糌粑：将青稞炒香、磨面与酥油茶汁拌和捏成团。制酥油：用牦牛乳去奶渣，使油脂凝固成饼状。打酥油茶：取特制酥油筒，先放焙香舂成泥的核桃、芝麻、麻籽和酥油、盐、蛋泡，再冲入来自滇西南的沱茶或砖茶泡成的热茶水，上下来回提打木塞（酥油筒的主要配件），打至水乳交融浑然一体即成。糌粑奶香味浓郁，以此佐糌粑进食。

（2）**巴乍磨古**

巴乍磨古是用面粉与鸡蛋、盐和成面团，搓成扁圆形煮熟，加酥油、奶渣、辣椒油而成。巴乍磨古是藏语，意即“麦面汤圆”，是当地藏族同胞“生活美满”的代名词，如熟人相遇，一方问：“今天吃什么?”笑答：“巴乍磨古!”即“吃最好的”。

巴乍磨古的制法：将盐、野生香草粉和成团，搓成扁圆形。水煮沸，加液化酥油、奶渣、红糖、五香粉、辣椒油。麦面圆子入沸水锅，煮熟，盛入碗中，加汤即成。

5．白族点心

大面糕是云南洱海地区白族中秋节的特制糕点，以发酵面团蒸制而成（图3－7）。吃了大面糕寓意生活甜蜜、合家团圆。

制作大面糕，一要讲究用当年采伐的新竹劈篾编制蒸屉，用新麦秆编制锅盖。如果家中有新媳妇，进门第一年中秋的大面糕就得由新媳妇操办，所以，姑娘出嫁前就得学好这门手艺。总之，做大面糕的人和炊具必须色色俱新，才能象征全家兴旺发达。二要讲究做出的大面糕具备大、香、美的特色。大，就是将糕做得越大越好。一般每只重达5千克左右，直径为50厘米，中间厚四周薄，最厚处约17厘米，形如反扣的铁锅。香，就是大面糕的原料如芝麻、松子仁、苏子、瓜子仁、核桃仁都应翻炒焙香，再用玫瑰花、猪油、细沙拌匀成焦香、果香、花香交融的馅心。美，就是要将大面糕的表面装点得五彩缤纷、绚丽夺目，如以青豆、红枣等摆成“合家团圆”“人寿月圆”等吉语颂词和鱼虫花草的精致图案等。

大面糕是将兑碱揉匀的发酵面团擀成中间厚、四周薄的大圆饼，待蒸锅蒸汽上蹿时放上圆饼，将馅均匀地摊在饼上，再覆盖同样大的一层圆饼，再摊一层馅，覆一层圆饼，共叠三层，盖上盖，用旺火蒸熟，最上一层表面镶嵌彩字和图案即成。

食用大面糕时，糕用线勒分块，不用刀切，以求吉利。如此糕由新媳妇制作，吃时还要由家人评定所做大面糕是否洁白、光亮、平滑无裂口，以评估新媳妇的手艺。

图3－7　大面糕

第二节　西式面点

一、面包

（一）面包概述

人类从什么时候起开始食用面包？这个问题目前很难得到一个明确的答案。但据历史学家的推断，面包被人类当作主食是在使用了火之后，有了火才可使生的面糊烤成熟的面饼，这种面饼即是最初的面包。加上取火和烘焙方法的改进、发酵经验的不断积累，人们才做出了今天的各种面包。

埃及是世界上最早利用发酵技术做面包的民族。公元前6000年时，他们已经知道将面粉加水、盐和马铃薯拌在一起，放在热的地方，利用空气中的野生酵母来发酵，等这种面糊发好后，再掺上面粉揉成面团，放在泥土做的土窑中去烤。那时人们仅知道发酵的方法，但不知道其原理。直到公元前17世纪后，人们才发现酵母菌发酵的原理，此后，古老的发酵法才得以改善。

公元前1300年，埃及将发酵技术传到了地中海地区的巴勒斯坦，公元前1200年传到希腊。希腊人不但改良了烤炉，而且已开始知道把牛奶、奶油、奶酪、蜂蜜加在面包里，以提高面包的品质。后来，这种制作方法又传到罗马。罗马人进一步改良了烤炉的形状和面包的品质，并把它推广到德国、匈牙利、英国和欧洲各地。

18世纪末，面包制作开始采用自动式机器操作。“二战”后，出现了新的面包制作方法，称为一贯作业法。面包的发酵法改用液体发酵，从材料搅拌开始，一直到分割、整形、装盘，最后发酵，全部由机器自动操作。面团进炉后烤焙、出炉、冷却、切片、包装也全部由机器操作。一贯作业法一直延续到20世纪70年代。

此后，为了使顾客能吃到更新鲜的面包，出现了半成品制销，即将面包的面团发酵后急速冷冻，各零售店可随时化冻、烘焙，随时都有最新鲜的面包。这种制销方法一直持续至今。

（二）面包的特点

世界各国的面包一般均采用小麦为原料，但也有不少国家用燕麦或是小麦加燕麦混合制作。面包的种类繁多，因地区、国家而不同。英国面包大都不添加其他作料，但英国北部地区则喜欢在面包中加牛奶及油脂等，吐司面包也比较普及。美国面包较甜，且喜欢添加牛奶及油脂。法国面包成分较低，烤出的成品是硬脆的。现在，面包已普及到全世界，各国人民根据本民族的特点在面包中添加各种香料、作料、馅料等，使面包的口味变得丰富多彩。

（三）面包种类

面包的品种不计其数，但按照配方、口味、制作程序等，大致可分为以下几个种类：

（1）**软式面包**。凡用吐司烤盘做出的面包，不管其配方如何都可称为软式面包。此类面包讲究式样漂亮、组织细腻，而且进炉后需要良好的烘焙弹性，故其配方中所需要的水分要比其他面包多一些。在搅拌时也必须使面筋充分扩展，基本发酵必须适当，否则无法得到良好的软性组织和形状。

（2）**软式餐包**。软式餐包与一般吐司面包和其他硬式面包的不同之处在于，其配方中有较多的糖和油的成分，甚至有些配方中还有蛋的成分。软式餐包的品质较吐司面包更为柔软，且有甜味，因为其配方中的糖和油较多，而且面粉中的蛋白质较一般吐司面包低，口感十分柔和。

（3）**硬式面包**。硬式面包具有吐司面包所不及的浓馥麦香味道，而且质感稍硬，表皮松脆芳香，内部组织柔软并具有韧性，越嚼越香。经常吃硬式面包的人会觉得吐司面包绵软无力、平淡无味。硬式面包虽被命名为硬式，但实际它的表皮并不是真正的硬，而是脆，内部柔软而带有韧劲。

（4）**甜面包**。甜面包是属于成分较多的一种面包，它的配方内不仅糖的用量较多，使面包口味名副其实，而且油脂和蛋等高级原料用量也较多，所以其品质较之用于主食的吐司面包要高出一筹。甜面包的调制方法都是单独整形。先把面团分割成一定的大小，滚圆醒发后再分别包馅、做成不同馅料和花式的甜面包。甜面包在国外多为休息或早餐时的点心，一般有道纳子、丹麦甜面包、花生甜面包、椰子面包、美式甜面包等品种。

（5）**其他各类面包**。除了以上介绍的几类面包，还有一些面包品种也很有特色，如马铃薯面包、羊角面包、水果面包、葡萄干面包、辫子面包等。

二、蛋糕

（一）蛋糕概述

蛋糕在所有西点品种中，可以说是最受欢迎的一种甜食。它不但具有美观诱人的外表、浓郁芬芳的香味、松软可口的质感，而且含有丰富的营养成分。蛋糕在假日和庆典时被人们作为一种代表性的应时食品，是其他点心所替代不了的。

蛋糕的品种很多，口味以甜为主，兼有其他风味。蛋糕主要的原料有面粉、油脂、乳化剂、糖、蛋、牛奶、巧克力、可可粉、干果蜜饯、椰子粉、香料、膨松剂及各种装饰配料。

相比较而言，制作蛋糕比制作面包容易一些，因为蛋糕不像面包那样需要适宜的发酵环境、面团搅拌、发酵时间控制等方面的技术和经验，不需要各种烦琐的制作程序与步骤。

相关链接　搜索

蛋糕的起源

最早的蛋糕是用几样简单的食材做出来的，这些蛋糕是古老宗教神话与奇迹式迷信的象征。早期的经贸路线使异国香料由远东向北输入，坚果、花露水、柑橘类水果、枣子与无花果从中东引进，甘蔗则从东方国家与南方国家进口。

在欧洲黑暗时代，这些珍奇的原料只有僧侣与贵族才能拥有，而他们的糕点制作则是蜂蜜姜饼以及扁平硬饼干之类的东西。慢慢地，随着贸易往来的频繁，西方国家的饮食习惯也跟着彻底地改变。

十字军东征返家的士兵和阿拉伯商人把香料的运用和中东的食谱散播开来。在中欧几个主要的商业重镇，烘焙师傅的同业公会也组织了起来。而在中世纪末，香料已被欧洲各地的富有人家广为使用，更大大提升了想象力丰富的糕点烘焙工艺。等到坚果和糖大肆流行时，杏仁糖泥也跟着大众化起来，这种杏仁糖泥是用木雕的凸版模子烤出来的，而模子上的图案则与宗教训诫多有关联。

蛋糕最早起源于西方，后来才慢慢传入中国。中国现已将蛋糕作为过生日的必需品了。

（二）蛋糕种类

蛋糕根据其使用的原料、搅拌方法和面糊性质的不同一般可分为三大类，即面糊类、乳沫类及戚风类。

（1）**面糊类**。面糊类蛋糕所使用的主要原料为面粉、糖、鸡蛋、牛奶等。此类蛋糕含有成分很高的油脂，用以润滑面糊，使之产生柔软组织，并帮助面糊在搅拌过程中所融合的空气膨大，配方中油脂用量如达到面粉量的60%以上时，该油脂在搅拌过程中所融合的空气已足够在烤炉中膨胀，但低于面粉量的60%时，就需要使用发酵粉或小苏打来帮助蛋糕膨胀。面粉类蛋糕的品种一般有黄蛋糕、白蛋糕、魔鬼蛋糕、大理石蛋糕、布丁蛋糕、重奶油蛋糕、水果蛋糕等。

（2）**乳沫类**。乳沫类蛋糕主要的原料是鸡蛋，其他为面粉、糖及少量奶液等。鸡蛋中的蛋白质含有强韧和变性的性质，在面糊搅拌烘焙过程中使蛋糕膨大，不需要添加发酵粉之类的助发剂。乳沫蛋糕与面糊蛋糕的最大差别是，它不含任何固体油脂，但有时为了降低蛋糕过大的韧性，在海绵类蛋糕中可酌量添加少量流质的油脂。乳沫类蛋糕由于使用鸡蛋的成分不同又可分为两类：①蛋白类：这类蛋糕全部以蛋白作为基本组织及膨大原料。天使蛋糕即属于蛋白类。②海绵类：这类蛋糕是使用全蛋或者蛋黄和全蛋混合作为基本组织和膨大原料。日常所说的海绵蛋糕即属于此类。

（3）**戚风类**。戚风蛋糕是面糊类蛋糕和乳沫蛋糕的综合，两者各用原来的搅拌方法将面糊拌匀或拌发，然后再混合在一起。此类蛋糕最大的特点是组织松软，水分充足，久存而不易干燥，尤其是气味芬芳而口味清淡，不像其他类的蛋糕油腻或过甜，最适合夏令季节食用。戚风蛋糕最适合制作鲜奶油蛋糕和冰激凌蛋糕，因前者须存放在5℃的环境中，后者须存放在低于－18℃的环境中，一般其他蛋糕在这种温度状况下会变硬而失去原有的新鲜度，但戚风蛋糕因其本身含水分较多，而且组织松软，能保持新鲜。水果蛋糕、果酱卷、杯子蛋糕、波士顿派等属于戚风类蛋糕（图3－8）。

图3－8 戚风蛋糕

三、酥点

酥点是西点中很具特色的一类点心，主要特点是酥松。人们熟悉的苹果派、柠檬派、拿破仑酥饼等均属于酥点。酥点分为混酥和清酥两大类。

（一）混酥

所谓混酥，是把面粉和油脂混合搅拌后制成面团，其面团只需一次擀薄便切割成形，进炉烘烤，操作方法比较简单，难度也较小。产品特点是面皮胀力较小，体积膨胀有限，但是制品具有很好的酥脆性，且整个酥性面皮为粉状或小片状。

混酥的制法适用于各种派，派可分为三种：

（1）**双皮派**。双皮派是用两片派皮包馅，然后进炉烘焙，例如苹果派。由于包馅的不同，双皮派又有水果派和肉派之分。

（2）**单皮派**。单皮派是由一层派皮做底，上放各种明馅料，例如蛋挞。单皮派由于馅料不同、派皮烤焙的不同，又可分为生派皮、生馅料派及熟派皮、熟馅料派两种。

（3）**油炸派**。油炸派多为双皮水果派，但派皮内油脂相对少一些，因油炸时要吸收一部分油脂。

（二）清酥

所谓清酥，即通常所说的千层酥，相比较而言，清酥比混酥制作难度要高。一块经过整形后的清酥面团，进炉烘焙时它能胀大到原来体积的 8～10 倍，这种膨胀的能力是其他所有西点所不能相比的。

四、西式甜点、面点介绍

（一）冰激凌

冰激凌有双色和三色的，还有各种水果冰激凌。作为西式点心的冰激凌，一般用高脚玻璃杯盛放，并同时用小碟子盛放各种糖面小点心（Petite Fours）一同上席。值得一提的是火烧冰激凌（Baked Alaska），又名焗冰山，是将长方形的一块清蛋糕放入椭圆形的银盘内，蛋糕上放 250 克重的一块冰激凌，再将打起的鸡蛋白盖在上面，并用鸡蛋白裱成花纹，撒上糖粉，放入温度较高的焗炉内焗黄。上桌前，将茅台酒或白兰地洒在上面，用火点燃，会产生蓝色火焰，增加宴会的热烈气氛。

火烧冰激凌的特点是呈奶白色，火焗处微呈焦黄，外热里冷，香甜可口。上菜形式特殊，常作为宴会最后一道菜。

（二）布丁（Pudding）

布丁是将面粉、黄油、牛奶、糖等调和后，放入小型布丁模子里，上蒸锅蒸熟。上席时，将布丁覆出装玻璃盘，趁热浇上沙司。特点是颜色好看，松糯香滑，可做中、晚餐的点心。

常用的布丁有黄油布丁、黄油双色布丁、德式黄油布丁、瑞典式黄油布丁、巧克力和咖啡黄油布丁，还有各种水果布丁，它们大都热吃。格司布丁（Custard Pudding）是放入焗炉里焗熟，大都冷吃。

最有特色的是圣诞布丁（Christmas Pudding），即梅子布丁（Plum Pudding），是一年一度圣诞节的节日点心，用料上选，精细操作，配以各种蜜饯、香料、甜酒及牛腰油等。这种布丁越蒸质量越好，最好不断地蒸上 4～5 天，而且久藏不坏。在圣诞节这段时间里，西方几乎天天都吃梅子布丁。梅子布丁实际上没有梅子，所用蜜饯有葡萄干、核桃仁、苹果等，加上白兰地酒、朗姆酒制成。梅子布丁呈紫红色，并用硬沙司挤上同花形图案，形状美观，香糯甜肥。

（三）沙勿兰（Souffle 法文音译）

沙勿兰的主要调料为各种甜酒、巧克力、水果等。制作方法是将鸡蛋白打起泡，放入焗斗，移入火内焗熟。特点是呈金黄色，软香松甜，可用于晚餐点心，或供宴会及点菜等，宜热吃。

常用的沙勿兰有蛋黄沙勿兰（Yolk Souffle）、什锦水果沙勿兰（Fruits Souffle）、巧克力沙勿兰（Chocolate Souffle）、香蕉沙勿兰（Banana Souffle）等。

（四）派（Pie）

派是有馅的酥饼，较大，每盘里的整派可切成 8 ~ 10 小块，可供 8 ~ 10 人食用。英国式用深派盅盛放，美国派用浅圆碟盛放。派有甜、咸两种。甜的做点心，多用水果、巧克力、蛋黄、黄油等做馅；咸的当菜用，以猪肉、火腿、鸡肉做馅。派制好后，浇上各种沙司，呈多种色彩，嫩滑香甜，可做中、晚餐点心或茶点。

（五）啫喱冻

啫喱冻是用啫喱粉调和牛奶、鸡蛋、水果等冰冻成型制成，特点为五彩色、嫩滑香甜，宜做中、晚餐点心，宜冷吃。

常见的啫喱冻有奶油啫喱冻（Cream Jelly）、咖啡啫喱冻（Coffee Jelly）、奶油草莓啫喱冻（Cream Straw – Berry Jelly）、白粉冻（Blanc Jelly）等。

（六）蛋糕

蛋糕有大、小、方、圆多种式样。常见的蛋糕有奶油黄油蛋糕（Ceraming Butter Cake）、鲜奶油蛋糕（Fresh Cream Cake）、树根蛋糕（Tree Root Cake）、巧克力蛋糕（Chocolate Cake）、奶油卷筒蛋糕（Fresh Cream Roll Cake）等。

最著名的蛋糕是圣诞节蛋糕。它是一年一度的圣诞节而制作的应时食品，用料上乘，制作精致，华丽，味美质佳。它通常被放在用薄板制成的底盘上，底盘上衬以花纸，周围用银色花纸围住，并在蛋糕表面和周围用调好的糖粉裱上各种花纹、图案、文字、银珠等作为点缀，以银色树叶为装饰，所以也称白帽蛋糕。

（七）烩水果（Stewed Furits）

烩水果是将新鲜水果放入清水锅内烩熟，加砂糖、甜酒、香料等，烩熟后离火冷却。上席时，装入高脚玻璃杯内，裱上打起的鲜奶油。特点是颜色呈各种水果的原色，甜嫩滑酸，有酒香，大都作为鸡尾杯、色拉以及各种点心里的配料，也适宜做午餐点心。

常见的烩水果有烩桃子（Stewed Peach）、烩杏子（Stewed Apricot）、烩苹果（Stewed Apple）、烩菠萝（Stewed Pineapple）等。

（八）煎薄饼（Pan Cakes）

煎薄饼是早、中、晚餐都适用的点心，薄薄的两片油煎饼，主要靠夹在中间的调料调味，调料有果酱、鲜奶油、黄油、水果、甜酒等。

（九）沙瑞薄饼（Suzettes Pancake）

沙瑞薄饼是法菜中著名的甜点。它是将面粉、牛奶、鸡蛋和糖调成稀浆，加黄油在平底锅内烙成一张圆薄饼，再用柠檬皮、橘汁、砂糖和乔利梳甜酒（Curacao）调汁煮煎而成。食用时，在煮好的薄饼上淋白兰地酒，引火点燃，立即上席。特点是热糯香甜，多数是由厨师制好薄饼，然后由餐厅部经理或领班在餐厅内当众调汁煮煎，营造欢快的气氛。

（十）炸水果（Fruit Fritter）

炸水果是将各种水果外裹糨糊后放入油锅炸熟、炸黄，撒上糖粉即成。特点是香甜糯滑，宜做午点或早点。

常用的炸水果有炸香蕉（Banana Fritter）、炸菠萝（Pineapple Fritter）、炸苹果（Apple Fritter）等。

（十一）面包和“三明治”

面包（Bread）是西方国家的主食，有甜面包、咸面包两种。甜的小圆面包和咸的小圆面包大都是25克一只，供做点心。面包卷（Roll）则三餐皆可食用，大的方面包可用作吐司、三明治的原料。

总汇三明治（Club Sandwish）是将面包切片烘烤一下，然后夹火腿煎蛋、火腿、煎培根、黄油、果酱等，再切掉四周边皮，对角切成三角形即成。它既能做点心，又能做主食。

汉堡牛排三明治是将牛肉糜做成牛肉饼油煎，然后夹在两片面包中间即成。

（十二）汉堡包（Hamburger Bun）

做汉堡包之前，要先做好汉堡牛排。汉堡牛排是将牛肉绞碎后，加切碎的洋葱、面包粉和蛋黄调匀，加胡椒粉等调味后，做成较厚的牛肉饼，用黄油煎至金黄色。

汉堡包是将汉堡牛排夹于两个烘过的新鲜圆面包中，再加上一些色拉、一块奶酪、一些黄瓜片和一些调味品后即成，是现在风行于世界的美国式流行快餐。特点是供应快速，价格合理，美味可口。

复习与思考

一、 名词解释

面点　派　蛋糕　汉堡包

二、 简答题

1. 中国面点的主要特点是什么？
2. 宴席面点配置的原则是什么？
3. 我国少数民族的主要点心有哪些？
4. 西式面点分为哪几类？

三、 单项选择题

1. 标准粉适宜作(　　)等食品。

   A. 宴会点心　B. 烙饼、烧饼　C. 酥合子　D. 面包

2. 包子的要求是馅心居中，(　　)，形态符合产品要求。

   A. 规格一致　B. 样式多种　C. 品种单一　D. 花色多样

3. 起酥的风味特点是色泽金黄、(　　)、入口松化香甜。

   A. 层次清晰　B. 酥脆可口　C. 松软　D. 松香

4. 烤时需要根据所烤制品的要求调好炉温，根据制品所需火力和(　　)准时出炉。

   A. 品种　B. 时间　C. 温度　D. 特点

四、 多项选择题

1. 馅料可以增加甜点制品的(　　)。

   A. 营养　B. 卫生　C. 质量　D. 口味

   E. 水分　F. 甜味

2. 杏仁膏具有(　　)，是西点装饰的重要原料。

   A. 弹性　B. 黏性　C. 可塑性　D. 韧性

   E. 不溶于水

3. 使用食品添加剂的目的是(　　)。

   A. 改变食品的感官状态　B. 控制微生物繁殖

   C. 防止食品在贮存中变色、变味　D. 满足加工工艺需要

   E. 促进销售　F. 美化食品　G. 增加卖点

4. 用鲜酵母发酵制作面食时，能破坏面粉中的植酸盐，有利于(　　)的吸收。
A. 钙　B. 铁　C. 碘　D. 维生素
E. 脂肪　F. 糖类

五、 案例分析题

一碗面条玩转中式快餐

“我们是卖面条的，但我们卖的不仅仅是面条！”——秉持如此理念的面点王傲立于美食荟萃的深圳餐饮界已长达 17 个年头。面点王始终不改对“面食”的执着追求和精雕细琢，尽管历经多次菜谱的升级和更新换代，可即使到了现今，他们仍雷打不动地坚持着“面食为王”的基调，走“低碳、环保、健康”路线的面食仍然是面点王的招牌佳肴。

截至 2013 年 5 月，面点王已发展成为在深圳、广州和北京拥有 3000 名员工、120 余家直营分店、3 个食品配送中心的现代大型中式快餐连锁企业，以至于流行起这样一句话：吃汉堡包要去麦当劳，吃炸鸡要去肯德基，吃面食要去面点王。

根据以上案例，回答如下问题：

1. 你从该案例中体会到了什么？
2. 如何理解“从面条里吃出文化”这一句话？

第四章 菜品开发与创新

本章导读

创新是生存之源泉。烹饪事业的生存、进步、发展依赖于不断地进行菜肴改革和创新，以创新赢得市场。菜肴创新可以说是菜肴创造和菜肴革新，是烹饪工作者新构想、新观念的产生和运用，是利用形象思维的方法，进行全面观察、研究、分析，并对收集的材料加以选择、提炼、设计、构思，再利用一定的原料和烹饪技法，根据顾客的需求和餐饮企业的经营需要，加工创制出新菜品。

快餐是创新的结果，是社会进步的必然产物。现代快餐在人们追求生活的高质量、饮食的高营养、工作的高节奏及高效率的背景下，于20世纪50年代产生于美国，并迅速得到全社会的认可。中式快餐是在西式快餐的基础上发展起来的，现已经成为我国餐饮市场上一支充满活力的生力军。

茶膳是将茶作为食品、菜肴、小点心和饮料的制法与食用方法的总称，是食文化与茶文化融合发展的结晶，是特色餐饮。

学习目标

知识目标

1. 了解菜品创新的重要性和要求。
2. 了解菜品创新的基本原则。
3. 了解菜品创新的方法。

能力目标

1. 掌握菜品创新的基本原则和方法，结合现代餐饮流行新趋势，开发成改良新菜品。
2. 尝试在食材、调味料、烹调技法、菜品造型、盛装器皿、盘饰的选择上进行大胆的改良和完善。

案 例

洋快餐让你欢喜让你忧

近几年来，洋快餐风靡我国。由于其良好的就餐环境、新颖的就餐方式以及诱人的风味，很受儿童的青睐。而一些家长为了迎合孩子的口味，也尽量满足孩子的要求。可是洋快餐被很多国内外专家称为“高热量、高脂肪、高蛋白”的三高膳食，经常食用对身体不好。这个浅显的道理谁都知道，却照样挡不住洋快餐在我国受到广大少儿乃至成年人的热捧。

案 例 分 析

1. 为什么洋快餐这么受欢迎？
2. 我们该如何正确地对待洋快餐呢？

第一节　菜品创新概述

一、菜品创新的概念

菜品创新是指根据顾客的需求和餐饮企业的经营需要，通过实践、改进，制作出新的菜品的过程。菜品创新必须以满足顾客的需求为指向，以促进餐饮企业经营为宗旨。根据相关的要求和原则，利用新技术、新工艺、新设备、新原料等对菜点进行改良、完善和发展，以适应消费者不断变化的饮食需求。

二、菜品创新要求

（1）**时代性**。菜品创新具有强烈的时代性，不同时代的人们对饮食的需求是不同的。贫穷落后的年代，人们为温饱而奔波，以求养家糊口，谈不上对菜品创新。繁荣发展时代，生活富裕了，在饮食上已不局限于温饱，人们开始讲究饮食美味多样，促使厨师不断追求新的菜品。而今，餐饮市场竞争更为激烈，经营上必须注重变化，争创特色，以满足人们不断变化的需求。尤其是20世纪90年代以后，人们趋向回归大自然，以“纯天然食品”“无污染食品”等作为衡量菜品优劣的重要标准，已成为菜品创新的主攻方向。

（2）**民族性**。每个民族都有自身的风俗习惯、思想观念，菜品文化是一个民族饮食生活的重要体现。菜品要出新，民族性是不可忽视的一方面，菜品的创新要从选料、加工到配膳、烹调等方面注意发掘民族的个性特长。一方面，要了解民族菜品制作的风味特点，在制作过程中，突出本民族的饮食文化特色；另一方面，不同民族间的相互交流互补，也会加快菜品的创新发展，推动饮食文化进步。

（3）**地域性**。菜品出新是众多特定地理范围空间的饮食文化产物，不论是历史传承，还是空间移动扩散，都离不开特定的地域。因此，菜品出新应注重地方特色的体现、设计和制作要突出有自身地域特色的菜品种类，如江苏太湖的水鲜宴、山东的海味菜等，都带有鲜明的地域特征。

（4）**传承性**。任何菜品创新都是人类文化长期演变的成果，体现在原材料的使用、技艺的运用以及创新观点的变异等方面。

（5）**欲求性**。欲求性是社会消费现象，是宾客对菜品的追求，其动力是人们顺应时代、渴望变化、随多从众等心理需要。菜品只有善变、常新才能满足宾客的饮食消费需求。

（6）**社会性**。新菜品推出后，得到宾客的认可和赞同，才能具有社会价值。许多菜品推出后稍纵即逝，没有给客人留下深刻的印象，尽管是新菜，却没有得到社会的承认。宾客不喜欢，它就没有生命力。

三、菜品创新的基本原则

创新菜随着社会的需要，发展迅速，相当一部分创新菜品以新颖的造型、别致的口味被广泛应用，获得了良好的经济效益和社会效益，充分显示了创新菜存在和发展的价值。但不少创新菜也存在着不合情理、制作失当的现象，这就需要不断完善和推敲研究。在创新过程中，除在原料、调料、调味手段以及名、形、味、器等方面要有突破外，也要注意营养的合理性，使菜品更具有科学性和食用性。

（1）**食用为先**。可食性是菜品内在的主要特点。作为创新菜，首先应具有食用的特性，只有使消费者感到好吃，而且越吃越想吃的菜，才会有生命力。不论什么菜，从选料、配制到烹制的整个过程，都要考虑菜品做好后的可食性程度，应以适应顾客的口味为宗旨。有的创新菜制成后，分量较少，人们无法去分食；有些菜看起来很好看，可食用的东西却不好吃；有的菜看原料珍贵、价格不菲，但烹制后未必好吃；有些创新菜的制作，把人们普遍不喜欢的东西显露出来，如猪嘴、鸡尾等。客人不喜欢的创新菜，就谈不上它的真正价值。

（2）**注重营养**。营养卫生是食品最基本的条件，对于创新菜品，这一点更是应该首先考虑的。创新菜必须是卫生的、有营养的。一个菜品仅仅是好吃而对健康无益，也是没有生命力的。如今，饮食平衡、营养的观念已经深入人心。我们在设计创新菜品时，应充分利用营养配餐的原则，把创新成功的健康菜品作为吸引顾客的手段。

（3）**关注市场**。在创新菜品的酝酿、研制阶段，首先要考虑到当前顾客的兴趣所在。研制古代菜、乡土菜，要符合现代人的饮食需求；翻新传统菜、推出民间菜，要考虑到目标顾客的需要。其次，在开发创新菜品时，要从餐饮发展趋势、菜品消费走向上做文章。要准确分析、预测未来饮食潮流，做好相应的开发工作，这要求烹调工作人员要时刻研究消费者的价值观念、消费观念的变化趋势，设计、创造、引导消费。最后，未来餐饮消费需求更加讲究清淡、科学和保健。因此，制作者应注重开发清鲜、雅淡爽口的菜品。在菜品开发中忌精雕细刻、大红大绿，尽量不用有损于色、味、营养的辅助原料，以免画蛇添足。

（4）**适应大众**。一个创新菜的推出，是要适应广大顾客的。经调查，绝大多数顾客坚持大众化，所以为大多数消费者服务是菜品创新的方向。过于高档的菜肴，由于曲高和寡，不带有普遍性，食用者较少。因此，创新菜的推广，要坚持以大众化原料为基础，立足于一些易取原料，价廉物美，使广大老百姓能够接受。如近几年家常菜的风行，许多烹调师在家常风味、大众菜肴上开辟新思路，创制出一系列的新品佳肴，如三鲜锅仔、黄豆猪手、双足煲、麻辣烫、剁椒鱼头、芦蒿炒臭干，等等，受到了各地客人的喜爱。国画大师徐悲鸿就曾说过："一个厨师能把山珍海味做好并不难，要是能把青菜、萝卜做得好吃，那才是有真本领的厨师。"

（5）**易于操作**。创新菜品的烹制应简易，尽量减少工时耗费。随着社会的发展，人们发现食品经过过于繁复的工序、长时间的手工处理或加热处理后，营养将大打折扣。许多几十年甚至几百年以前的菜品，由于与现代社会节奏不相适应，有些已被人们遗弃，有些菜品经改良后则逐步简化了。另外，从经营的角度来看，过于繁复的工序也不适应现代社会的需要，费工费时做不出活儿来，也满足不了顾客对时效性的要求。现在的生活节奏加快了，客人在餐厅没有耐心等很长时间；菜品制作速度快，餐厅翻台率高，座次率也会自然上升。所以，制作创新菜，一定要考虑到简易省时，这样才能提高效率，如上海的"糟钵头"、福建的"佛跳墙"、江苏无锡的"酱汁排骨"等，都是经不断改良而满足现代经营需要的。

（6）**反对浮躁**。目前餐饮业在制作某些菜品时，存在严重的浮躁现象，特别是存在不遵循烹饪规律、违背烹调原理的现象，如把炒好的热菜放在冰凉的琼脂冻上等类似的制作。浮躁之风的另一种表现，即是把工夫和精力放在菜品的装潢与包装上，而不对菜品下苦功钻研，如一道"五彩鱼米"，厨师将大部分精力投入在对"小猫钓鱼"的雕刻上，而"鱼米"的光泽、切块的大小实在是技术平平。装饰固然需要，但主次必须明确。因此，菜品制作中，急功近利的浮躁之风不可长，而应脚踏实地把每一道菜做好。

（7）**引导消费**。菜品创新是经营的需要，创新菜也应该与企业经营结合起来，所以，衡量一个创新菜主要看其点菜率及顾客食用后的满意程度。如果能够尽量降低成本，减少不必要的浪费，就可以提高经济效益。相反，如果一道创新菜的成本很高、卖价很贵，但绝大多数的消费者对此没有需求，它的价值就不能实现；若是降价，则企业会亏本。因此，这个菜就肯定没有生命力。应利用较平常的原料，通过独特的构思，创制出人们乐于享用的菜品。创新菜的精髓，不在于原料多么高档，而在于构思的奇巧。如“鱼肉狮子头”，利用鳜鱼或青鱼肉代替猪肉，食之口感鲜嫩，不肥不腻，清爽味醇；再如“晶明手敲虾”，取大明虾用澄粉敲制使其晶明虾亮，焯水后炒制而成，原料普通，特色鲜明。总之，创新菜既要考虑生产，又要考虑消费，对企业、对顾客都有益。

四、创新菜品的基本类型

选择适当的菜品开发方式是厨师提高自身专业技术创新能力的重要方面。按技术来源，可将菜品开发归纳为自创方式和非自创方式两种。其中，自创方式又进一步分为独创方式和模仿方式，非自创方式分为联合开发、技术引进等，每种方式又可以根据需要和其他方式相结合。新菜品的开发是指对新菜品的研究、构思、设计、生产和推广，以确保饭店产品品种和质量，进一步满足市场的需要或引导市场的需要。对创新菜品来说，主要有三种类型：完全的新菜品、改良的新菜品和仿制的新菜品。

（1）**完全的新菜品**。完全的新菜品是指采用新技术、新原料、新设备等开发出来的创新品种，在市场上还没有可以与之比较的菜品。这样的菜品虽然具有极强的竞争优势，但开发成本较高，耗费时间较长，而且由于菜品无专利保护，易于模仿，优势难以长久维持。如传统菜“松鼠鳜鱼”“佛跳墙”，最初产生时即属于完全的新菜品。

（2）**改良的新菜品**。改良的新菜品是指在原有菜品的基础上，部分采用新原理、新技术、新原料、新结构，使菜品的色、香、味、形等有重大突破。改良的新菜品具有投入少、收效快等特点，且方便制作并能快速生产。如新潮苏菜、现代海派菜、新派鲁菜等，以及各类菜点结合菜、中西结合菜、地方菜融合菜等，都属于此类。

（3）**仿制的新菜品**。仿制的新菜品是指根据外来菜品模仿制作的菜品，有时在模仿时也会进行局部改进或创新。例如，各地纷纷推出当地原来没有的法国大菜、日本料理、韩国烧烤等；川菜风行全国，对四川省以外的地区来说就属于对引进川菜的一些品种进行模仿，也会根据当地口味调整仿制菜品的麻辣程度。

第二节 菜品创新的方法和实例

一、组合法

组合法是指将菜肴和面点进行适当的组合，以获得具有一种全新的菜肴风格的技法。常用的组合方式有合烹式、拼镶式等。采用这种方法开发的特色菜肴有：

（1）**面疙瘩泥鳅**。面疙瘩是将面粉调成软子面后，再用筷子拨入沸水锅中煮熟而成

图4－1　面疙瘩泥鳅

的一种面食。这种家常面食的制法，在过去家庭中较为普遍。将这种面食的做法与菜肴制作相结合，使泥鳅的鲜味融入面疙瘩之中，成菜细嫩滑爽，色泽红亮，诱人食欲，粗犷中显其质朴之雅，使人产生一种怀旧感。此菜推出后，很快便受到了人们的喜爱，并成为一款具有浓郁川西民间风情的菜肴（图4－1）。

（2）**荷叶鸡包饺**。这道菜是根据传统名菜“鸡包翅”的制作方法改进而成的。将加了胡萝卜汁揉成红色的面团做成饺子，装入仔母鸡的腹中，再用鲜荷叶将鸡包住，入笼蒸至荷叶的清香味融入菜中即成。此菜的构思较为奇特，巧妙地将饺子与整鸡结合成菜，为这类菜肴中的标新立异之处。

（3）**菠饺鱼肚**。菠饺鱼肚是一款典型的利用组合法创制的菜肴。菠饺是用菠菜汁与面粉揉成的面团做饺子皮，包上肉馅制成的，色绿、皮薄、馅饱，呈月牙形，将鱼肚与菠饺一同烩制成菜，具有色泽美观、细嫩柔软、汤浓味鲜的特点。

二、寓意法

寓意法是指通过形象寄托思想、情趣来制作菜肴的方法。它要求构思独特而新颖，或形似，或神似，具有意趣之雅。用此方法创制的菜肴常常具备盘中有画、画中有诗、诗中有意的特点。采用这种方法开发的特色菜品有：

（1）**开门红**。一天开始，一月开初，一年开春，公司开业，生意开张，人们都希望事情能办得顺利，这就是大家常说的“开门红”。如今，成都的多家餐厅酒楼已经把“开门红”搬上了餐桌，且都当成了筵席的头菜。这道寓意深刻的热菜在带给您美食享受的时候，也带来了美好的祝福：一元复始，三阳开泰。

（2）**早生贵子**。这是一款利用寓意法创制的甜品菜。“早生贵子”是民间一种祝福语，它是利用枣子与桂圆两种原料的谐音而会意传神。在结婚喜宴上，“百年好合”“富贵金钱”“龙凤呈祥”与“早生贵子”等菜品一样都是寓意吉祥。这类菜肴的创作，一是根据菜肴制作的特色来寓意命名；二是根据吉祥名称来创作菜肴。其目的只有一个，就是迎合和满足消费者吉祥如意和雅趣的心理需求。

（3）**四喜吉庆**。“吉庆”是佛教寺庙中僧人念经时伴奏的敲击乐器，即框形木架上悬挂的小铜锣，呈品字形。烹调中的“吉庆块”，是先将原料切成四方块，再在原料每面1/2处用刀尖或刀跟切一刀（深度为原料厚度的1/2），断开即是。常用胡萝卜、萝卜、南瓜、莴笋、苤蓝、土豆等原料制作，主要用作冷热菜肴中的装饰材料。本菜用土豆、青笋、胡萝卜、萝卜寓意的“四喜”，既可指“福、禄、寿、喜”四喜，也可指“久旱逢甘露，他乡遇故知，洞房花烛夜，金榜题名时”四喜。无论哪种四喜，都是厨师对食客幸福吉祥的祝福。

（4）**原笼玉簪**。我国古时将洁白如玉、芳香娇莹、含蕊如簪、朝开暮卷的花称之为“玉簪花”，皇宫里的宫人搔头所用的白玉，亦叫作“玉簪”或“玉搔头”。明代戏曲作家兼烹饪品评家高濂，还以道姑陈妙常同书生潘必正结合的故事，写出了脍炙人口的传奇剧本《玉簪记》。“原笼玉簪”这道菜品就是根据玉簪花、玉搔头、《玉簪记》的形态和意趣而创制的。“原笼”者，蒸这道菜的竹器也；“玉簪”者，猪排骨经精心修整后似玉簪之形，暗藏陈、潘妙合之趣，此菜品表达了对青年人美好姻缘的祝愿。

（5）**一帆风顺**。此菜造型似龙船在碧波中畅游，那张满的风帆，那船边拨水的船桨，像是在力争上游。一帆风顺是厨师对食者美好的祝愿，愿大家万事顺意、前程似锦。成菜造型美观，鱼卷外酥里嫩，鱼香味浓（图4－2）。

图4－2　一帆风顺

三、描摹法

描摹法是指从自然万物的形状中获取创作灵感，通过描摹，将菜肴巧妙地制作成其造型的方法。利用描摹法制作的菜肴即通常所说的象形工艺菜，基本特征是描摹自然，巧做成新。采用这种方法开发的特色菜肴有：

（1）**秋菊**。菊原产我国，品种很多，秋季开花，为著名的观赏植物之一。梅、兰、竹、菊在古代有“四君子”之称，以示其雅，有清高之意。烹调师以菊花之形入菜，除能饱人口福之外，更增加了一层观赏美。

（2）**蜂巢玉米**。蜂巢是蜜蜂的栖身之地，是成千上万的蜜蜂经过辛勤劳动构筑而成的。它们大多数建在高树、房梁顶上，人们对它们是敬而远之。眼下烹调师用极普通的原料，巧手将“蜂巢”构筑在锅内，摆放在盘中，却让客人争先恐后，先尝为快。“蜂巢玉米”成菜酥香爽口，甜润不腻，实为一款形、意、味均佳的菜肴。

（3）**春蚕吐丝**。“春蚕到死丝方尽，蜡炬成灰泪始干”，人们常常把默默无闻、无私奉献的教师比喻成“春蚕”。本菜正是借此美好的喻义，通过巧妙的构思，把竹荪和鸡糁制成蚕茧状，利用盘中的形意，表达对教师的尊敬和感激之情。此菜一经推出，就成为每年高考后“谢师宴”的必点菜肴。

四、变技法

变技法是指利用新奇的烹饪技法，或将传统菜肴在制作方法上加以改进，制作出一份全新菜肴的方法。其基本特征为变化技法，改造出新。采用这种方法开发的特色菜肴有：

（1）**香烤武昌鱼**。对于新疆的烤羊肉串，大家一定不陌生，它的成功之处就是在选料、调味、烤制上下功夫。香烤武昌鱼正是借鉴、消化、吸收了烤羊肉串的精髓之处，在“烤”字上做文章。因为本菜严格地说，并不是利用烤的方法成菜，而是用油将武昌鱼浸炸至酥香，再裹上炒香的味料而成的，如此一来，不仅具有烤制菜肴的特点，而且更利于厨房快速生产。此菜融合了川菜独特的调味方法，使菜肴麻辣酥香，外酥里嫩，更具诱惑力。

（2）**跳水兔**。跳水兔是在跳水泡菜的基础上演变而来的。业界也有将“跳水”称为“洗澡”的，是指将原料浸泡于一种特制的盐水或卤汁中，经过较短时间，即捞出食用。过去在川味凉菜制作中，就常采用这种方法做一些素菜，如“跳水青笋”“跳水黄瓜”“跳水银芽”等。如今，四川的厨师将这种方法用来制作荤菜，可谓匠心独具。本菜采用泡菜辣味汁的方法成菜，不仅麻辣味浓，而且具有特殊香味。常见的跳水荤菜除了跳水兔外，还有跳水鸡、跳水肫肝等。

（3）**大刀耳片**。据说此菜最早在川南某县的一道名小吃基础上改进而成。按照传统的做法，这种大张而极薄的耳片，是靠厨师精湛的刀工片制而成的，操作难度很大。但今天聪明的厨师则利用“冻”的方法，将猪耳加入琼脂并重叠压紧，待蒸至琼脂融化后，晾凉，直接用刀切成巴掌大的薄片。用这种方法制成的耳片效果与传统方法相同，但是却极大地提高了工作效率，降低了操作难度。切好的耳片可以拌成各种不同的味型，如红油味、蒜泥味、麻辣味等。而此菜的名称也可以叫“千层耳片”“层层脆耳”“巴掌耳片”，等等。

（4）**爽口老坛子**。传统的四川泡菜是将素菜洗净，晾干水汽后直接入盐水中浸泡而成，制作手法相对简单，一般只有素菜而无荤菜，多作为下饭小菜。爽口老坛子则是根据四川泡菜的特点进行了一些创新。首先在原料选择上采取荤素结合，荤料先加热，之后再泡入味，并且将泡菜坛作为特殊的餐具直接上桌，以色泽新鲜、清爽脆嫩、酸辣爽口、开胃健脾等特点成为筵席的凉菜佳品。

五、造势法

造势法是利用独特的烹饪技艺或借助一些奇特的效果，来渲染菜肴气势，迎合顾客的好感、好奇，以达到调动客人就餐兴趣的一种菜肴创新技法。其基本特征是打破常规，营造气氛。采用这种方法开发的特色菜肴有：

（1）**连山回锅肉**。四川广汉市附近的连山镇原先只是一个不起眼的小地方，但自十多年前这里的一家饭店烹制了特大号回锅肉以后，便声名远扬，以至于如今的连山镇几乎就成了回锅肉的代名词。连山回锅肉超乎常规，以奇制胜，将回锅肉这道川味名菜发挥得淋漓尽致。连山回锅肉选取猪的二刀肉，顺长切片，每片长者可达20厘米左右。其形粗犷豪放，刀法精湛犀利，加上配料又和一般回锅肉不同，因而吸引了众多食客。

（2）**沸腾鱼**。俗话说："凉菜要凉，热菜要热，一滚当三鲜。"这是指热菜的温度要达到一定的程度，效果才明显。这款菜肴正是遵循这个道理，用滚烫的热油，淋在鱼片上，产生沸腾的效果，使菜肴具有麻辣鲜香、细嫩爽口的味感。由于此菜形成的热油翻滚效果，再加上大把的干辣椒、花椒造成的视觉冲击，使人忍不住口生津液，欲先食为快。

（3）**桑拿鳜鱼**。在营造气氛、以势取胜的菜肴制作中，"石烹"是较为成功的一例。此类菜肴的制作取烤烫的鹅卵石与调制的汤汁、卤汁结合，冷热交加，汤水浇入烧烫的石块，产生蒸汽、雾气，如同桑拿浴。桑拿鳜鱼用锡纸包裹鱼肉，投入烫石中，浇上茶水，一股蒸汽喷薄而出，造势的效果得以充分体现。

（4）**火焰焗响螺**。火焰菜，一般使用酒精燃烧时产生的火焰来烘托菜肴气氛之"奇"，以调动人们的进食欲望。贝壳类菜肴加火焰可起到一种独特的效果，内有壳，外有盘，简单而复杂。此菜取用大响螺壳做盛菜器皿，盘子里的盐作为沙滩，别具情趣（图4－3）。

图4－3　火焰焗响螺

（5）**火焰虾**。虾在加工成熟后如果能保持一定的温度，使虾蛋白缓慢凝固，那么它的口感和菜肴的风味将得到充分体现。"火焰虾"通过油传导调味制成后，用锡纸包裹，加白酒上桌点火，风味别致。成菜虾肉酥香，咸鲜味美。

六、采掘法

采掘法主要是指收集民间菜肴品种或烹调方法，并进行适当的加工、改造而制成菜肴的方法。其基本特征是采掘素材，提炼升华。采用这种方法开发的特色菜肴有：

（1）**荞麦葱油饼**。荞麦，又名棱麦，曾是困难时期普通百姓常食之品。在当今城市人消费的餐桌上，荞麦又成为人们的"钟情之物"。荞麦葱油饼葱香扑鼻、清香可口，已成为早餐和宴会的常备之品。荞麦拥有丰富的微量元素及维生素，荞麦含有的铬是防止糖尿病的重要元素；荞麦的麦芒有降低血脂及胆固醇的功能，是防治冠心病、高血压的食疗佳品。

（2）**回锅厚皮菜**。厚皮菜又称牛皮菜，是一种极普通的烹饪原料。在过去的困难年代里，厚皮菜常被普通百姓当作充饥的食物。其实，厚皮菜只要经过精心的加工和烹

图4－4　回锅厚皮菜

制，可以变成一款可口的乡土风味菜肴。回锅厚皮菜便是用炒回锅肉的方法烹制出来的美味佳肴（图4－4）。

（3）**辣子扳指**。炸扳指本是传统川菜中的一款名菜，它是用猪大肠作为原料，经炸制而成。因油炸过的肠头形似旧时射箭者带在手指上的扳指，故名。一家有名的酒家将此菜发掘整理出来，只不过该酒家采用了炒辣子鸡的方法成菜。由此便把传统的炸扳指包装成了一款现代派的江湖菜——辣子扳指，很快名噪四方。

七、探古法

作为菜肴创新的一种方法，探古法是利用古代菜肴制作技术和文化遗产来开启思路，构思出富有民族特色的新款菜肴。其基本特征为“古为今用，推陈出新”。采用这种方法开发的特色菜肴有：

（1）**黄金鸡**。此菜出自李白“亭上十分绿醑酒，盘中一味黄金鸡”的诗句。林洪《山家清供》对此亦有记载：“焊鸡洗净，用麻油、盐水煮之，入葱、椒，候熟擘钉，以元汁别供，或荐以酒，则白酒初熟，黄鸡正肥之乐得矣。有如新法川炒等制，非山家不屑，为恐非真味也。”说明烹调黄金鸡是颇为讲究技艺的。今日仿制的黄金鸡，采用水汆、油炸、笼蒸等方法，成品除保持色泽金黄外，且是原汁原味，营养特别丰富。

（2）**蟹酿橙**。宋代林洪撰写的《山家清供》中，记有用橙子壳装螃蟹肉的菜肴，此菜以后流传甚广，《金瓶梅》一书中也记载过。可以说，这是宋代最具代表性的菜肴。蟹酿橙，又名橙蟹。据《山家清供》载，蟹酿橙是南宋山村风味菜，以香而鲜著称。后来传入京城，成了餐馆中的名菜。时人称赞此菜说：“黄中通理，美在其中，畅于四肢，美之至也。”而今，江浙一带的厨师在探古中研究创新，根据古典书籍的记载，并迎合现代人的饮食需求，将其搬上现代饮宴的餐桌上，供人们品尝食用。成菜具有外形美观、蟹鲜橙香的特点。

（3）**遍地锦装鳖**。这是唐朝韦巨源《烧尾宴食单》中记载的一款佳肴。它是以甲鱼为主料，配以羊油脂和鸭蛋烹制而成。人们知道，羊肉膻，鱼肉腥，将这两种原料合烹是否好吃？然而，出乎人们的意料，成菜不但没有膻气和腥味，反而鲜香四溢。凡是品尝过此菜的人，无不为唐代在烹调原料搭配上的匠心独运而啧啧称赞，也为古人以“鱼”“羊”两字组成“鲜”字贴切的含义而拍手叫绝。

（4）**仙人脔**。此菜出自唐朝韦巨源《烧尾宴食单》，据陶谷注释为用乳汁煨炖的鸡块。今日仿制的仙人脔，选用的是专门饲养的肉鸡，经切块、腌渍、油炸、炖煮，再加牛奶煨制而成。成品汤汁稠浓而白亮，鸡块酥烂而鲜香。

第三节 现代快餐

一、快餐概述

（一）快餐的概念

快餐虽说已为世人所耳熟能详，但迄今对其却仍未有统一和确切的概念。对快餐的界定有好几种说法，值得推崇的有著名物理学家钱学森较早提出的：快餐是厨房的工业化。他简洁而形象地表述了快餐的本质，以及快餐和传统餐饮的区别。有的专家还提出：快餐是薄利多销的餐饮形式。目前国内外比较认同的概念是以快餐的“快”为核心，认为快餐是一类制售快捷、食用简便的大众餐饮形式。

快餐食品源于传统的餐饮菜品。餐饮菜品的制作有不同的加工方式，即现代工业化加工方式和传统手工加工方式。传统餐饮主要是按手工方式制作的；快餐和方便食品则主要是按工业化方式制作的，而后者的工业化程度更高，一般由食品工厂生产。

快餐食品经从原料加工为成品后，其终端销售形式可有多种，如餐厅销售（快餐饮食店），即顾客在餐厅享用快餐；亦可以送餐或流动的方式销售给顾客（如盒饭等）；也可以包装化的方式在商店柜台中或超市货架上出售。前两者又属餐饮形式的快餐，其菜品直接传递到顾客手中，由顾客及时食用；而后者属于方便快餐食品，其产品不直接传递到顾客手中，顾客在商场选购该类产品，方便快餐食品一般有较长的保存期，且食用前多要经过简单的加热处理，如快餐方便盒饭、方便粥、方便面等。

目前国内的餐饮快餐主要包括堂食快餐（前店后厨）以及送餐快餐两大类型。堂食快餐菜品的生产（后厨）与消费（前堂）在同一场所（快餐店）；而送餐快餐菜品的生产与消费在不同场所，由加工点生产的菜品需要投送到顾客个人或团体的就餐地点。

近年来出现的团膳快餐，广义上可以看作为团体提供餐饮快餐的总称，包括为固定团体送餐及快餐公司对单位食堂托管，后者是团膳所指的主要形式。

（二）快餐的分类和特点

快餐按工业化程度和科技含量可分为传统快餐（如各国的民族风味小吃）和现代快

餐（主要以麦当劳、肯德基炸鸡、汉堡为代表的西式快餐）；按经营形式和经营规模可分为单店快餐和连锁快餐，按菜品地域风格可分为西式快餐和中式快餐，如按具体地域（或国家）命名还可称为美式快餐、意式快餐、墨西哥快餐、印式快餐等。一般传统快餐采取单店经营的方式；而像麦当劳、肯德基炸鸡这样的现代西式快餐都采取连锁经营的方式，比单店经营具有更大的优势和经济效益。连锁经营的现代快餐无疑是我国快餐业发展的主要方向。

快餐的主要特点为：制售快捷，食用便利，质量标准，服务简便，价格低廉。

二、现代西式快餐

（一）西式快餐发展简史

麦当劳、肯德基炸鸡是西式快餐中的佼佼者，作为蜚声全球的国际知名品牌，已成为现代快餐的杰出典范。现代西式快餐不仅是美国社会经济发展的产物，而且是西方现代食品科技同西式传统餐饮事例的结晶。

现代西式快餐产生于20世纪50年代的美国。第二次世界大战后美国经济的复苏，推动了餐饮业的发展。为了适应人们工作和生活节奏的加快，饮食观念与需求改变，一种全新的餐饮形式，即现代快餐在美国餐饮业中崭露头角，很快又以发展分店、连锁经营的形式迅速推广并占领了餐饮市场。20世纪60年代是美国快餐业高速发展的时期，快餐在美国国内发展到了顶峰。在国内市场竞争激烈且基本饱和的情况下，美国快餐开始转向海外市场拓展，并逐渐风靡全球。20世纪80年代末期，现代西式快餐纷纷进军中国市场，并取得了骄人的业绩。现代西式快餐的海外拓展无疑对推动全球快餐业的发展，特别是民族快餐业的兴起，起到了积极的作用。

（二）西式快餐的基本特征

图4-5　西式快餐

现代西式快餐（图4-5）虽然脱胎于传统西式餐饮，但现代科技与工业化赋予了它新的运作形式，经过半个多世纪的发展已积累了一套相当成功的经验。西式快餐所具有的现代快餐的基本特征可归纳为：生产工业化、服务规范化、管理科学化和经营连锁化。

1. 生产工业化

生产工业化即厨房工业化，是现代快餐在

生产环节即菜品制作方面所具有的特征，也是现代快餐最本质的特征。工业化生产的特点主要体现在以下几方面：

（1）机械化程度高，即多数工序或主要工序使用机器设备。采用机器设备是现代快餐制作的基础，它不仅能降低劳动强度、提高工效、保证供餐快捷，而且能有效地控制菜品质量，使其达到稳定和统一。

（2）每一种菜品从原料到成品的制作过程均遵循一定的工艺流程，即采取流水作业的加工方式，组成工艺流程的每一道工序（单元操作）是岗位职能和质量控制的基础。

（3）生产标准化，即原料、半成品和成品均有明确的质量标准，同时通过生产过程的标准化控制（操作规程）以确保达到上述质量标准。

2. 服务规范化

服务规范化包括供餐快捷、服务操作规范以及异常清洁的就餐环境，这是现代快餐在销售环节所表现出的外在特征。

（1）供餐快捷无疑是快餐最显著的特征，即顾客进店就餐无须久候。目前，有的现代西式快餐还对快捷的时间进行了量化，即制定了供餐快捷的时间标准，如规定顾客从到达柜台至被接待点餐的时间不超过 1 分钟，而顾客从点餐至拿到食物的时间不超过 30 秒。

（2）服务操作规范是指对接待顾客的程序和语言有明确的要求。

（3）为顾客提供异常清洁的就餐环境是现代快餐服务规范化的重要内容，且已成为一些世界著名西式快餐与众不同的特色。它们将清洁卫生（包括食品和环境）视为至高无上的追求，已超出一般餐饮店对清洁卫生的要求，在这方面有非常严格且详尽的规章制度。

3. 管理科学化

以世界著名西式快餐为代表的现代快餐建立了一整套科学的管理体系，包括总部督导管理、分店营运管理、中央厨房生产管理和配送中心物流管理。以先进的技术和科学的管理为支撑，是现代西式快餐成功的重要原因。

4. 经营连锁化

连锁经营是现代快餐采用的经营方式。它是由总部、中央厨房、配送中心和多家分店组成的联合体形式，通过统一控制和规模经营，降低成本费用，实现规模经济效益。

三、现代中式快餐

（一）中式快餐概述

1987 年肯德基在北京开设了位于中国的第一家分店。西式快餐涌入国门，不仅给国人带来了崭新的现代餐饮形式以及现代快餐理念，而且促进了中式快餐的兴起，一时间，中国大地上各种快餐店大量出现。然而，不少经营者对快餐的本质和运作特点认识不清，仍然囿于传统餐饮的框架中。一些曾经风光一时的快餐企业由于投资失误、管理失控、盲目扩张而败走麦城。快餐涉足者开始对中式快餐发展初期的成败得失进行理性反思，不得不承认中式快餐同洋快餐相比，在理念与运作上的差距。

中式快餐发展中存在的主要问题可归纳为：缺乏理论指导和专业人才；未形成生产的标准化与工业化，设备落后；连锁经营体系有待进一步完善；技术开发困难；管理体系薄弱；品牌建立和经营扩大缺乏管理与技术支撑等，亟待解决。

值得欣慰的是，近年来随着一批中式快餐品牌企业在奋进中崛起，上述状况已经有了可喜的改观，标志着中式快餐发展到了一个新的阶段。当前，中式快餐已经成为我国餐饮及快餐市场上一支充满活力的生力军。由于更加贴近中国老百姓的饮食习惯，中式快餐有着巨大的发展空间。

（二）中式快餐菜品的来源

中式快餐菜品并非无本之木、无源之水，它的前身是传统餐饮餐桌上的菜品。西式快餐的菜品如炸鸡、汉堡、三明治等，来源于西餐中的大众菜品，只不过现代科技工业化生产赋予其新的运作形式；同样，中式快餐亦植根于中式餐饮的土壤，可以从传统中式餐饮菜品中挖掘并转化出中式快餐的菜品。

（三）中式快餐菜品的选型

1. 选型的原则

（1）**特色性**。特色性即差异性，是菜品吸引顾客的卖点，涉及快餐的定位与创新，也是快餐企业生存与发展的基础。

（2）**大众性**。菜品有时会带有地域菜系的特点，但须考虑地域性与广域性的结合，让更多的顾客能接受并喜爱。

（3）**适应性**。包括能适应快餐工业化、标准化的生产方式，原料容易获得，较易选择相应的设备等。

2. 影响选型的因素

（1）**产品定位**。主要包括消费群（白领、工薪阶层等）收入，年龄层（儿童、青少年、成人等），销售地区（闹市、社区等），菜品种类及地域性，等等。

（2）**原料来源**。主要包括稳定性、数量、价格成本、供应渠道、季节性等。

（3）**工艺兼容性**。主要包括加工工艺的可行性，对原有设备和原料的兼容性，即是否可共享原有生产平台，不增加或少增加新设备的投资。

（四）中式快餐发展的多元化模式

中式快餐不像西式快餐那样呈现出较为固定单一的品种和经营模式。当前，中式快餐在国内餐饮市场上已经成多元化格局，给经营和消费者以更多的选择。

1. 菜品的多样化与个性化

（1）**菜系品种丰富与地域化**。中国餐饮的悠久历史与博大精深，为中式快餐提供了丰富的菜品资源和各具特色的菜品风格。与传统餐饮相同，中式快餐也具有地域化特性，在各大菜系的源头地区，快餐具有当地菜点的品种和风味特色，同时随着地区之间经济文化的交流，亦融入了外地菜系的特点。而在经济发达、移民集聚的大城市，更是荟萃了各地的风味特色快餐。

（2）**多种快餐菜式类型**。传承中国传统餐饮，中式快餐菜式或定位也是多种多样的，总的市场类型分为单一型和组合型。单一型快餐具有明确的主菜品种，并常常以此命名，如水饺快餐、馄饨快餐、粥饼快餐、蒸菜快餐等。在单一型快餐中也有辅佐主菜的配餐菜品，如凉菜等。组合型快餐的菜品种类十分丰富，且不分主菜类型，如炒饭、炒面、汤面、包点、凉菜、小炒、粥类、汤类等，品种多达数十种。

2. 主流餐饮快餐——堂食、送餐、团膳等快餐

目前，在国内快餐市场上，堂食、送餐和团膳是中式快餐的三类主要业态。堂食与送餐和团膳的本质区别，在于其终端是完全市场化的分店销售形式。团膳的主要经营形式是承包单位食堂，故经营较为封闭。三者在经营上也有交叉，如堂食可兼营送餐，而送餐也可兼营团膳。它们都可参与会议、大型团体活动及展览等的送餐或供餐业务。

堂食连锁快餐必须有中央厨房，其职能是将原料加工为半成品；送餐快餐无店面销售，准确地说，它的中央厨房应称为菜品加工厂（点），将原料加工为成品，再提供给顾客，加工厂一般按送餐区域分散布点，如需要，也可另设中央厨房，统一进行原料初加工和半成品（包括调味料、卤制品等）制作；团膳的菜品加工在所承包的单位食堂厨房，往往无中央厨房。

3. 另类餐饮快餐——休闲快餐

休闲餐饮（Casual Dining）在欧美是一种以“休闲、舒适、情趣、品位”为主题的餐饮模式，近年来正在国内兴起和流行。精致的装修、悦目的饰物、柔和的灯光、淡淡的音乐，营造出温馨、浪漫、优雅的氛围。客人可以一边品咖啡、茶、美味佳肴，一边同朋友、亲人叙旧聊天、看书读报，甚至独自沉思，在休闲的环境中，感受着舒适、自在和放松。这种充满情调的饮食文化深得白领、文化人士的青睐，并成为一种时尚的生

活方式。人们饮食观念的改变，即休闲消费需求，使得休闲餐饮应运而生，并成功地赢得了市场，成为当前餐饮发展的新亮点。

目前国内出现的休闲餐饮或休闲快餐以西式风格为主，但也有中式风格的情调餐厅，中式休闲快餐仍可作为中式快餐经营的一种选择。国内较为流行的休闲餐饮有：

（1）**休闲咖啡屋**。咖啡对于西方人，就像茶对于中国人，是一种最传统的休闲饮料。这种纯粹的西方文化已被国人所接受，如今，在国内大城市中，咖啡厅已随处可见。

（2）**餐吧**。餐吧是由酒吧增加餐、点发展而来，供应的餐品主要是快餐，如汉堡、比萨、三明治等。有的餐吧还增设了商务套餐，包括中式套餐。餐吧的装饰仍然保留了酒吧的格调，餐厅设有吧台与餐桌，餐桌还可以延伸至室外。

（3）**迷你西餐厅**。迷你西餐厅是小型化的西餐厅。餐厅面积在50平方米左右，装饰简单，但布置极为温馨、幽雅，贴近家庭的装饰格调。餐厅的一角设有长沙发、茶几与书刊杂志，夜晚的烛光更增添了几分浪漫情调，使得白领、文化人士及外宾经常来此光顾。迷你西餐厅主要有沙拉、牛扒、烤鸡等西式菜品；主食有炒饭、米粉、比萨和三明治，还有流行的餐后甜点；饮料有冰激凌、果汁等。

（4）**中西简餐**。所谓中西简餐有两层含义，一是餐厅兼营中餐与西餐；二是菜品具有中西融合的特色，如接近中餐口味的西餐，中菜西烹或西菜中做。中西简餐的餐厅装饰简洁、平易近人。餐厅布局可划分为中餐区与西餐区，也可中西供餐一体化。简餐顾名思义是中西传统菜品中制作简单而又流行的大众菜品，如中菜中具有大众口味的小炒、炒饭以及面点和汤品；西菜中的牛扒、猪排、扒鱼、奶油蘑菇汤、奶油土豆汤等大众西式菜品和汤品以及面包、三明治和冰激凌等。

（5）**茶餐厅**。从单纯的茶楼发展到亦可经营菜点的餐厅，故取名为茶餐厅。茶餐厅实际上源于港式文化，最初流行于香港，继而广东，近年来逐渐扩展到内地。茶餐厅的经营有较大的灵活性，餐厅面积可大可小，风格可接近简餐餐厅，也可接近典型的休闲餐厅。茶餐厅的菜品十分丰富，饮料有名茶、奶茶、果菜和鲜榨果汁，菜品包括小炒、蒸菜、广式煲仔饭、煲粥、煲汤、炒饭、面条、快餐盖浇饭、套餐以及精致小点心。

第四节　茶　膳

一、茶膳起源

茶膳是将茶作为食品、菜肴、小点心和饮料的制法和食用方法的总和，是食文化与茶文化融合发展的结晶，是特色中餐。

茶叶最早是作为食用和药用的。记载最早的是《神农本草经》，书中指出："神农尝百草，日遇七十二毒，得茶而解之。"这是说神农尝百草时靠吃茶叶解毒。接着又把茶叶作为祭品，《周礼·地官》中记载："掌茶"和"聚茶"就是供茶事用的。齐武帝萧赜永明十一年（493 年）在遗诏中说："我灵上慎勿以牲为祭，唯设饼、茶饮、干饭、酒脯而已。"这些记载说明茶叶被发现后，首先用于解毒、祭品、入药，以后才是食品、饮用。在很长的一段时间里，茶叶成了灵丹妙药。日本荣西禅师到中国留学，回国后于 1911 年出版《吃茶养生记》，书中说："茶也，养生之仙药也，延年之妙术也……古今之仙药也。"

药食同源，茶叶作为药用的同时也开始了食用。《柴与茶博录》中记载："茶可食，去苦味二三次，淘净，油盐姜醋调食。"《膳夫经手录》中也说："近晋宋以降，吴人采其叶煮，是为茗粥。至开元、天宝之间，稍稍有茶，至德、大历遂多，建中以后盛矣。"《救荒本草》更把茶叶作为一种食物充饥了，书中记载："救饥，将茶叶嫩叶或冬生叶可煮粥食。"《茶经》七之事中记载了《释道该说续名僧传》中说："宋释法瑶，姓杨氏，河东人，永嘉中过江遇沈台真，请真君武康小山寺，年垂悬车，饭所饮茶。永明中，敕吴兴，礼致上京，年七十九。"这是说在武康的小山寺里有一个姓杨的老和尚法瑶，年老只以茶为食，齐武帝听说后感到奇怪，就叫他进京亲见，一见后确是七十九岁的老和尚，靠吃茶养生长寿。

茶叶作为饮料大兴后，作为药用和食用相对减少，但在不少地区和民族，仍保留了吃茶的习惯。如《清稗类钞》中讲："湘人于茶，不惟饮其汁，辄并茶叶而咀嚼之。人家有客至，必烹茶，若就壶斟之以奉客，为不敬。客去，启茶碗之盖，中无所有，盖茶叶已入腹矣。"直至今天，湖南人仍有吃"茶根"的习惯。

二、茶膳分类

（1）**早膳茶**。早膳茶可供应热饮和冷饮红茶、绿茶、乌龙茶、花茶、八宝茶、茶粥、茶面、茶奶、茶包、茶饺、茶蛋糕、茶饼干、炸茶元宵等。

（2）**茶快餐**。包括茶面、茶饺、茶包等。汤可选一碗茶汤、一杯茶、一盒茶饮料。

（3）**家常茶菜、茶饭**。包括如熏茶笋、茗香排骨、松针枣、春芽龙须、鸡丝面等。

（4）**特色茶宴**。包括婚礼茶宴、生辰茶宴、毕业茶宴、庆功茶宴、春茶宴等。

（5）**茶膳自助餐**。可供应冷热菜 80 多种，茶饮、汤品 40 多种，茶冰激凌多种，还可自制茶香沙拉、茶酒等。

不管是哪种形式，茶膳总的分类不外乎茶叶食品、茶叶菜肴、茶叶小点、茶汤茶粥和茶叶酒水五大类。

三、茶膳实例

（一）花丛鱼影

原料：安徽大别山小兰花茶叶、新鲜太湖银鱼 、盐、太白粉适量。

方法：兰花茶用沸水冲泡，去其汁 1 ~ 2 次，沥干待用。银鱼用太白粉及盐少量拌和、抓匀。锅内食油中量，烧至四成热后放入银鱼烹炸，至色微黄即起锅，仔细堆置于盘中央。兰花茶叶入油锅轻炸，至色变墨绿起锅，略撒精盐（或白糖）少许，拌匀后入盘围边，即可。

特点：银鱼为湖鲜极品，色形俱佳，兰花茶为安徽名茶，产自山区无污染，茶质纯正，鱼茶相配，滋味清香鲜美，营养丰富。

（二）荷香蛙鸣

原料：牛蛙、鸡蛋、荷叶、肉糜、茉莉龙珠茶、盐、味精、姜、葱、料酒等。

方法：龙珠茶用沸水冲泡至浓，取其二开汁水，放入盐、味精、姜葱、料酒等调料。牛蛙去内脏，按肢体改刀成原状，浸泡于茶汁等调料中待用。盘内垫荷叶，打入完整鸡蛋。肉糜以茶汁等调料拌和，铺设于盘中围边。将浸泡的牛蛙取出以原形入盘，出锅后，以洋葱、菜心、香菜、樱桃等点饰为莲荷草果繁茂状即可。

特点：荷上卧蛙，月（鸡蛋）映其中，蕴“荷塘月色”意味，赏心悦目。铺设荷叶清香于外，浸泡茶汁清香于内，牛蛙嫩滑爽口，色、香、味、形均含文韵，为观赏菜肴。

（三）银针献宝（鲍）

原料：新鲜鲍鱼、君山银针茶、精盐、味精少许、姜、葱、料酒等。

方法：鲍鱼剖开，切片，入精盐（稍咸之量）、味精、姜、葱、料酒等抓匀后，入锅。鲍鱼起锅前，沸水冲泡银针茶于透明玻璃杯，倒扣于平盘中央（先以盘紧密盖住杯口，再整体倒过来），使杯口与盘以空气压差吸附，茶不会外溢，茶叶呈悬浮状。鲍鱼起锅，围绕茶杯铺于盘中，精巧围边，即可。

特点：此菜肴意趣为先，菜盘中初泡之银针菜悬浮于倒扣之杯，上下起落，恍若水中精灵之舞，为餐桌平添动感情趣，而鲍鱼略咸的口感，俟食者察觉，主人再略将茶杯掀起，溢出少许清香汁释之，化咸为鲜，鲍鱼之绝鲜，始得真味。

（四）祁糖红藕

原料 ：祁门红茶、藕、糯米、冰糖、砂糖。

方法：祁门红茶取汁，糯米淘净，藕取较直的部分，切去一头，糯米、砂糖拌均匀，灌入藕孔，拍实；藕段入锅，以水淹没上火，煮至开锅，改文火余煮3～4小时，放入茶叶、冰糖，再煮2～3小时，即可。取出藕段待凉，切片，入盘，浇汁。

特点：藕茶相染，色气双馥，咬口弹性，甜而不腻；兼红茶养胃、莲藕富含营养，相得益彰，为小吃、佐酒之佳品。

（五）观音送子

原料：松子仁、豌豆、花生仁、瓜子仁、玉米仁（合称五仁），铁观音茶叶、盐、味精适量。

方法：铁观音茶叶沸水冲泡，取二开汁适量。热油适量，五仁入锅，调适量盐、味精，放入茶汁，猛火急炒，茶汁被五仁基本吸收后起锅。

特点：色彩斑斓亮丽，视觉效果极佳，与“观音送子”之名协配，有喜人悦客之效。以匙勺舀食，味美爽口。

（六）毛峰蒸鱼

原料：黄山峰茶、鲫鱼或武昌鱼一条、料酒、葱花、姜、精盐等适量。

方法：沸水冲泡茶叶，沥去汁，取茶叶待用。将茶叶塞入净鱼腹中，入盘，撒适量料酒、葱花、姜、精盐于鱼身。上笼锅蒸20分钟即可。

特点：茶叶清香浸渗入鱼，去腥提鲜，别具滋味，是饮酒佳肴。

（七）红茶鸡丁

原料：红条茶、童子鸡脯肉、红干辣椒、淀粉、精盐等调料适量。

方法：沸水冲泡茶叶，沥去汁，取茶叶待用。红干辣椒洗净，切菱形片。鸡脯肉切丁，用少量湿淀粉、精盐腌制一下，开油锅，油温至500℃左右，鸡丁入锅过油至熟取出，将茶叶与干椒入锅煸炒，再将熟鸡丁入锅，与茶叶、干椒拌匀，即可。

特点：此菜以红火取胜，红茶、红椒色浓味重，菜形清朗，暖意融融，是一道开胃助兴的“风景菜”。

（八）龙井虾仁

原料：鲜河虾、新龙井菜、蛋清、绍酒、精盐、味精、湿淀粉、熟菜油。

方法：取河虾，去壳挤出虾肉。将虾肉放入小竹箩里，洗几遍，再放进碗内，加盐和蛋清，用筷子搅拌至起黏，加湿淀粉、味精搅拌匀。净置1小时，浸渍入味。茶叶置透明玻璃杯中，用沸水冲开，即滗出茶水，茶叶、茶水分置备用。炒锅烧热先下少量油滑一下锅，放虾仁再下熟菜油，至油四成热时，即端锅，倒漏勺中沥油。再将虾仁倒锅中，后将茶叶芡水入锅烹酒，放入火上颠翻、炒熟、入盘。

特点：虾仁白嫩，茶叶碧绿，清香味美。相传乾隆皇帝爱吃此菜。

（九）翠螺蒜香骨

原料：翠螺茶叶、猪肋骨、蒜泥、料酒、葱花、精盐、淀粉等适量。

方法：沸水冲泡茶叶，取汁，茶叶切碎丝。茶汁调拌蒜泥、料酒、葱花、精盐、淀粉等成糊状。浸猪肋骨于调料，腌制约 3 小时后，拌入茶叶丝。开油锅，油温至 40～50℃，猪肋骨入锅浸炸，至断血，取出，稍摊凉，再入锅热油烹炸，至深黄色，起锅，围边。

特点：茶香、蒜香合成异香，闻之大开食欲，调料诸味深切入骨，食之爱不释手，老幼皆宜。

（十）怡红快绿

原料：青红椒、鸡脯肉、红茶、蛋清、淀粉、盐、味精各适量，油、清汤少许。

方法：将鸡脯切成丁，用蛋清、淀粉抓匀，将青红椒去籽洗净成丁待用。锅内放油，上火烧热，将鸡丁放入滑散，随即放入青红椒，出锅滗净。锅放回火上，放油少许，将茶叶入锅爆香，放鸡丁、椒丁，加盐、味精、少许清汤、粉芡，炒匀出锅即成。

特点：此菜色彩艳丽，可使人联想起《红楼梦》中那些活泼欢快的姑娘。

? 复习与思考

一、名称解释

菜品创新　快餐　茶膳　造势法

二、简答题

1. 菜品创新的基本原则是什么？
2. 菜品创新有什么意义和作用？
3. 菜品创新的方法有哪些？
4. 什么是中式快餐？

三、 单项选择题

1. 具有“主料处理方法是滚煨”“没有固定配料，但一般配姜件、葱条”“汤味清爽鲜美”的烹调法是(　　)。

A. 滚　　B. 烩　　C. 汆　　D. 清

2. 在烹调加热中，维生素会不同程度受到损害，损失程度大小的顺序是(　　)。

A. 维生素 B_2 > 维生素 C > 维生素 B_1 > 其他 B 族维生素 > 维生素 E > 维生素 A > 维生素 D

B. 维生素 C > 维生素 B_2 > 维生素 B_1 > 其他 B 族维生素 > 维生素 A > 维生素 E > 维生素 D

C. 维生素 B_2 > 其他 B 族维生素 > 维生素 B_1 > 维生素 C > 维生素 A > 维生素 D > 维生素 E

D. 维生素 C > 维生素 B_1 > 维生素 B_2 > 其他 B 族维生素 > 维生素 A > 维生素 D > 维生素 E

3. 在配菜中，“笋炒生鱼片” 主辅料颜色的配合属于(　　)搭配。

A. 同色　　B. 异色　　C. 顺色　　D. 逆色

4. “油泡虾球” 的菜名属于(　　)命名。

A. 以主辅料及烹调方法　　B. 以主要原料和调味品

C. 以主要原料和烹调方法　　D. 以菜肴的风味特点

四、 多项选择题

1. 加工牛蛙时必须要去除的部位有（　　）。

A. 爪尖　　B. 肠　　C. 肺　　D. 胰脏　　E. 皮

2. 下列原料中适合制作茸泥的是(　　)。

A. 山药　　B. 土豆　　C. 芹菜　　D. 豆腐　　E. 虾仁

3. 可以代替鳜鱼制作彩色鱼夹的鱼有(　　)。

A 刀鱼　　B. 带鱼　　C. 河豚　　D. 鲈鱼　　E. 黄鱼

4. 贴菜的质感特色有(　　)。

A. 上层脆香　　B. 下层脆香　　C. 上层软嫩　　D. 下层软嫩　　E. 外脆肉嫩

五、 案例分析题

什么是绿色食品

有一天，老师在课堂上问学生，什么是绿色食品？大部分学生回答：绿色食品就是颜色为绿色的食品。

其实，绿色食品并不是指食品的颜色，而是指遵循可持续发展原则，按照特定的生产方式生产，经专门机构认定、许可“使用绿色食品商标的”无污染的安全、优质、营养类食品。绿色食品按照《中华人民共和国农业行业标准》（NY/T 268～292—1995 和 NY/T 418～437—2000）由中国绿色食品发展中心统一认证，并有统一的质量认证商标，分为A级和AA级两种。绿色食品是我国今后餐饮业发展的一个重要方向。

与绿色食品近似的还有无公害食品、有机食品。无公害食品是指产地环境、生产过程和产品质量符合国家有关标准和规范要求，经认证合格的食品；实际就是有毒有害物质含量不超过国家标准（我国为农业部2001年制定的 NY 5000～5073—2001）。有机食品是在生产和加工过程中，不使用化学合成剂、生产调节剂、基因改造和核辐射技术的食品。美国使用的生态食品与有机食品相似。

根据以上案例，回答如下问题：

1. 什么是绿色食品？
2. 什么是转基因食品？

第五章 饮料概述

本章导读

酒是一种含有乙醇的饮料，水是所有不含乙醇的饮料和饮品的统称，是饭店业和餐饮业的专业术语。饮料的种类很多，琳琅满目，分类方法也各有不同，其中，根据饮料中有无酒精可分为酒精饮料和非酒精饮料。酒精饮料可以通过制作工艺、酒度、酒的特色等来分类；非酒精饮料大致可分为果、蔬汁饮料和碳酸饮料等类型。不同的酒精饮料所含的成分也不尽相同，因此风格各异。

学习目标

知识目标

1. 了解饮料的分类、酒水的成分、酒体等知识。
2. 了解酒品风格的形成。
3. 掌握酒的成分、酒品风格。

能力目标

1. 掌握各种饮料的特点。
2. 能够运用所学的知识品酒、鉴酒，并能正确概括酒品的风格。
3. 能够辨别酒品的类别。

案　例

我国饮料行业发展趋势

饮料业是我国发展最快的行业之一，产值年均增长近20%。2009年饮料行业产量达到8086万吨，对比1978年的20多万吨，改革开放30多年来增长了近400倍，同时超过日本成为第二大饮料生产国。

2009年饮料业产量增长24.33%，比2008年增幅提高了近5个百分点。在国际金融危机的大背景下，仍呈现出加速发展的势头。特别是近几年来，几乎每5年就翻一番，2006年以来，更是每年过一个千万级的关口：2006年过4000万吨大关，2007年过5000万吨大关，2008年越过了6000万吨大关。

未来几年将是饮料行业结构重组时期，谷类饮料、果汁饮料、功能饮料、茶饮料等健康饮料品类将逐渐成为饮料业的主力军。

从发展趋势看，未来3年中国会超过美国成为全球第一大饮料消费国和生产国，2010年产量突破1亿吨更是指日可待。从区域分布来看，东部地区仍然是饮料行业的主产区，其产量占我国饮料总产量的五成以上。从饮料品类来看，包装水仍然以40%的市场份额高居饮料行业榜首，碳酸饮料市场容量2009年达400亿元，占据行业第二，而果汁饮料和茶饮料近年来发展速度较快，其市场占有率已经接近位于第二的碳酸饮料。

案例分析

1. 什么是功能饮料？
2. 饮料怎么分类？

第一节　饮料分类

根据饮料中有无酒精成分，可将饮料分为非酒精饮料和酒精饮料。非酒精饮料通常指“水”，又称软饮料；酒精饮料通常是指“酒”。

一、非酒精饮料

非酒精饮料是提神解渴的饮料，是液体在稀释之后或不经稀释而出售的。它包括果、蔬汁饮料、碳酸饮料、水、乳酸饮料等类型。

（一）果、蔬汁饮料

果、蔬汁饮料以新鲜的水果和蔬菜汁作为制作原料，品种多、范围广。

（1）**浓缩果汁**。浓缩果汁由新鲜、成熟的果实直接榨出，在不加糖、色素、防腐剂、香料、乳化剂以及人工甘剂的情况下经浓缩而成，如浓缩橙汁。饮用时可根据需求加入适量的稀释剂。

（2）**纯天然果汁**。纯天然果汁由新鲜、成熟的果实直接榨出，不浓缩、不稀释、不发酵。

（3）**天然果浆**。天然果浆是由水分较低及（或）黏度较高的果实，经破碎、筛滤后所得稠状加工制品。

（4）**发酵果汁**。发酵果汁指水果经腌渍发酵后，破碎压榨所得的果汁。

（5）**纯天然蔬菜汁**。纯天然蔬菜汁指新鲜蔬菜经压榨，加水蒸煮或破碎筛滤所得的汁液。

（6）**综合天然果蔬汁**。综合天然果蔬汁指由天然果汁、天然果浆和天然蔬菜汁混合而成的饮料，其比例不限。

（7）**果露**。果露指加有糖及（或）香精、安定剂等稀释而制成的饮料。

（二）碳酸饮料

碳酸饮料是指制作时在原料中添加酸味剂、无机盐及人工碳酸气的饮料。它分为不含香料碳酸饮料、含香料碳酸饮料两大类。不含香料的碳酸饮料如苏打水（Soda Water）。含香料碳酸饮料指含有水果香料的碳酸饮料，含果汁的碳酸饮料，含植物种子、根或药成分的碳酸饮料。如可乐（Coca Cola、Pepsi Cola）、汤力水（Tonic Water）、雪碧（Sprite）。

（三）水

水通常是指茶和矿泉水。

（1）**茶**。茶是中国人普遍喜爱的饮用品。中国茶分为绿茶、红茶、白茶、乌龙茶、花茶、紧压茶等类别。

（2）**矿泉水**。矿泉水是从地下取出的、含有多种矿物质的泉水。它以水质好、无污染、营养丰富而备受欢迎。其味有微咸和微甜两种，饭前饮用，既清凉爽口，又可帮助消化。

（四）乳酸饮料

乳酸饮料是以牛乳为原料，经发酵，加入添加剂（如香料、甜味剂、酸味剂、色素）制成的饮料，如酸奶等。

二、酒精饮料

酒精饮料是一种能使人兴奋、麻醉，并带有刺激性的特殊饮料。酒的种类五花八门，分类方法也不尽相同。

（一）按酒的特点分类

按酒的特点可将酒分为白酒、黄酒、啤酒、果酒、仿洋酒。

（1）**白酒**。白酒是以谷物或其他含有丰富淀粉的农副产品为原料，以酒曲为糖化发酵剂，以特殊的蒸馏器为酿造工具，经发酵蒸馏而成。白酒的度数一般在30°以上，无色透明，质地纯净，醇香甘美。

（2）**黄酒**。黄酒又称压榨酒，主要是以糯米和黍米为原料，通过特定的加工酿造过程，利用酒药曲（红曲、麦曲）浆水中的多种霉菌、酵母菌、细菌等微生物的共同作用而酿成的一种低度原汁酒。黄酒的度数一般在12°~18°，色黄清亮，黄中带红，醇厚幽香，味感谐和。

（3）**啤酒**。啤酒是将大麦芽糖化后加入啤酒花（蛇麻草的雌花）、酵母菌酿制成的一种低度酒饮料。

（4）**果酒**。果酒是以含糖分较高的水果为主要原料，经过发酵等工艺酿制而成的一种低酒精含量的原汁酒，酒度多在15°左右。

（5）**仿洋酒**。仿洋酒是我国酿酒工业仿制国外名酒生产工艺所制作的酒，如金奖白兰地、味美思。

（二）按酒的酿制方法分类

按酒的酿制方法可将酒分为蒸馏酒、酿造酒、配制酒。

（1）**蒸馏酒**。原料经过发酵后用蒸馏法制成的酒叫蒸馏酒。这类酒的酒度较高，一般在30°以上，如中国白酒、外国白兰地、威士忌、金酒、伏特加等。

（2）**酿造酒**。酿造酒又称发酵酒，是将原料发酵后直接提取或采取压榨法获取的酒，其酒度不高，一般不超过15°，如黄酒、果酒、啤酒、葡萄酒。

（3）**配制酒**。配制酒是以原汁酒或蒸馏酒做基酒，与酒精或非酒精物质进行勾兑，兼用浸泡、调和等多种手段调制成的酒，如药酒、露酒等。

（三）按酒精含量分类

按酒精的含量可将酒分为高度酒、中度酒、低度酒。

（1）**高度酒**。酒液中酒精含量在40%以上的酒为高度酒，如茅台、五粮液、汾酒、二锅头等。

（2）**中度酒**。酒液中酒精含量在20%~40%的酒为中度酒，如竹叶青、米酒、黄酒等。

（3）**低度酒**。酒液中酒精含量在20%以下的酒为低度酒，如葡萄酒、桂花陈酒、香槟酒和低度药酒。

相关链接　搜索

酒和茶的饮用礼仪

喝酒也讲究礼仪。中国人常以酒做联络感情、增进友谊的媒介，众人一起倒酒，一起饮酒，一边说着“干杯”“祝你身体健康”等话语，一边共饮。酒席、宴会的祝酒，既能表示对客人的尊敬，又可增添席间的热情气氛。用酒来表达对宾客的欢迎或谢意，不但是我国人民的传统风俗习惯，也是世界各族人民增进友谊的一种方式。

但从酒对人健康的作用看，少饮有益，多饮有害。少饮可以畅通血脉，增进食欲，解除疲劳，多饮或暴饮则会造成对人体不同程度的危害。日常交往饮酒礼仪主要有以下几点：

（1）斟酒。主人在为客人斟酒时，常说“满上满上”，这个“满”不是指满到杯口几乎溢出来，而是指斟满八成就行了。主人斟酒时，客人可行“叩指礼”，表示感谢主人斟酒。行“叩指礼”时，客人把拇指、中指捏在一块儿，轻轻在桌上叩几下。

（2）敬酒。向人敬酒，是表示祝愿、祝福等。席上喝酒讲究碰杯，要碰杯就必须把杯中的酒喝干，一口气喝下去，还要把杯子倒过来让旁人看看杯子是不是空的。但是碰杯的时候，切忌贪杯，头脑要清醒，不可见酒而忘乎所以，贪杯好酒是失礼的。

（3）工作前不得喝酒，以免与人谈话时口喷酒气熏人。上班时带有倦容酒态，不仅违反工作纪律，而且是不检点的。旅游接待人员若醉意犹存地去上班，会严重破坏职业形象，是绝对不被允许的。

（4）交际酒会之间，与会者不要竞相劝酒、强喝酒，喝酒如拼命，劝酒如打架，就会把文明礼貌的交际变成粗俗无礼的行为，这是要不得的。应该是有礼貌地劝酒，主人或在座客人看到某人酒杯空了，需有礼貌地先询问：“请再喝一杯。”如果人家用手遮掩杯口并说明不想喝了，则不必强劝。

在酒席上还常常有“无三不成礼”的说法，意思是喝酒一次高潮必须是三杯以上。所谓“酒过三巡”也是这个意思。

茶叶的原产地在中国。我国的茶叶产量堪称世界之最。饮茶在我国不仅是一种生活习惯，也是一种源远流长的文化传统。

中国人习惯以茶待客，并形成了相应的饮茶礼仪。比如，请客人喝茶，要洗刷茶具，给客人现沏新茶，倒旧茶给客人喝是极不礼貌的。要将茶杯放在托盘上端出，并用双手奉上。茶杯应放在客人右手的前方。讲究“茶要半酒要满”。茶水不能倒满杯，七成则可，否则也是对客人不尊重。而且倒茶水时，壶嘴儿不能冲着客人。在边谈边饮时，要及时给客人添水。客人则需善“品”，小口啜饮，满口生香，而不是做牛饮。

第二节　酒品风格

一、酒的成分

不同的酒，因为用料不同、生产方法不同，所含成分也不尽相同，但主要成分均为酒精、水，另含有少量的其他物质。

（1）**酒精**。酒精，又名乙醇，化学分子式为 CH_3-CH_2OH，英文通称"ethanol"，常温下呈液态，无色透明，易挥发，易燃烧，刺激性较强。可溶解酸、碱和少量油类，不溶解盐类，冰点较高（-10℃），不易冻结。通常情况下，酒度为53°的酒液中酒精分子与水分子结合最为紧密，刺激性相对较小。酒精在酒液中的含量除啤酒外，都用容量百分率%（D/D）来表示，这种表示法称为酒度（简称酒度）。在酒液温度为20℃时，每100毫升酒液中含乙醇1毫升即1%（V/V）为酒度1°。例如，60°的五粮液在酒液温度为20℃时，100毫升酒液中含乙醇60毫升。国外的酒度表示方法与我国不同。如美制酒度标准以proof表示，即在酒液温度在20℃的条件下，酒液内酒精含量达到体积的50%时，酒度为100proof，用中国酒度表示法即为50°（一个proof等于0.5%的酒精含量）。

（2）**酸类物质**。酒中含有少量的酸，如酒石酸、苹果酸、乳酸和少量的氨基酸。酒中酸的主要作用是增加酒的香味，防止杂菌感染，溶解色素，稳定蛋白质，但也有不好的作用，如在原料发酵过程中，如果产生过多挥发酸，就会使酒液腐败变质。

（3）**糖**。糖是引起酒精发酵的主要成分，可改变酒的味道，但糖分过多，在保存中温度过高，容易再次发酵，造成变质。因此一般情况下，葡萄酒中糖的含量不超过20%。

（4）**酯类物质**。酯类物质是由醇类和酸类物质在贮藏过程中化合而成的一种芳香化合物。此化合物能增加酒的香气，但不易溶解于水。如果白酒中这类物质过多，在加浆时易产生乳白色浑浊物沉淀，影响酒的质量。

（5）**杂醇油**。杂醇油是几种高分子醇的混合物，有强烈的刺激性和麻醉性，一般在白酒中含量较多。杂醇油在酒液的长期贮藏中会与有机酸化合，产生一种水果香，增进酒的味道。

（6）**含氮物质**。含氮物质一般是指蛋白质、硝酸盐类物质。它可以增加酒的风味口感，增强啤酒泡沫的持久性。

（7）**醛类物质**。醛类物质的主要作用是使酒带有辛辣味。

（8）**矿物质**。矿物质是指钾、镁、钙、铁、锰、铝等，它们以无机盐的形式存在于酒中（主要是葡萄酒）。

（9）**维生素**。酒液中的维生素主要有：维生素C、维生素 B_1、维生素 B_2、维生素 B_6、维生素 B_{12}。

二、酒品风格

酒品风格是由色、香、味、体等因素组成的。不同的酒品具有不同的风格，甚至同一酒品也会有不同的风格。

（一）色

色是人们首先接触到的酒品风格，世上红、橙、黄、绿、青、蓝、紫各种酒色应有尽有，而且变化层出不穷。酒品色泽之所以如此繁多，有三个方面的原因。第一是大自然的造化。酒液中的自然色泽主要来源于酿酒的原料，如红葡萄酿出来的酒液呈绛红或棕红色，即葡萄原料本色。自然色给人以新鲜、朴实的视觉感受，酿酒者往往都希望尽可能多地保持原料的本色。第二是生产过程中由于温度的变化、形态的改变等原因，使原料本色随之发生变化的自然生色。如蒸馏白酒在经过加温、汽化、冷却、凝结之后，改变了原来的颜色而变得透明无色。自然生色如果对消费者没有什么影响，一般不采取措施去改变或限制。第三是增色。增色分人工增色和非人工增色。人工增色是生产者有意识的行为，目的是使酒液色泽更加亮丽，以迎合消费者心理，如使用调色剂增色。但人工增色有时会改变酒品风格，如果使用不当，会使酒的香、味、体等受到影响。非人工增色是由于在生产过程中，如陈酿中的酒染上容器的颜色，酒液改变了原来的色泽。非人工增色有有利的一面，但是不少病变或质变也会导致色泽的改变。比如酒液中微生物繁衍，就会导致酒液浑浊；又比如触及了有害物质被污染，而产生色变（铜锈可使酒液发蓝）。

酒的色泽千差万别，表现出的风格、情调也不尽相同。高品质的酒，其色泽应该能充分表露出酒品内在的质地和个性，使人观其色就会产生嗅其香和知其味的感觉。在审度酒品色泽风格时，还要注意到外界因素的影响，比如室内的采光度、包装容器的衬色等。

（二）香

香是继色之后作用于人的感官的另一种酒品风格。酒品生产十分讲究酒香优雅，尤其是白酒生产对香型的风格形成更为注重，人们甚至以酒品的香型特点来归纳划分白酒的品种。下面以中国白酒为例，来研究酒香风格特点。

中国白酒生产工艺独特，结构成分复杂，香气型态多样，风格表现丰富。中国白酒的香型成因颇为复杂，主要来源于酿酒原料特有的自身香气和生产过程中形成的外来香气，其中酒窖和发酵过程起到了明显的作用。不同品种的原料（包括主辅料及酒曲、水、糟等）都带有自身的气味，酿酒生产总是择其良香而摈其劣味，以保持、改善和促成酒品基本风格的形成。

酒在酿造过程中，发酵环境对酒香也有极大的影响，特别是酒窖（因为窖泥中含有各种各样的酿酒微生物，它们在生长和死亡过程中不断产生出各种有机物质并释放出各种气味），上等的陈年老窖往往可以大大提高酒品的香型和风格的质地。酒香风格的形成还受到酸、醇、酯、羰基化合物等成分的影响，另外，酚类等单体成分比例的变化也会改变酒品的香味。

中国白酒的酒香风格有清香型、浓香型、酱香型、米香型和复香型（混香型）五大种类。

（1）**清香型**。清香型以山西杏花村汾酒为代表。其特点是清香芬芳，气爽适而久馨，有润肺之感，常使人心情舒展。经分析研究，初步确定其主体成分为乙酸乙酯和乳酸乙酯。

（2）**浓香型**。浓香型以四川泸州老窖特曲和宜宾五粮液为代表。其特点是芳香浓郁，使人如痴如醉，回香深沉，连绵不断，深得饮者喜爱。经分析研究，初步确定其主体成分为乙酸乙酯和丁酸乙酯。

（3）**酱香型**。酱香型以贵州茅台酒为代表。其特点为醇香幽雅，气持久而凝淋，低沉优美，不淡不浓，不猛不艳，回香绵长，留杯不散，常使人熏然陶醉，印象十分深刻。其主体成分至今尚无定论，构成复杂，让人难以捉摸，初步分析与醇类有一定的关系。

（4）**米香型**。米香型以桂林三花酒和广东长乐烧为代表，主要是小曲米酒。其特点为蜜香清柔，纯洁雅致，气畅流而稳健，给人以朴实纯正的美感。经分析研究，初步确定其主体成分为乳酸乙酯、乙酸乙酯和高级醇。

（5）**复香型（混香型）**。复香型以陕西西凤酒为代表。此香型酒酿造工艺独特，大、小曲均用，发酵时间长。其主要特点是醇香浓郁，余味悠长。

（三）味

味是人们最关心，印象最深刻的酒品风格。酒味的好坏基本确定了酒的身价，名酒佳酿味道优美，风格动人，人们常常用甜、酸、苦、辛、咸、涩六味来评价酒品的口味风格。

（1）**甜**。世界酒品中，以甜为主要口味及含有甜味的酒数不胜数。甜味可以给人以舒适、滋润、圆正、醇美、丰满、浓郁、绵柔等感觉，深得饮者的喜爱。酒品甜味主要来源于酒质中含有的糖分、甘油和多元醇等物质。另外，人们常常有意识地在酒品中加入一些糖饴、糖粉、糖醪等甜味物质，以改善酒品的口味。

（2）**酸**。酸味是世界酒品中另一主要口味风格特点。酸味酒常给人以醇厚、甘洌、爽快、开胃、刺激等感觉。相对甜味来说，适当的酸味不黏挂，清肠沥胃，尤使人感到干净、干爽，故常以“干”字冠之。酒中的酸性物质分为挥发性酸和不挥发性酸两类，不挥发性酸是导致醇厚感觉的主要物质，挥发性酸是导致回味的主要物质。

（3）**苦**。世界上不少酒品专以味苦著称，比如法国和意大利的比特酒。也有不少的酒品保留一定的苦味，比如啤酒。苦味是一种特殊的酒品风格，但切不可滥用，因为它具有较强的味觉破坏功能，引起其他味觉的麻痹。酒中恰到好处的苦味给人以净口、止渴、生津、除热、开胃等感觉。酒中的苦味一方面由原料带入，比如含单宁的谷类和香料；另一方面是由于生产过程中过量的高级醇引起酒味发苦、发涩，还有就是生物碱所产生的苦味。

（4）**辛**。辛又称为辣，不是人们所追求的主要酒品口味。辛会给人以强刺激，有冲头、刺鼻、兴奋、颤抖等感觉。高浓度的酒精饮料给人的辛辣感受最为典型。辛味的主要来源是酒质中的醛类物质，过量的高级醇或其他超量成分，也会引起辛味。

（5）**咸**。咸味的产生大多起因于酿造工艺粗糙，使酒液中混入过量盐分。但是，有些酒加入少量的盐分可以增加味觉的灵敏度，使酒味更加浓厚。如墨西哥人常在饮酒时在酒中加入盐粉，以增加特基拉酒的风味。

（6）**涩**。涩味常与苦味同时发生，给人以麻舌、收敛、烦恼等感觉，对人的情绪有较强的干扰，常引起神经系统的某种混乱。涩味主要来源于酿酒原料处理不当，使过量的单宁、乳酸等物质进入酒液，产生涩味。

（四）体

体是酒品风格的综合表现。我国酒界人士所说的体，侧重于全面评价酒的色、香、味。但国际上不少专家所说的体，专指口味的抽象表现，侧重于单项风格的评价。比如中国人说“酒体丰满”指的是色、香、味都比较充裕，协调性好；法国人说“某某酒具有酒体”，指的是口感丰富、味道浓醇。

复习与思考

一、名词解释

饮料　酒品风格　酒体　功能饮料

二、简答题

1. 饮料如何按照不同标准进行分类？
2. 按照生产方法，酒可以分为几类？
3. 如何赏鉴酒品风格？

三、单项选择题

1. 下列选项中，属于固态饮料的是(　　)。

   A. 果汁　B. 速溶咖啡粉　C. 牛奶　D. 豆浆

2. 从理论上讲，每100克葡萄糖可产生的酒精量是(　　)。

   A. 51.14克　B. 52.14克　C. 53.12克　D. 54.12克

3. 酒类生产有许多工艺，其中的一个工艺产生了酒的核心成分——乙醇，这个工艺是(　　)。

   A. 陈化工艺　B. 蒸馏工艺　C. 发酵工艺　D. 勾兑工艺

4. 下列饮料中，含酒精的碳酸饮料是(　　)。
   A. 可乐　　B. 蔬菜汁　　C. 啤酒　　D. 中国白酒

四、多项选择题

1. 酒中主要成分为乙醇，乙醇的特性有(　　)。
   A. 易挥发　　B. 常温下呈液态　C. 易感染杂菌　D. 不溶于酸、碱
2. 下列选项中，生产时几乎不需陈酿的酒有(　　)。
   A. 金酒　　B. 伏特加酒　　C. 朗姆酒　　D. 威士忌酒　　E. 特基拉酒
3. 下列饮料中，不属于固态饮料的有(　　)。
   A. 冰块　　B. 速溶咖啡粉　C. 果珍粉　　D. 天然果汁　　E. 可乐

五、案例分析题

我国各少数民族饮酒礼仪

蒙古族逢年过节必不可少的一种礼仪叫敬“德吉”。“德吉”汉语译为“酒的第一盅”。当客人入座后，主人捧着盛有酥油的银碗和酒壶从长者或贵宾开始敬“德吉”。接受敬意的人，双手接过银碗，用右手无名指轻轻蘸一下酥油，向天弹去，重复三次。其余客人依次轮流做过一种礼节后，主人便斟酒敬客人，接受敬酒的每一位客人，酒都必须喝干，以示对主人的尊敬。蒙古族同胞很好客，喜欢给客人敬酒，一般一次敬三杯，客人至少要喝两杯，客人若不喝，便对其唱敬酒歌：“金杯里美酒芳香流溢，献给远方来的客……”唱到客人将酒喝下为止。

藏族同胞的盛大节日是藏历新年，新年来临，每家都要酿造青稞酒，酒度不高。藏族同胞好客，敬酒一敬三杯，前两杯客人根据自己的酒量可以喝完，也可剩一些，不能一点不喝，而第三杯，则要一饮而尽以表示对主人的尊重。西藏人民除年节饮酒相庆外，还过望果节。这是预祝农业丰收的古老的传统节日。这一天，家家户户开怀畅饮，骑马、射箭、唱戏、歌舞。藏族同胞喝酒劝酒时都要唱歌，比如祝酒歌：“闪亮的酒杯高举起……但愿朋友身体健康，祝愿朋友吉祥如意！”酒酣兴浓时还会跳起舞来。

壮族人好酒，席间敬酒方式有“半杯（交杯）”“交臂”。主客双方相互敬酒，客人饮主杯中的酒，主人饮自己所执酒杯中的酒，称为“交臂酒”。主客围桌而坐，相互之间同时敬酒，各人饮其身边亲友杯中之酒，称为“转转酒”。民间饮酒一般用大碗盛酒，主客用调羹舀酒对敬（用“串杯”方式或“交臂”方式），有时也将鸡鸭胆汁、猪牛胆汁溶于酒中饮用，以清火明目。

彝族同胞极喜饮酒，彝族有一谚语：“汉人贵茶，彝人贵酒。”《南通志》《邱北县志》等汉文方志亦有“嗜酒酣斗”“族类相聚，浮白大块，虽醉死而无悔也”的记载。逢年过节，亲朋好友相聚或是宴请，酒是必不可少的，“无酒不成宴，有酒便是一宴”。故有“饮酒不用菜”的习惯。彝族古老习俗中，酒是人们表示礼节、遵守信义、联络感情不可缺

少的饮料。待客，以酒为上品。彝族走亲串友，赶集路遇，无论街边路旁，将查尔瓦一垫，或坐或蹲，围成圆圈，便饮起酒来。首饮者，将瓶盖启开，对着瓶口，仰天咕嘟大饮一口，把酒瓶放在胸前，用手背揩干嘴角，然后将酒瓶传到旁边的酒友。依次传下去，转来转去，不知转多少圈，直到饮酒者一醉方休。饮酒时边饮边讲自己开心的事，无菜佐酒，这就叫饮“寡酒”或“转转酒”。最能体现彝族豪放的民族风格的是喝碗碗酒，吃坨坨肉。彝族人多数居住在高寒山区，不仅酒量大而且喜欢度数高的烈性酒。无论逢年过节、红白喜事，多数饮者相聚，使用大土碗盛酒。下酒菜是拳头大的坨坨肉，喝到尽兴时，一口一碗，大嚼大咽，此乃坨坨肉、碗碗酒。

羌族男女老幼都喜欢饮咂酒，咂酒是用青稞、小麦煮熟后，拌以酒曲放入坛内，以草覆盖，久储而成。羌族人饮咂酒很讲究，先要举行仪式致开坛词，仪式必须在神台下或火塘的上方举行，主持人必须是巫师或长者。致辞时，主持人一边将竹管插入坛内，一边蘸三滴酒洒向天空，向天地神灵致敬，然后按身份每人用竹管吸一口咂酒，此所谓吃排子酒。排子酒吃毕，就开始轮流敬酒。饮咂酒时，酒坛打开，注入开水，再插上几根长竹管，大家轮流咂吸。边饮边添开水，直至味淡而止。最后连坛中的酒渣也全部吃掉，这就叫“连渣带水，一醉二饱”。饮咂酒时，还要伴以歌舞。祝酒歌为：“清凉的咂酒也，依呀勒嗦勒，咿呀咿呀勒嗦勒，请坐请坐请呀坐也，喝不完再也喝不完的咂酒也……”如今还依然盛行，并受到很多游客的喜欢。

苗族的酒礼酒俗更是丰富多彩，如拦路酒，凡遇客人进寨，村民便在门前大路上开始设置拦路酒，道数多少不等，少则三五道，多至12道，最后一道设在寨门口，对客人唱拦路歌，让客人喝拦路酒，喝完才能进入寨门。交杯酒也是苗族地区的一种饮酒风俗和方式，喝法有三种：一种是双方将自己手中的酒喂到对方嘴中；二是宾主手腕交叉，同时各喝各人手中的酒；三是互换酒杯酒碗而饮，表示肝胆相照、以心换心的真诚友谊。牛角酒也是苗族地区一种表示尊敬的待客酒。苗家自古就以牛为宝贝，把牛当作朋友，耕牛死后，苗家人感到格外痛心，为了纪念，便锯下牛角，制成酒杯，悬挂屋中。逢年过节，或遇喜庆，或来贵客，人们使用牛角酒杯饮酒、敬酒，表示对客人的尊敬、爱戴。

根据以上案例，回答如下问题：

1. 我国少数民族主要分布在哪些省区市？共有多少个少数民族？

2. 各民族有什么饮酒习俗？

第六章 软饮料

本章导读

软饮料是指各种不含酒精成分的饮料，包括茶、咖啡、矿泉水等。

中国是茶树的原产地。不同的茶有不同的特点，同一类茶，不同季节，也有不同的特点。因而从茶叶的冲泡到茶具、茶叶的欣赏都有着不同的方法。“咖啡”一词源自希腊语“Kaweh”，意为“力量与热情”，咖啡是咖啡豆配合各种不同的烹煮器具制作出来的。咖啡豆因栽培环境的不同，风味也有所不同。咖啡现已成为新的消费时尚。

21世纪的主流色彩是绿色，既环保又健康的绿色食品已成为食品行业的主打，因此，无咖啡因饮料也越来越受到人们的欢迎。

学习目标

知识目标

1. 了解茶的起源、鉴别、保存、制备知识。
2. 了解咖啡的起源、品种，咖啡豆的种类、烘焙、储存、煮泡方法。
3. 了解碳酸饮料、矿泉水、乳品饮料、果蔬饮料的相关知识。

能力目标

1. 掌握茶叶的鉴定，掌握泡茶用水、泡茶水温、冲泡时间和次数。
2. 掌握中国名茶及其特点。
3. 掌握咖啡的煮泡方法。
4. 掌握乳酸饮料的储存方法。

案例

鲁迅与茶

鲁迅爱喝茶，在他的日记和文章中记述了不少饮茶之事、饮茶之道。他经常与朋友到北京的茶楼去交谈。如：1912 年 5 月 26 日，“下午，同季市、诗荃至观音街青云阁啜茗”；1917 年 11 月 18 日，“午，同二弟往观音街食饵，又至青云阁玉壶春饮茗”；1918 年 12 月 22 日，“刘半农邀饮于东安市场中兴茶楼”；1924 年 4 月 3 日，“上午至中山公园四宜轩，遇玄同，遂茗谈至晚归”，等等。鲁迅对喝茶与人生有着独特的理解，并且善于借喝茶来剖析社会和人生中的弊病。鲁迅有一篇名为《喝茶》的文章，其中说道：“有好茶喝，会喝好茶，是一种‘清福’。不过要享这‘清福’，首先就须有工夫，其次是练习出来的特别感觉。”“喝好茶，是要用盖碗的，于是用盖碗，泡了之后，色清百味甘，微香而小苦，确是好茶叶。但这是须在静坐无为的时候的。”后来，鲁迅把这种品茶的“工夫”和“特别感觉”喻为一种文人墨客的娇气和精神的脆弱，而加以辛辣的嘲讽。鲁迅的《喝茶》，犹如一把解剖刀，剖析着那些无病呻吟的文人们。题为“喝茶”，而其茶却别有一番滋味。鲁迅心目中的茶，是一种追求真实自然的“粗茶淡饭”，绝不是斤斤计较于百般细腻的所谓“工夫”。而这种“茶味”，恰恰是茶饮在最高层次的体验：崇尚自然和质朴。

案例分析

1. 鲁迅笔下的茶，是一种茶外之茶，他所指的寓意什么？
2. 请列举 3 个名人与茶的故事，并进行分析。

第一节 茶

一、茶叶概述

（一）茶的起源

茶起源于我国古代，距今已有 5000 多年的历史，后传播于世界，中国是茶的故乡。我国第一部诗歌总集《诗经》中已有“茶”的记载：“采茶薪樗，食我农夫”“谁为茶苦，其甘如荠”。从晏子《春秋》等古籍可知，“茶”“木贾”“茗”都是指茶。唐代陆羽所著《茶经》为世界上第一部有关茶叶的专著，陆羽因此被人们推崇为研究茶叶的始祖。我国的茶叶产区辽阔，目前主要产区有浙江、安徽、湖南、四川、云南、福建、湖北、江西、贵州、广东、广西、江苏、陕西、河南、台湾等 10 多个省区。世界上主要的产茶国除我国以外还有印度、斯里兰卡、印度尼西亚、巴基斯坦、日本等。它们引种的茶树及茶树栽培的方法、茶叶加工的工艺和人们饮茶的习惯都是直接或间接地由我国传播过去的。茶，是中华民族的骄傲。

（二）茶叶的种类

茶叶按其加工制作方法和品质特色通常可分为红茶、绿茶、白茶、乌龙茶、花茶和紧压茶等。

（1）**红茶**。红茶是一种全发酵茶，经过萎凋、揉捻、发酵、干燥等工艺处理加工出的红茶，茶叶色泽乌黑，水色叶底红亮，有浓郁的水果香气和醇厚的滋味，既可单独冲饮，也可加牛奶、糖等调饮。名贵红茶品种有祁红、滇红、英红、川红、苏红等。

（2）**绿茶**。绿茶是不发酵的茶叶，鲜茶叶通过高温杀青可以保持原有的鲜绿色，冲泡后茶色碧绿清澈，香气清新芬芳，口味清香鲜醇。著名的绿茶品种有西湖龙井、太湖碧螺春、黄山毛峰、庐山云雾等。

（3）**白茶**。白茶是不发酵的茶叶，在加工过程中不揉捻，仅经过萎凋便将茶叶直接干燥。白茶茸毛多，色白如银，汤色素雅，初泡无色，毫香明显。著名品种有白毫银针、君山银针、白牡丹等。

图6－1 乌龙茶

（4）**乌龙茶**。乌龙茶是半发酵茶叶，又称青茶（图6－1）。乌龙茶的制作方法介于绿茶和红茶之间，制茶时，经轻度萎凋和局部发酵，然后采用绿茶的制作方法进行高温杀青，使茶叶形成七分绿、三分红，既保持了绿茶的清香，又有红茶的醇厚。叶片的中心为绿色，边缘为红色，故又称“绿叶红镶边”。乌龙茶以福建武夷岩茶为珍品，其次是铁观音、水仙。

（5）**花茶**。花茶又名片香，是以茉莉、珠兰、桂花、菊花等鲜花经干燥处理后，与不同种类的茶胚拌和窨制而成的再生茶。花茶使鲜花与嫩茶融在一起，相得益彰，香气扑鼻，回味无穷。

（6）**紧压茶**。紧压茶是用绿茶、红茶等作为原料，经过蒸软后压制成各种不同形状的再加工茶。如沱茶、砖茶、方茶、饼茶、圆茶、普洱茶等。

此外，还有各种品种的速溶茶、袋泡茶等新产品。

（三）茶叶生产工艺

1. 不发酵茶

不发酵茶就是通常人们所说的绿茶。此类茶叶的生产，以保持大自然绿叶的鲜味为原则，自然、清香、鲜醇而不带苦涩味。不发酵茶的生产比较单纯，品质也较易控制，其生产过程大致分为杀青、揉捻和干燥三个阶段。杀青是指将刚采下的新鲜茶叶，放进杀青机内高温炒热，以破坏茶里的酵素活动，中止茶叶发酵。揉捻是指将杀青后的茶叶送入揉捻机加压搓揉，使茶叶成型，破坏茶叶细胞组织，以便泡茶时容易出味（图6－2）。干燥是指以回旋方式用热风吹拂茶叶并反复翻转，使水分逐渐减少，直至茶叶完全干燥成为茶干。

图6－2　揉捻

2. 半发酵茶

半发酵茶的生产方法最繁复、最细腻，所生产出来的茶叶也最高级。半发酵茶依原料及发酵程度不同而有许多的变化。半发酵茶在杀青之前，加入萎凋过程，使其进行发酵，待发酵至一定程度后再行杀青，而后再经干燥、焙火等工艺过程才能完成。

3. 全发酵茶

全发酵茶的代表茶种为红茶。制作时将鲜茶叶直接放在温室槽架上进行氧化，不经过杀青过程，直接揉捻、发酵、干燥。经过制作，茶叶中原有苦涩味儿茶素已被氧化了90%左右，使红茶的滋味柔润适口，极易配成加味茶，广受欧美人士欢迎。

（四）茶叶内质特征

色、香、味、形是茶叶品质的综合反映。其中，色、香、味是以多种化学物质为基础而形成的，体现茶的内质特征。

1. 色

茶叶的色泽包括干茶颜色与茶汤颜色两部分。此外，在专业评审时，还包括泡茶后叶底的色泽。

绿茶的绿色主要是由叶绿素决定的。鲜叶经过热处理后，其所含的活性物质被破坏，抑制了各种化学成分的催化作用，使叶绿素固定下来，形成绿茶的绿色。绿茶的干茶色泽直接影响等级的确定，一般以润绿为标准。而绿茶茶汤的色泽，则以清澈的淡黄、微绿色为优。由于叶绿素不溶于水，因此，形成绿茶茶汤颜色的，主要是黄酮甙类物质。

红茶的茶汤颜色红艳明亮，这种红色来源于鲜叶中的茶多酚。红茶在制作过程中进行发酵时，鲜叶中的茶多酚被氧化，部分转化为茶红素、茶黄素和茶褐素，如发酵技术恰当，这3种成分比例协调，就可以获得优质红茶红艳明亮的汤色。而红茶干茶的颜色，一般为黑色，因此红茶在国际上通常被称为“Black Tea”。

乌龙茶干茶色泽青褐，茶汤色呈黄红。由于它是半发酵，鲜叶中茶多酚被氧化的量多少不同，所表现出的颜色也有差别。

2. 香

茶叶的香气是由多种芳香物质组成的，不同芳香物质的组合，形成了不同的香气。目前，对于香气方面的研究只处于了解香气的组成成分、组成变化和茶叶品质的关系，至于代表某种茶类香气的芳香物质的组成关系，还在研究之中。

3. 味

茶叶的滋味是以茶叶的化学成分为基础，由味觉器官反应形成的。茶叶中对味觉起作用的物质有茶多酚、氨基酸、咖啡因、原糖等。这些物质的物理和化学特性，使其在不同含量、不同组成比例时，表现出不同茶类的味觉特征。

绿茶茶汤中呈味物质的组合，感官上形成鲜醇的滋味。但在所有呈味物质中，没有一种显示“醇”的。醇是氨基酸与茶多酚含量比例协调的结果，鲜是氨基酸的反映，两者协调才会达到鲜醇的效果。

红茶的滋味以浓醇、鲜爽为主。在这里的鲜爽不像绿茶那样取决于氨基酸，而是取决于茶多酚及其氧化物——茶黄素。茶黄素是决定红茶的鲜爽味及茶汤亮度的主要成分。

4. 形

茶叶的外形有条形、针形、扁形、球形、片形等。这些都是在制茶过程中，通过一定的技术手段使茶叶成形后，再加以干燥，使形态固定下来。茶叶的外形主要是物理作用形成的。

二、茶叶的鉴定

（一）新茶与陈茶的鉴别

俗话说，“饮茶要新，饮酒要陈。”大部分品种的茶，新茶总是比陈茶品质好。因为茶叶在存放过程中，受环境中的温度、湿度、光照及其他气味的影响，其内含物质如酸类、醇类及维生素类，容易发生缓慢的氧化或缩合，从而使茶叶的有效成分含量增加或减少，进而导致茶叶的色、香、味、形失去原有的品质特色。

鉴别新茶与陈茶，可以从香气等几个方面来判断：

（1）**香气**。新茶气味清香、浓郁；陈茶香气低浊，甚至有霉味或无味。

（2）**色泽**。新茶看起来都较有光泽、清澈，而陈茶均较晦暗。如绿茶新茶青翠嫩绿，陈茶则黄绿、枯灰；红茶新茶乌润，而陈茶灰褐。

（3）**滋味**。新茶滋味醇厚、鲜爽，陈茶滋味淡薄、滞沌。

（二）真茶与假茶的鉴别

假茶是指用外形与茶树叶片相似的其他植物的嫩叶做成茶叶的样子来冒充茶叶，如柳树叶、冬青树叶等。真茶与假茶的判别，除专业机构可采用化学方法分析鉴定外，一般都依靠感官来辨识，方法如下：

（1）**闻香**。真茶具有茶类固有的清香，如果有青腥气或其他异味的则是假茶。

（2）**观色**。真茶的干茶或茶汤颜色与茶名相符，如绿茶翠绿，汤色淡黄微绿。红茶乌黑，汤色红艳明亮。假茶则颜色杂乱不协调，或与茶叶本色不一致。

（3）**看叶底**。虽然茶树的叶片大小、厚度、色泽不尽相同，但茶叶具有某些独特的形态特点，是其他植物所没有的。如茶树叶片背部叶脉凸起，主脉明显，侧脉相连，呈闭锁的网状系统；茶树叶片边缘锯齿为16～32对，上密下疏，近叶柄处无锯齿；茶树叶片在茎上的分布，呈螺旋状互生；茶树叶片背部的绒毛，基部短，多呈45°～90°弯曲。这些特点，都是茶树独有的。

根据以上几个方面的特点，真茶、假茶是可以鉴别出的，但真假原料混合加工的假茶，鉴别难度就较大，需专业机构鉴别。

（三）春茶、夏茶、秋茶和冬茶的鉴别

春茶是指当年5月底之前采制的茶叶；夏茶是指6月初至7月底采制的茶叶；而8月以后采制的为秋茶；10月以后采制的为冬茶。

以绿茶为例，春茶由于茶树休养生息一个冬天，新梢芽叶肥壮，色泽翠绿，叶质柔嫩，毫毛多，叶片中有效营养物质含量丰富。所以，春茶滋味鲜爽，香气浓烈，是全年品质最好的时期。在夏季，茶树生长迅速，叶片中可溶物质减少，咖啡因、花青素、茶多酚等苦涩味物质增加。因此，夏茶滋味较苦涩，香气也不如春茶浓。秋季的茶树已经过两次以上采摘，叶片内所含营养物质相对减少，叶色泛黄，大小不一，滋味、香气都较平淡。

从干茶来看，春茶茶芽肥壮，毫毛多，香气鲜浓，条索紧结。春红茶乌润，春绿茶翠绿。夏茶条索松散，叶片宽大，香气较粗老。夏红茶红润，夏绿茶灰暗。秋茶则叶片轻薄，大小不一，香气平和。秋红茶暗红，秋绿茶黄绿。

从湿茶看，春茶冲泡时茶叶下沉快，香气浓烈持久，滋味鲜醇，叶底为柔软嫩芽。春绿茶汤色绿中透黄，春红茶汤色红艳。夏茶冲饮时茶叶下沉慢，香气欠高，滋味苦涩，叶底较粗硬。夏绿茶汤色青绿，夏红茶汤色红暗。秋茶则汤色暗淡滋味淡薄，香气平和，叶底大小不等。

（四）窨花茶与拌花茶的鉴别

花茶是利用茶叶中的某些内含物质具有吸收异味的特点，使用茶原料和鲜花窨制而成的。只有经过这一程序的窨制，茶叶才能充分吸收花香，花茶的香气才能纯鲜持久。而一些投机商人，只是在劣等茶叶中象征性地拌一些花干，冒充花茶，通常称这种茶为拌花茶。

真正的窨花茶制作完成后，已经失去花香的花干要充分剔除，越是高级花茶越是不能留下花干，但是窨过的茶叶留有浓郁的花香，香气鲜纯，冲泡多次仍可闻到。而拌花茶常常会有意夹杂花干做点缀，闻起来只有茶味，没有花香，冲泡时也只是第一泡时有些低浊的香气。还有一些拌花茶会喷入化学香精，但这种香气有别于天然花香的清鲜，也只能维持很短时间。

（五）高山茶与平地茶的鉴别

由于高山地区的生态环境适宜茶树生长，因此，高山茶芽叶肥壮，颜色绿，茸毛多，茶叶条索紧结，白毫显露，香气浓郁，滋味醇厚且耐冲泡。而平地茶芽叶较小，质地轻薄，叶色黄绿，茶叶香气略低，滋味略淡。

三、茶叶的保存方法

如果茶叶无法在几天之内用完，那么，贮存就显得特别重要。若想常有新鲜的好茶喝，使茶叶在贮存期间保持固有的颜色、香味、形状，就必须让茶叶处于充分干燥的状态下，绝对不能与带有异味的物品混放，并避免与空气接触和受光线照射，不要受到挤压、撞击。

一般情况下，有以下几种方法可供选择：第一，如果用量较大，则须准备一台专门贮存茶叶的小型冰箱，设定温度在 −5℃ 以下，将拆封的封口紧闭好，放入冰箱内；第二，用整理干净的热水瓶，将拆封的茶叶倒入瓶内，塞紧塞子存放；第三，用干燥箱贮存茶叶；第四，用陶罐存放茶叶，在罐内底部放置双层棉纸，罐口放置二层棉布，而后压上盖子；第五，用有双层盖子的罐子贮存，以纸罐较好，罐内先摆一层棉纸或牛皮纸，再盖紧盖子。

四、茶的制备

一杯好茶，除要求茶本身的品质外，还要考虑冲泡茶所用水的水质、茶具的选用、茶的用量、冲泡水温及冲泡的时间等因素。

（一）茶具

茶具种类繁多、各具特色，在冲茶时要根据茶的种类和饮茶习惯来选用。

茶具以瓷器最多。瓷器茶具传热不快，保温适中，对茶不会发生化学反应，沏茶能获得较好的色香味，而且造型美观、装饰精巧，具有一定的艺术欣赏价值。

玻璃茶具质地透明，晶莹光泽，形态各异，用途广泛。用玻璃茶具冲泡茶，茶汤的鲜艳色泽、茶叶的细嫩翠软、茶叶在整个冲泡过程中的上下流动、叶片的逐渐舒展等，一览无余，可说是一种动态的艺术欣赏。

陶器茶具中最好的当数紫砂茶具，其造型雅致，色泽古朴，用来沏茶，香味醇和，汤色澄清，保温性能好，即使夏天茶汤也不易变质。

（1）**茶壶**。茶壶是茶具的主体，以不上釉的陶制品为上，瓷和玻璃次之。陶器上有许多肉眼看不见的细小气孔，不但能透气，而且能吸收茶香，每回泡茶时，能将平日吸收的精华散发出来，更添香气。为了去除新壶的土腥味，一种方法是在使用前先在壶中装满水，放到装有冷水的锅里用文火煮，等锅中水沸腾后将茶叶放到锅中，与壶一起煮半小时即可去味；另一种方法是在壶中泡浓茶，放一两天再倒掉，反复两三次后，用棉布擦干净。

（2）**茶杯**。茶杯有两种，一是闻香杯，二是饮用杯。闻香杯较瘦高，是用来品闻茶汤香气用的。闻香完毕后，再倒入饮用杯。饮用杯宜浅不宜深，让饮茶者不须仰头即可将茶饮尽。对茶杯的要求是内部以素瓷为宜，浅色的杯底可以让饮用者清楚地判断茶汤色泽。大多数茶可用瓷壶泡、瓷杯饮。乌龙茶多用紫砂茶具。工夫红茶和红碎茶，一般用瓷壶或紫砂壶冲泡，然后倒入杯中饮用。

（3）**茶盘**。茶盘是用来放茶杯的。奉茶时用茶盘端出，让客人有被重视的感觉。

（4）**茶托**。茶托放置在茶杯底下，每个茶杯配有一个茶托（图6－3）。

（5）**茶船**。茶船为装盛茶杯和茶壶的器皿，主要功能是用来烫杯、烫壶，使其保持适当的温度（图6－4）。此外，它也可防止冲水时将水溅到桌上。

（6）**茶巾**。茶巾用来吸茶壶与茶杯外的水滴和茶水。另外，将茶壶从茶船上提取倒茶时，先要将壶底在茶巾上蘸一下，以吸干壶底水分，避免将壶底水滴滴落在客人身上或桌面上。

图 6-3　茶托

图 6-4　茶船

（二）茶叶用量

茶叶用量是指每杯或每壶放适当分量的茶叶。茶叶用量的多少，关键是掌握茶与水的比例，一般要求茶与水的比例为 1：50 或 1：60，即每杯放 3 克干茶加沸水 150～180 毫升。乌龙茶的茶叶用量为壶容积的 1/2 以上。

（三）泡茶用水

泡茶用水要求水质甘而洁、活而清鲜，一般都用天然水。天然水按来源可分为泉水、溪水、江水、湖水、井水、雨水、雪水等。在天然水中，泉水比较清澈，杂质少，透明度高，污染小，质洁味甘，用来泡茶最为适宜。

在选择泡茶用水时，必须掌握水的硬度与茶汤品质的关系。当水的 pH 值大于 5 时，汤色加深；pH 值达到 7 时，茶黄素就倾向于自动氧化而损失。硬水中含有较多的钙、镁离子和矿物质，茶叶有效成分的溶解度低，故茶味淡。软水有利于茶叶中有效成分的溶解，故茶味浓。泡茶用水应选择软水，这样冲泡出来的茶才会汤色清澈明亮，香气高雅馥郁，滋味醇正。

（四）泡茶水温

泡茶水温的掌握，主要据泡饮什么茶而定。高级绿茶，特别是细嫩的名茶，茶叶愈嫩、愈绿，冲泡水温愈低，一般以 80℃左右为宜。这时泡出的茶嫩绿、明亮、滋味鲜美。泡饮各种花茶、红茶和普通的绿茶，则要用 95℃的沸水冲泡。如水温低，则渗透性差，茶味淡薄。

泡饮乌龙茶，每次用茶量较多，而且茶叶粗老，必须用 100℃的沸水冲泡。有时为了保持及提高水温，还要在冲泡前用开水烫热茶具，冲泡后还要在壶外淋热水。

泡茶烧水，不要文火慢煮，要大火急沸，以刚煮沸起泡为宜。用这样的水泡茶，茶汤香、味道佳。

（五）冲泡时间和次数

冲泡红茶、绿茶，将茶叶放入杯中后，先倒入少量开水，以浸没茶叶为度，加盖 3 分钟左右，再加开水到七八成满，便可趁热饮用。当喝到杯中尚余 1/3 左右茶汤时，再加开水，这样可使前后茶的浓度比较均匀。

一般茶叶泡第一次时，其可溶性物质能浸出 50% ~55%，泡第二次，能溶出 30% 左右，泡第三次能浸出 10% 左右，泡第四次就所剩无几了，所以通常以冲泡三次为宜。乌龙茶宜用小型紫砂壶。在用茶量较多的情况下，第一泡 1 分钟就要倒出，第二泡 1 分 15 秒，第三泡 1 分 40 秒，第四泡 2 分 15 秒，这样前后茶汤浓度才会比较均匀。

另外，泡茶水温的高低和用茶叶数量的多少，直接影响泡茶时间的长短。水温低、茶叶少，冲泡时间宜长；水温高、茶叶少，冲泡时间宜短。

（六）冲泡程序

泡茶的程序和礼仪是茶艺形式很重要的一部分，也称“行茶法”。行茶法分为三个阶段，即准备、操作、结束。准备阶段要求在客人光临前完成所有准备工作；操作阶段是指整个泡茶过程；结束阶段是操作完成后的收拾工作。

不同的茶叶有不同的冲泡方法和程序。在众多的茶叶花色品种中，每种茶的特点都不同，或重香，或重味，或重形，或重色，或兼而有之。这就要求泡茶有不同的侧重点，并采取相应的方法，以发挥茶叶本身的特点。但不论泡茶技艺如何变化，泡茶程序是都相同的。

（1）**清具**。用热水冲淋茶壶，包括壶嘴、壶盖，同时烫淋茶杯。随即将茶壶、茶杯沥干。其目的是提高茶具温度，使茶叶冲泡后温度相对稳定，不使温度过快下降，这对较粗老茶叶的冲泡尤为重要。

（2）**置茶**。按茶壶或茶杯的大小，将一定数量的茶叶放入壶（杯）。如果用盖碗泡茶，那么泡好后可直接饮用。

（3）**冲泡**。置茶入壶（杯）后，按照茶与水的比例，将开水冲入壶中，冲水时，除乌龙茶冲水须溢出壶口、壶嘴外，通常以冲水八分满为宜。冲水在民间常用“凤凰三点头”之法，即将水壶下倾上提三次，其意一是表示主人向宾客点头，欢迎致意；二是可使茶叶和茶水上下翻动，使茶汤浓度一致。

五、茶叶的功效

茶叶中含有蛋白质、糖类、维生素、矿物质、多酚类、咖啡因等丰富的营养成分。因此，茶具有一定的保健和药用价值。适量饮茶，有兴奋中枢神经、解除困倦疲劳、促进血液循环、防止血管疾病、帮助消化、去油解腻、生津止渴、防暑降温、清热利尿、解毒消炎、减轻辐射、预防癌症、养神修心、陶冶心性等功效。

六、中国名茶

（一）西湖龙井

简介：西湖龙井简称龙井。因“淡妆浓抹总相宜”的西子湖和“龙泓井”圣水而得名，是我国著名绿茶之一。龙井茶产于浙江省杭州市西湖西南龙井村四周的山区。茶园西北有白云山和天竺山为屏障，阻挡冬季寒风的侵袭，东南有九溪十八河，河谷深广。在春茶吐芽时节，这一地区常细雨蒙蒙，云雾缭绕，山坡溪涧之间的茶园常以云雾为伴，独享雨露滋润。《四时幽赏录》有“西湖之泉，以虎跑为最，两山之茶，以龙井为佳”的记载。历史上因产地和炒制技术的不同有狮（狮峰）、龙（龙井）、云（五云山）、虎（虎跑）、梅（梅家坞）等字号之别，其中以“狮峰龙井”为最佳。

工艺：西湖龙井以细嫩的一芽一二叶为原料，经摊放、青锅、摊凉和辉锅制成。炒制手法有：抖、带、挤、甩、拓、扣、压、磨八大手法，在操作过程中变化多端。龙井茶的外形扁平光滑，色泽翠绿，汤色碧绿明亮，清香，滋味甘醇，有四绝之美誉：一色翠，色泽翠绿；二香郁，香气浓郁；三味甘，甘醇爽口；四形美，形如雀舌。龙井茶现在分为11级，即特级、一至十级，春茶品质最好，特级和一级龙井茶多为春茶期采制，产量约占全年产量的50%。

特点：龙井茶的品质特点为色绿光润，形似碗钉，藏锋不露，匀直扁平，香高隽永，味爽鲜醇，汤澄碧翠，芽叶柔嫩。产品中因产地之别，品质风格略有不同。狮峰所产色泽较黄绿，如糙米色，香高持久，味醇厚；梅家坞所产，形似碗钉，色泽较绿润，味鲜爽口。龙井茶的维生素C、氨基酸等成分含量多，营养丰富，有生津止渴、提神醒脑、消食化腻、消炎解毒的功效。

（二）信阳毛尖

简介：信阳毛尖是我国著名的绿茶之一，亦称“豫毛峰”，产于河南信阳西南山一带。历史上信阳毛尖以五云（车云、集云、云雾、天云、连云），一寨（何家寨），一寺（灵山寺）等名山头的茶叶最为驰名。信阳市古称义阳，产茶历史悠久，唐代陆羽《茶经》中，把信阳划归淮南茶区。唐《地理志》载：“义阳上贡品有茶。”北宋苏东坡赞道：“淮南茶，信阳第一。”信阳毛尖在清代已被列为贡茶。

工艺：采摘细嫩的一芽一二叶，经摊青、生锅、熟锅、初烘、摊凉、复烘制成。谷雨前的称“雪芽”，谷雨后的称“翠峰”，再后的称“翠绿”。

特点：信阳毛尖外形细、圆、紧、直，多白毫，内质清香，汤绿味浓，色绿光润。

（三）黄山毛峰

简介：黄山毛峰属绿茶类，产于素以奇峰、劲松、云海、怪石四绝而闻名于世的安徽黄山市黄山风景区和毗邻的汤口、充川、岗村、芳村、扬村、长潭一带（图6-5）。这里气候温和，雨量充沛，山高谷深，丛林密布，云雾迷漫，湿度大。茶树多生长在高山坡上、山坞深谷之中，四周树林遮阴，溪涧纵横滋润，土层深厚，质地疏松，透水性好，保水力强，含有丰富的有机物，适宜茶树生长。

工艺：黄山毛峰经杀青、揉捻、烘焙制成。分特级、一至三级。特级黄山毛峰又分为上、中、下三等。特级黄山毛峰堪称中国毛峰茶之极品，形似雀舌，匀齐壮实，峰显毫露。其中“鱼叶金黄”和“色如象芽”是特级黄山毛峰外形与其他毛峰不同的两大明显特色。

图6-5　黄山毛峰

特点：黄山毛峰以香清高、味鲜醇、芽叶细嫩多毫、色泽黄绿光润、汤色明澈为特质。冲泡细嫩的毛峰茶，芽叶竖直悬浮汤中，继之徐徐下沉，芽挺叶嫩，黄绿鲜艳，颇有观赏之趣。

（四）碧螺春

简介：碧螺春为绿茶中珍品，历史悠久，清代康熙年间，即已成为宫廷贡茶（图6-6）。碧螺春产于江苏省太湖附近，茶区气候温和，土质疏松肥沃。茶树与枇杷、杨梅、柑橘等果树相间种植。果树既可为茶树挡风雨，遮骄阳，又能使茶树、果树根脉相连，枝叶相袭，茶吸果香，花熏茶味，形成了碧螺春独特的风味。

图6-6　碧螺春

工艺：碧螺春茶在春分、谷雨时节，采摘一芽一叶初展，此时叶的背面密生茸毛，肉眼可见，所采的鲜叶越幼嫩，制成干茶后白毫越多，品质越佳。碧螺春经摊青、杀青、炒揉、搓团、焙干制成，制茶工序全部由手工操作。

特点：碧螺春茶极其细嫩，1千克茶有茶芽13万个左右。“铜丝条、螺旋形、浑身毛、花香果味、鲜爽生津”是碧螺春茶的真实写照。碧螺春冲泡时，要先将沸水倒入杯中，稍后再投茶叶，让茶叶徐徐下沉。饮茶者可在瞬息之间，领略杯中雪花飞舞、芽叶舒展、清香袭人的奇观神韵，真是赏心悦目，妙不可言。

（五）祁门红茶

简介：祁门红茶，是红茶中的佼佼者，产于黄山西南的安徽省祁门、东至、贵池、石台等地。产品以祁门的利口、闪里、平里一带最优，故统称“祁红”。茶园多分布于山坡与丘陵地带，那里峰峦起伏，山势陡峻，林木丰茂，气候温和，无酷暑严寒，空气湿润，雨量充沛，土质肥厚，结构疏松，透水透气及保水性强，酸度适中，特别是春夏季节，雨雾弥漫，光照适度，非常适合茶树生长。

工艺：采摘一芽二叶至一芽三叶，经萎凋、揉捻、发酵、烘焙、精制、毛筛、抖筛、分筛、紧门、撩筛、切断、风选、拣剔、补火、清风、拼合制成。祁门红茶分一至七级。

特点：条索紧细苗条，香气清新持久，滋味浓醇鲜爽。浓郁的玫瑰香是祁红特有的品质风格，被誉为“祁门香”。祁门红茶加入牛奶、糖调饮也非常可口，汤茶呈粉红色，香味不减，含有多种营养成分。

（六）安溪铁观音

简介：安溪铁观音属青茶（乌龙茶）之极品，有200余年历史，产于福建省安溪县。茶区群山环抱，峰峦绵延，常年云雾弥漫，属亚热带季风气候，土壤大部分为酸性红壤，土层深厚，有机化合物含量丰富。

工艺：采摘无性系铁观音品种新芽二三叶，经晾青、晒青、做青、炒青、揉捻、初焙，包揉、复焙、复包揉、低温慢烤、簸拣、烘焙、摊凉制成。

特点：铁观音茶香馥郁持久，味醇韵厚爽口，齿颊留香回甘，具有独特的香味。茶叶质厚坚实，有“沉重似铁”之喻。干茶外形枝叶连理，圆结成球状，色泽“沙绿翠润”，有“青蒂绿腹、红镶边、三节色”之称。汤色金黄澄鲜，以小壶泡饮工夫茶，香高味厚，耐泡。

（七）白毫银针

简介：白毫银针简称白毫，又称银针，因单芽遍披白毫，色如白银，纤细如银针，所以得此高雅之名。白毫银针产于福建省福鼎市，地处中亚热带，境内丘陵起伏，常年气候温和湿润，土质肥沃。

工艺：以春茶头一二轮顶芽为原料，取嫩梢一芽一叶，将真叶与鱼叶轻轻剥离，将茶芽匀摊水筛上晒晾至八九成干，再以焙笼文火焙干，筛拣去杂制成，趁热装箱。

特点：福鼎银针色白，富光泽，汤色浅杏黄，味清鲜爽口。

（八）君山银针

简介：君山银针为黄茶类珍品，产于湖南省岳阳市洞庭湖君山岛。君山位于西洞庭湖中，如一块晶莹的绿宝石，镶嵌在波光潋滟的碧湖之中。古往今来，洞庭君山就是一处令人神往的地方，许多名人雅士慕胜登临。古老而富有神奇色彩的君山物产丰富，最为人们所乐道的就是君山银针。从古至今，以其色、香、味、奇称绝，闻名遐迩，饮誉中外。总面积不到1平方公里的君山岛，土质肥沃，气候温和，温度适宜，茶树遍布楼台亭阁之间。君山产茶历史悠久，古时君山茶年产仅1千克多，“君不可一日无茶”的乾隆下江南时，品尝君山茶后，即下旨年贡9千克。君山银针，现在年产量也不多。

工艺：君山银针每年清明前三四天开采鲜叶，用春茶的首摘单一茶尖制作。制1千克银针茶约需5万个茶芽。君山银针制作工艺精湛，对外形则不作修饰，以保持其原状，只从色、香、味三个方面下功夫。

特点：香气清高，味醇甘爽，汤黄澄亮，芽壮多毫，条直匀齐，着淡黄色茸毫。

第二节 咖 啡

一、咖啡的起源

咖啡是热带的常绿灌木，可生产一种像草莓似的豆子，一年成熟3~4次。它的名字是由阿拉伯文中Gah-wah或Kaffa衍生而来。

咖啡的由来一直有着一个很有趣的传说。传说在6世纪时，一个阿拉伯人在埃塞俄比亚草原牧羊。有一天，羊吃了一种野生的红色果实后，突然变得很兴奋，又蹦又跳的。这引起了阿拉伯人的注意，而这个红色的果实就是咖啡果实。

历史上最早介绍并记载咖啡的文献，是在980~1038年间，由阿拉伯哲学家阿比沙纳所著。在1470~1475年间，由于麦加的当地居民都有喝咖啡的习惯，影响了前往朝圣的人。这些人将咖啡带回自己的国家，使得咖啡在土耳其、叙利亚、埃及等国逐渐流传开来。全世界第一家咖啡专门店于1544年在伊斯坦布尔诞生，这也是现代咖啡厅的鼻祖。之后，在1617年，咖啡传到了意大利，接着传入英国、法国、德国等国家。

二、咖啡的品种

咖啡是一种喜爱高温潮湿的热带性植物，适合栽种在南、北回归线之间的地区，因此人们又将这个区域称为“咖啡带”。一般来说，咖啡大多是栽种在山坡地上。咖啡从播种、生长到结果，需要四五年的时间，从开花到果实成熟则需要6～8个月的时间。由于咖啡果实成熟时是鲜红色，而且形状与樱桃相似，所以又被称为“咖啡樱桃”。咖啡常见的品种有以下几种：

（1）**阿拉比卡**。阿拉比卡品种的咖啡树比较能够适应不同的土壤与气候，其咖啡豆不论是在香味还是品质上都比其他品种优秀。阿拉比卡不但历史最悠久，而且栽培量最大，产量占全球咖啡产量的80%。主要的栽培地区有巴西、哥伦比亚、危地马拉、埃塞俄比亚、牙买加等。阿拉比卡咖啡豆的外形是较细长的椭圆形，味道偏酸。

（2）**罗布斯塔**。罗布斯塔咖啡树大多分布在印度尼西亚、爪哇岛等热带地区。罗布斯塔咖啡树能耐干旱及虫害，但咖啡豆的品质较差，大多用来制造速溶咖啡。罗布斯塔咖啡豆近乎圆形，味道偏苦。

（3）**利比利卡**。利比利卡咖啡树因为很容易受病虫害的威胁，所以产量很少，而且豆子的口味也太酸，因此大多只供研究使用。

三、咖啡豆

（一）咖啡豆的种类

由于栽培环境的纬度、气候及土壤等因素的不同，咖啡豆的风味产生了不同的变化。一般常见的咖啡豆种类有以下几种：

（1）**蓝山咖啡豆**。蓝山咖啡豆是咖啡豆中的极品，所冲泡出的咖啡香郁醇厚，口感非常细腻。蓝山咖啡豆主要生产在牙买加的高山上，由于产量有限，因此价格比其他咖啡豆昂贵，其主要特征是豆子比其他种类的咖啡豆要大。

（2）**曼特宁咖啡豆**。曼特宁咖啡豆的风味香浓，口感苦醇，但是不带酸味。由于口味很独特，所以适合单品饮用，也是调配综合咖啡的理想种类。曼特宁咖啡豆主要产于印度尼西亚的苏门答腊等地。

（3）**摩卡咖啡豆**。摩卡咖啡豆的风味独特，甘酸中带有巧克力的味道，适合单品饮用，也是调配综合咖啡的理想种类。目前以也门生产的摩卡咖啡豆品质最好，其次是埃塞俄比亚生产的。

（4）**牙买加咖啡豆**。牙买加咖啡豆仅次于蓝山咖啡豆，风味清香优雅，口感醇厚，甘中带酸，味道独树一帜。

（5）**哥伦比亚咖啡豆**。哥伦比亚咖啡豆香醇厚实，带点微酸但是口感强烈，并有奇特的地瓜皮风味，品质与香味稳定，因此可用来调配综合咖啡或加强其他咖啡的香味。

（6）**巴西圣多斯咖啡豆**。巴西圣多斯咖啡豆香味温和，口感略微甘苦，属于中性咖啡豆，是调配综合咖啡不可缺少的咖啡豆种类。

（7）**危地马拉咖啡豆**。危地马拉咖啡豆芳香甘醇，口味微酸，属于中性咖啡豆，与哥伦比亚咖啡豆的风味极为相似，也是调配综合咖啡理想的咖啡豆种类。

（8）**综合咖啡豆**。综合咖啡豆是指两种以上的，依照一定的比例混合而成的咖啡豆。由于综合咖啡豆可撷取不同咖啡豆的特点于一身，因此，经过精心调配也可以制作出品质极佳的咖啡。

（二）咖啡豆的鲜度及质量鉴别

（1）**闻**。新鲜的咖啡豆闻之有浓香；反之则无味或气味不佳。

（2）**看**。好的咖啡豆形状完整、个头丰硕；反之则形状残缺不一。

（3）**压**。新鲜的咖啡豆压之鲜脆，裂开时有香味飘出。

（4）**色**。深色带黑的咖啡豆，煮出来的咖啡具有苦味；颜色较黄的咖啡豆，煮出来的咖啡带酸味。

四、咖啡豆的烘焙

咖啡豆必须经过烘焙的过程，才能够呈现出各自独有的芳香、味道与色泽。烘焙咖啡豆简单地说就是炒生咖啡豆，而用来炒的生咖啡豆实际上只是咖啡果实中的种子部分，因此，必须先将果皮及果肉去除，才能得到想要的生咖啡豆（图6－7）。

生咖啡豆是淡绿色的，经过烘焙加热后，豆子的颜色会产生变化。烘焙的时间长，咖啡豆的颜色就会由浅褐色转变成深褐色，甚至变成黑褐色。咖啡豆烘焙的方式与中国“爆米花”的方法类似，首先必须将生咖啡豆完全加热，让豆子弹跳起来，当热度完全渗透到咖啡豆内部，咖啡豆充分膨胀后，便会散发出特有的香味。

咖啡豆的烘焙熟度大致可分为浅焙、中焙及深焙三种。至于采用哪一种烘焙度，必须依据咖啡豆的种类、特性及用途来决定。一般来说，浅焙的咖啡豆，豆子的颜色较浅，味道较酸；中焙的咖啡豆，豆子颜色比浅焙豆略深，但酸味与苦味适中，恰到好处；深焙的咖啡豆，由于烘焙时间较长，因此豆子的颜色最深，而味道则以浓苦为主。

图6－7　咖啡豆的烘焙

五、咖啡豆的储存

咖啡豆在储存时应注意以下几点:

(1) 咖啡豆应放在密封罐或密封袋中，以保持新鲜。

(2) 将咖啡豆储存在通风良好的储藏室中。

(3) 咖啡豆的保存期限约为3个月，而咖啡粉只能保存1~2星期。

(4) 如果是研磨好的咖啡，要使用密闭或真空包装，以确保咖啡油(Coffee oil)不会消散，风味及强度不会丧失。如果咖啡不是很快就要用到，可以保存在冰箱中。

(5) 不要靠近有强烈味道的食物。

(6) 尽可能只在需要时，才将咖啡豆研磨成咖啡粉。咖啡与胡椒一样，在研磨后很快将丧失其芳香。使用刚磨好的咖啡冲泡，永远都是最好的。

六、咖啡的煮泡法

一般餐厅或咖啡专卖店最常使用的咖啡煮泡法可分为虹吸式、过滤式及蒸汽加压式三种。

(一) 虹吸式

虹吸式煮泡法主要是利用蒸汽压力造成虹吸作用来煮泡咖啡。因为它可以依据不同咖啡豆的熟度及研磨的粗细来控制煮咖啡的时间，还可以控制咖啡的口感与色泽，所以是三种煮泡方式中最需具备专业技巧的一种。

虹吸式煮泡设备包括过滤壶、蒸馏壶、过滤器、酒精灯及搅拌棒(图6-8)。虹吸式煮泡咖啡的操作程序为:

(1) 先将过滤器装在过滤壶中，并将过滤器上的弹簧钩钩牢在过滤壶上。

图6-8 虹吸式煮泡法

(2) 往蒸馏壶中注入适量的水。

(3) 点燃酒精灯开始煮水。

(4) 将研磨好的咖啡粉倒入过滤壶中，再轻轻地插入蒸馏壶中，但不要扣紧。

(5) 水煮沸后，将过滤壶与蒸馏壶相互扣紧，产生虹吸作用，使蒸馏壶中的水往上升，升到过滤壶中与咖啡粉混合。

(6) 适时使用搅拌棒轻轻地搅拌，让水与咖啡粉充分混合。

（7）四五十秒后，将酒精灯移开熄火。

（8）酒精灯移开后，蒸馏壶的压力降低，过滤壶中的咖啡液就会经过过滤器回流到蒸馏壶中。

由于咖啡豆的熟度与研磨的粗细都会影响咖啡煮泡的时间，因此必须掌握煮泡咖啡所需要的时间，以充分展现出不同咖啡的特色。

（二）过滤式

过滤式咖啡主要是利用滤纸或滤网来过滤咖啡液。而根据所使用的器具又可分为“日式过滤咖啡”与“美式过滤咖啡”两种。

1. 日式过滤咖啡

日式过滤咖啡是用水壶直接将水冲进咖啡粉中，经过滤纸过滤后得到的咖啡，所以又称作冲泡式咖啡。所用器具包括漏斗形上杯座（座底有三个小洞）、咖啡壶、滤纸及水壶。所使用的滤纸有101、102及103三种型号，可配合不同大小的上杯座使用。日式过滤咖啡操作程序为：

（1）先将滤纸放入上杯座中固定好，并用水略微蘸湿。

（2）将研磨好的咖啡粉倒入上杯座中。

（3）将上杯座与咖啡壶结合并摆放好。

（4）用水壶直接将沸水由外往内以画圈的方式浇入，务必让所有的咖啡粉都能与沸水接触。

（5）咖啡液经由滤纸由上杯座下的小洞滴入咖啡壶中，滴入完毕即可饮用。

2. 美式过滤咖啡

美式过滤咖啡主要是利用电动咖啡机自动冲泡过滤而成（图6-9）。美式过滤咖啡可以事先冲泡保温备用，操作简单方便，颇受大众的喜爱。

所用煮泡器具是电动咖啡机。咖啡机有自动煮水、自动冲泡过滤及保温等功能，并附有装盛咖啡液的咖啡壶。机器所使用的过滤装置大多是可以重复使用的滤网。美式过滤咖啡的操作程序为：

图6-9 过滤式咖啡

（1）往盛水器中注入适量的用水。

（2）将咖啡豆研磨成粉，倒入滤网中。

（3）将盖子盖上，开启电源，机器便开始煮水。

（4）水沸腾后会自动滴入滤网中，与咖啡粉混合后，再滴入咖啡壶内。

3. **注意事项**

（1） 煮好的咖啡由于处在保温的状态下，因此不宜放置太久，否则咖啡会变质、变酸。

（2） 不宜使用深焙的咖啡豆，否则会使咖啡产生焦苦味。

（三） 蒸汽加压式

蒸汽加压式咖啡主要是利用蒸汽加压的原理，让热水经过咖啡粉后再喷至壶中形成咖啡液。由于这种方式所煮出来的咖啡浓度较高，因此又被称为浓缩式咖啡，就是一般大众所熟知的 express 咖啡。

1. **煮泡器具**

蒸汽加压式的咖啡煮泡器具为蒸汽咖啡壶一套（图6－10）。主要包括上壶、下壶、漏斗杯等三大部分，此外还附有一个垫片，垫片用来压实咖啡粉。

图 6－10　蒸汽加压式

2. **主要操作程序**

（1） 在下壶中注入适量的水。

（2） 将研磨好的咖啡粉倒入漏斗杯中，并用垫片压紧，放进下壶中。

（3） 将上下两壶扣紧。

（4） 将整组咖啡壶移到热源上加热，当下壶的水煮沸时，蒸汽会先经过咖啡粉后再冲至上壶，并喷出咖啡液。

（5） 当上壶开始有蒸汽溢出时，表示咖啡已煮泡完。

3. **注意事项**

（1） 咖啡粉一定要压紧，否则水蒸气经过咖啡粉的时间太短，会使煮出来的咖啡浓度不足。

（2） 若煮泡一人份的浓缩咖啡时，因为咖啡粉不能放满漏斗杯，可将垫片放在咖啡粉上不取出，以确保咖啡粉的紧实。

（3） 由于浓缩咖啡强调的是咖啡的浓厚风味，所以应该使用深焙的咖啡豆。

七、咖啡对人体的影响

咖啡中的咖啡因会刺激大脑皮质，消除睡意，增加感觉与思考力，因此可提神醒脑，可做调整心脏机能的强心剂。咖啡具有扩张肾脏血管、开胃助食、利尿除湿、活血化瘀等作用。此外，咖啡在防止放射线伤害、预防胆结石、预防心脏病、保护心血管方面都有积极的作用。但若摄取过多的咖啡因，则容易发生耳鸣、心肌亢进（心脏跳动迅速、脉搏次数增加）及脉搏跳动不均等消极作用，所以不应过多饮用咖啡。

适量饮用咖啡有利于人体健康。通常人体每天可以消耗500～600毫克的咖啡因，约等于5杯咖啡。但若超过400毫克（4杯）的咖啡因时，就会产生消极作用：情绪变坏，烦躁，会去侵犯别人，闹事。据专家研究，过量饮用咖啡，会导致工作能力和工作效率降低，理解能力下降，难以完成复杂的工作。此外，还容易引发心脏病等各种疾病，对女性最直接的影响是降低受孕概率。

有脑血管瘤、心脏病、皮肤病、胃病、糖尿病、高血压、动脉硬化等病症的人以及已经怀孕或可能怀孕的妇女，最好少饮或不饮咖啡。

相关链接 搜索

饮料与健康

经研究，不少“热门饮料”都不适合男性。

1. 茶，特别是工夫茶。这是因为茶中含有茶胺等成分，这些成分容易使前列腺兴奋，促使前列腺血管敏感活跃，从而容易引发或复发前列腺炎。一般而言，越浓的茶致前列腺发炎率越高。

2. 咖啡。咖啡中含有容易使前列腺兴奋的成分，容易造成前列腺肿大。喝多了咖啡的男性通常会有排尿不顺畅的感觉。

3. 碳酸饮料。它被国外营养专家列入“垃圾食品”名单。充气的碳酸饮料中除蔗糖外，很少有其他营养成分。碳酸饮料中大多添加碳酸、柠檬酸、乳酸成分，会使人体体液处于一种酸性状态，而人体本身体液处于碱性状态，因此实际上碳酸饮料并不利于人体疲劳的消除，也容易对男性精液中的碱性状态产生干扰。研究还表明，碳酸饮料中的酸性物质、添加剂、防腐剂和咖啡因共同形成的作用，会在一定程度上降低性能力，限制精子的活力。

4. 酒。酒精容易引起性腺中毒，损害生精细胞，抑制男性性激素的合成，使雄性激素减少，导致性功能下降甚至阳痿。

第三节 无咖啡因饮料

一、碳酸饮料

碳酸饮料是将二氧化碳气体与不同的香料、水分、糖浆及色素结合在一起所形成的气泡式饮料。

（一）碳酸饮料的种类

碳酸饮料是含碳酸成分的饮料的总称。其优点是在饮料中充入二氧化碳气体，饮用时泡沫多而细腻，外观舒服，饮后爽口清凉。碳酸饮料可分为苏打型、水果味型、果汁型、可乐型等类别。

（1）**苏打型**。苏打型碳酸饮料是饮用水经加工压入二氧化碳的饮料，饮料中不含有人工合成香料，不使用任何天然香料。常见的有苏打水、俱乐部苏打水以及矿泉水碳酸饮料。

（2）**水果味型**。水果味型碳酸饮料主要是依靠食用香精和着色剂，赋予一定水果香味和色泽的汽水。这类汽水通常色泽鲜艳、价格低廉，不含营养素，一般具有清凉解渴作用。其品种繁多，产量也很大。人们几乎可以用不同的食用香精和着色剂来模仿任何水果的香味和色泽，制造出各种果味汽水，如柠檬汽水、奎宁水（tonic water）、姜汁汽水等。

（3）**果汁型**。果汁型碳酸饮料是在原料中添加了一定量的新鲜果汁而制成的碳酸汽水。它除了具有水果所特有的色、香、味之外，还含有一定的营养素，有利于身体健康。当前，在饮料向营养型发展的趋势中，果汁汽水的生产量也大为增加，越来越受到人们的欢迎。一般果汁汽水的果汁含量大于为2.5%。

（4）**可乐型**。可乐型碳酸饮料由多种香料与天然果汁、焦糖色素混合后充气而成。如风靡全球的美国可口可乐，它的香味除来自古柯树树叶的浸提液外，还含有砂仁、丁香等多种混合香料，因而味道特殊，极受人们欢迎。美国是可乐饮料的发源地，其产品的产量在世界上处于垄断地位，可口可乐与百事可乐的行销范围遍及世界各地。美国可乐饮料的研究生产始于第一次世界大战期间，当时主要为士兵作战的需要，添加具有兴奋提神作用的高剂量咖啡因及其他具有特殊风味的物质，创制出可乐这种饮料。

（二）碳酸饮料的主要原料

碳酸饮料的原料大体上可分为水、二氧化碳和食品添加剂三大类。原料品质的优劣将直接影响产品的品质，因此，必须掌握各种原料的成分、性能、用量和品质标准，并进行相应的处理，才能生产出合格的产品。

（1）**饮料用水**。碳酸饮料中水的含量在90%以上，所以水质的优劣对产品品质影响很大。饮料用水比一般饮用水对水质有更严格的要求，对水的硬度、浊度、色、味、铁、有机物、微生物等各项指标的要求均比较高。即使是干净的自来水，也要再经过特殊处理才能作为饮料用水。一般说来，饮料用水应当无色，无异味，无悬浮物、沉淀物，清澈透明，总硬度在8°以下，pH值为7，重金属含量不得超过指标。

（2）**二氧化碳**。碳酸饮料中的“气”就是来自瓶中被充入的压缩二氧化碳气体。饮用碳酸饮料，实际是饮用一定浓度的碳酸。生产汽水所用的二氧化碳，一般都是用钢瓶包装、被压缩成液态的二氧化碳，通常要经过处理才能使用。

（3）**食品添加剂**。正确合理地选择、使用添加剂，可使碳酸饮料的色、香、味俱佳。碳酸饮料生产中常用的食品添加剂有甜味剂、酸味剂、香味剂、着色剂、防腐剂等。除砂糖外，所用的甜味剂主要是糖精；酸味剂主要是柠檬酸，还有苹果酸、酒石酸、磷酸等；香味剂一般都是果香型水溶性食用香精，目前使用较多的是橘子、柠檬、香蕉、菠萝、阳桃、苹果等果香型食用香精；着色剂多采用合成色素，主要有柠檬黄、胭脂红、靛蓝等。

（三）碳酸饮料的制作流程

（1）**水处理**。普通的水不能直接用于配制饮料，需要经过一系列的处理。一般要通过净化、软化、消毒才能成为符合要求的饮料用水，再经降温后进入混合机变为碳酸水。各种水源的水质差异很大，在处理前，需要对水源的水进行详细了解和理化分析，以便有效处理。

（2）**二氧化碳处理**。钢瓶中的二氧化碳往往含有杂质，有时还有异臭、异味，这会导致汽水的品质不良。因此，必须经过氧化、脱臭等处理，以供给纯净的二氧化碳。

（3）**配料**。配料是汽水生产中最重要的环节，包括溶糖、过滤、配料三道工序。其中，溶糖是将定量砂糖加入定量的水中，使其溶解制成糖液，有热溶法和冷溶法两种。

（四）碳酸饮料中的风味物质

碳酸饮料中的风味物质主要是二氧化碳。二氧化碳给人以清凉感，并刺激胃液分泌，促进消化，增强食欲。炎热天气饮用碳酸饮料可降低体温，同时，碳酸饮料中含有碳酸盐、硫酸盐、氯化物盐类以及磷酸盐等。各种盐类在不同浓度下的味觉感受不同，所以当某种盐类浓度过大时，味感必然明显地以此盐类为主。另外，果汁和果味的碳酸饮料中含有各种氨基酸，氨基酸在一定程度上可起缓冲和调解口感的作用。

（五）碳酸饮料的鉴别

（1）一般瓶装汽水液面距瓶口应为 3 ~6 厘米。

（2）瓶口干净、无锈迹，塑料瓶或易拉罐装的用手捏不动。

（3）上下摇动，瓶中产生大量气泡，则表明密封良好。

（4）透明型汽水倒置后对光检查，不得有云雾状絮状物或颗粒；果肉型不得有分层或明显沉淀物。

（5）若甜味不足、异味有余，表明汽水变质。

（6）若二氧化碳的清爽刺激感不明显，表明饮料中二氧化碳含量低。

（7）选购时还应查看包装容器底部是否有絮状沉淀物，以及产品的外观、产品生产日期与最佳消费日期等。一般来说，品牌知名度大、信誉度高的产品质量较有保障。

二、矿泉水

（一）饮用矿泉水的特征

天然矿泉水是一种矿产资源，来自地下水，含有一定量的矿物盐和微量元素，有些还含二氧化碳气体，在通常情况下其化学成分、流量、温度等动态指标相对稳定。

（二）饮用矿泉水必备的条件

（1）口味良好、风格典型。

（2）含有对人体有益的成分。

（3）有害成分不得超过相关规定。

（4）瓶装后在保存期（一般为1年）内口味无变化。

（5）微生物学指标符合饮水卫生要求。

（三）饮用矿泉水的分类

饮用矿泉水可分为不含气矿泉水、含气矿泉水和人工矿泉水。

（1）**不含气矿泉水**。原矿泉水中不含有二氧化碳气体，只需将矿泉水用泵抽出，经沉淀、过滤，加入适量稳定剂后就可装瓶，以保证矿泉水中的有益成分不致损失。如原矿泉水中含有二氧化碳等气体，脱除气体，即为无气矿泉水。不含气矿泉水是目前最为流行的矿泉水。

（2）**含气矿泉水**。含气矿泉水是将天然矿泉水及所含的碳酸气一起用泵抽出，通过管道进入分离器，使水、气分离。气体进入气柜进行加压。矿泉水自分离器底部流出，经泵打入储罐进行消毒处理，然后进入沉淀池除去杂质，再过滤到另一储缸。经过滤处理后的矿泉水，须加入柠檬酸、抗坏血酸等稳定剂，以保留矿泉水中适量的有益元素。装瓶前将过滤后的矿泉水导入气液混合器中与二氧化碳气体混合，最后装瓶。

（3）**人工矿泉水**。人工矿泉水是用优质泉水、地下水或井水进行人工矿化。人工矿化有两种方法：其一是直接强化法，即将优质天然泉水、井水或其他地下水进行杀菌和活性炭吸附，使之成为不含杂质、无菌、无异味的纯净水，然后加入含有特种成分的矿石和无机盐，经过一定时间的溶解矿化，进行过滤，装瓶前以紫外线杀菌，再行装瓶。其二是二氧化碳浸蚀法，即在一定的压力下使含二氧化碳的原料水与一定浓度的碱土金属盐相接触，使碱土金属盐中有关成分与含二氧化碳的原料水反应，生成碳酸氢盐于水中，使原水矿化。待达到预期矿化度时，经过滤、杀菌后再行装瓶。

（四）矿泉水真假鉴别

（1）**透明度**。在日光照射下无色透明，不含杂质，无混浊。

（2）**折光度**。矿泉水因富含矿物质，折光率较自来水大。

（3）**比重**。矿泉水密度较自来水大，表面张力也相应增大。

（4）**热容量**。在相同温度下吸热、放热速度均慢于自来水，真矿泉水在高温季节表面有冷凝小水珠出现。

（5）**口感**。真矿泉水口感甘甜无异味（碳酸型略有苦涩感）。

三、乳品饮料

1851年，盖尔·鲍尔顿发明了一种可以从牛奶中分离出部分水分的方法，使牛奶的保存期得以延长。4年之后，法国化学家和生物学家路易斯·巴斯德发明了低温灭菌法，牛奶经过杀菌处理，能更长时间地保存。从此，牛奶就成为一种十分普及的饮料。

（一）乳品饮料分类

1. 新鲜牛奶

鲜奶在市面上销售量最大，其主要特征是经过杀菌消毒。鲜奶大多采用巴氏消毒法，即将牛奶加热至60℃～63℃，并维持此温度30分钟，既能杀死全部致病菌，又能保持牛奶的营养成分，杀菌效果可达99%。另外，还有一种高温短时消毒法，即将牛奶加热至80℃～85℃维持10～15秒，或加热至72℃～75℃维持16～40秒。

新鲜牛奶可分为以下一些类别：

（1）**全脂牛奶**。即保留原奶中的脂肪。

（2）**低脂牛奶**（skim milk）。即把牛奶中的脂肪含量降低。

（3）**调味牛奶**。即在牛奶中添加特殊风味原料，改变普通牛奶的味道。最常见的是巧克力牛奶（chocolate milk）、可可牛奶（coca milk）以及各种果汁牛奶。

2. 奶水

奶水是指含奶成分较高的饮品。常见的奶水有以下几种：

（1）**鲜奶油**。当作其他饮料的配料。

（2）**餐桌乳饮**（light cream）。当作咖啡的伴饮。

（3）**乳饮料**。脂肪量为10%～12%。

3. 发酵乳饮料

牛乳经杀菌、降温，添加特定的乳酸菌发酵剂，再经均质或不均质恒温发酵、冷却、包装等工序制成的饮料，称为发酵乳饮料。常见的发酵乳饮料有酸乳和酸奶。

（1）**酸乳**。酸乳是脂肪含量在18%以上的，在牛奶中加入乳酸菌发酵后，再加入特定的甜味料，使其具有苹果、菠萝和特殊风味的饮料。

（2）**酸奶**。酸奶是一种有较高营养价值和特殊风味的饮料。它是以牛乳等为原料，经乳酸菌发酵而制成的产品。酸奶能增强食欲，刺激肠道蠕动，促进机体的新陈代谢，从而增进人体健康。酸奶的种类很多，从组织状态可分为凝固型和搅拌型酸奶；从产品的化学成分可分为全脂、脱脂、半脱脂酸奶；根据加糖与否可分为甜酸奶和淡酸奶。

4. 奶粉

奶粉是将鲜牛奶蒸去水分而制成的。奶粉经高温制备，消毒彻底，蛋白质易于消化。

5. 冰激凌

冰激凌是以牛乳或其制品为主要原料，加入糖类、蛋品、香料及稳定剂，经混合配制、杀菌冷冻成为松软的冷冻食品，具有色泽鲜艳、香味浓郁、组织细腻的特点，是一种营养价值很高的夏季食品。冰激凌种类很多，按颜色可分为单色、多色和变色冰激凌；按形状可分为杯状、蛋卷状和冰砖冰激凌；按风味可分为奶油、牛奶和水果冰激凌。

（二）乳品饮料的储存方法

（1）乳品饮料在室温下容易变质，应冷藏在4℃的温度下。

（2）牛奶易吸收异味，冷藏时应包装严密，并与有刺激性气味的食品隔离。

（3）牛奶冷藏时间不宜太长，应每天饮用新鲜牛奶。

（4）冰激凌应冷藏在－18℃以下。

四、果蔬饮料

（一）果蔬饮料的特点

果蔬饮料之所以赢得越来越多人的喜爱，是因为它具有许多与众不同的特点。

（1）**赏心悦目的色泽**。不同品种的果实，在成熟后都会呈现出各种不同的鲜艳色泽，既是果实成熟的标志，又是不同种类果实的特征。果实的色泽是由其色素物质决定的。

（2）**水果迷人的芳香**。各种果实均有其固有的香气，特别是随着果实的成熟，香气日趋浓郁。这种香气也融入果汁，构成了不同果汁特有的典型风味。果汁的芳香是由芳香物质散发出来的，它们都是挥发性物质，种类繁多。芳香物质虽存在量甚微，但对香气和风味的呈现却十分明显而典型。果蔬饮料中的芳香物质包括各种酣类、醇类、酯类和有机，均具有强烈的挥发性，在加工处理过程中应极力避免其挥发，以保持天然水果浓郁而迷人的芳香。

（3）**怡人可口的味道**。形成果蔬饮料味道的主要成分是糖和酸性物质。糖给人以甜味，果蔬饮料中形成甜味的主要成分是蔗糖、果糖和葡萄糖，其他甜味物品质微而不显。糖是随着果实的成熟不断形成和积累的，故成熟的果实较甜。酸性物质主要是柠檬酸、苹果酸、酒石酸等有机酸，各种果实中含酸的种类和数量不同，故酸味也有差异。如苹果以苹果酸为主，柑橘类以柠檬酸为主，而葡萄则以酒石酸为主。

（4）**含有丰富的营养**。果蔬饮料中除了糖和酸性物质外，还有许多其他成分，包括蛋白质、氨基酸、磷脂等，都是人体所需的营养素。氨基酸能溶于果汁，而蛋白质、磷脂多与固体组织相结合，悬浮于浑浊果汁中，故浑浊型果汁营养价值较高。维生素是体内能量转换所必需的物质，能产生控制和调节代谢的作用。人体对它的需量虽少，但其作用却异常重要。维生素在体内一般不能合成，多来自食物，而水果和蔬菜是维生素丰富的来源。但有些维生素受热时最易被破坏，在制取果汁时要加倍注意。果蔬饮料中还含有许多人体需要的微量元素，如钙、磷、铁、镁、钾、钠、铜、锌等，它们以硫酸盐、磷酸盐、碳酸盐或与有机物结合的盐类存在，对构成人体组织与调节生理机能起着重要的作用。

正因为果汁具有悦目的色泽、迷人的芳香、怡人的味道和丰富的营养，故而成为深受人们欢迎的饮料。

（二）果蔬饮料常用的主要原料

制取果蔬饮料的原料，要求有美好的风味和香气，色泽鲜艳、稳定，多汁，酸度适中。常用的主要有以下一些种类：

（1）**草莓**。草莓果实呈球形或卵圆形，色鲜红，味酸甜，汁液浓，色重，甜度高，不仅适宜用来制取草莓酱，而且常用于制取草莓汁。

（2）**柳橙**。制取柳橙汁的柑橘品种主要是甜橙类，这是目前世界上用以生产果汁最多的水果。其果汁色泽好、香味浓、糖分高、酸甜适度，极受人们欢迎。制取果汁常用的甜橙主要有脐橙、晚生橙、菠萝橙等。

（3）**梨**。梨的含酸量低，果汁香气弱，梨汁多作为其他饮料的配料，也可单独使用。过熟的梨汁液大减，出汁率低，不宜用于制汁。

（4）**苹果**。苹果品种较多，各有特色，所含成分也有差异。除了早熟的伏苹果外，大多数中熟和晚熟品种都可制汁，尤以晚熟品种甜度适中，略带酸味，汁多且有香气，最适合取汁。在制取苹果汁时，应多采用几个品种混合进行。

（5）**葡萄**。葡萄的出汁率达65%～82%，在各种水果中居首位，其果汁的糖酸比率适宜，营养价值高，是最受欢迎的果汁之一。制葡萄汁一般选用酸分较高、糖分较低、不大适宜制葡萄酒的品种做原料。

（6）**菠萝**。菠萝品种较多，其化学成分差异较大，菠萝汁的风味也因品种不同而异。菠萝属于后熟型，只有用充分成熟的果实制汁才可获得优良的果汁。菠萝汁可利用菠萝罐头来制取，其品质也较好。

（7）**阳桃**。杨桃分甜阳桃和酸阳桃两类。酸阳桃汁色泽呈暗色，味道芳香，含糖量低，含酸量高，是生产果汁的良好原料；甜阳桃由于其汁液含糖量高，可以和其他果汁配用。

（8）**西红柿**。西红柿品种较多，营养丰富，含有丰富的维生素C及胡萝卜素，色泽呈红色或粉红色，味酸汁浓。西红柿是果蔬饮料中常用的原料。

（9）**胡萝卜**。胡萝卜中不仅含有丰富的维生素C和胡萝卜素，而且含有丰富的铁和钙等微量元素。

（三）果蔬饮料的调制

（1）**选料**。果蔬汁的原料是新鲜水果。原料品质的优劣将直接影响饮料的品质，制取果汁的果实原料要求充分成熟，无腐烂现象，无病虫害，无外伤。

（2）**清洗**。在果汁的制作过程中，果汁被微生物污染的原因很多。但一般认为，果汁中的微生物主要来自原料。因此，对原料进行清洗是很关键的一环。此外，有些果实在生长过程中喷洒过农药，残留在果皮上的农药若在加工过程中进入果汁，将会危害人体健康，因此必须对这样的果实进行特殊处理。一般可用0.5%～1.5%的盐水或2%的高锰酸钾溶液浸泡数分钟，再用清水洗净。

（3）**榨汁前的处理**。果实的汁液存在于果实组织的细胞中，制取果汁需要将其分离出来。果实切割使果肉组织外露，为榨汁做好充分的准备。有些果实（如苹果、樱桃）含果胶量多，汁液黏稠，榨汁较困难。为使汁液易于制取，在切割后需要进行适当的热处理，即在60℃～70℃水温中浸泡，时间为15～30分钟。

（4）**混合蔬菜汁的搭配**。因为几乎所有蔬菜都有它本身特殊的风味（如蔬菜汁的青涩口味），若不调味，常难以下咽。对付青涩味的传统办法就是品种搭配。调味主要是用水果来调整果蔬汁中的酸甜味，这样可以保持饮料的天然风味，营养成分又不会受到破坏。比如增加甜味，天然柠檬汁含有丰富的维生素C，它的强烈酸味可以压住菜汁中的青涩味，使其变得美味可口。另外，果蔬汁中加鸡蛋黄也能调节口味，还可增加营养，消除疲劳，增强体力。

复习与思考

一、 名词解释

茶　碳酸饮料　咖啡　矿泉水

二、 简单题

1. 如何区分和鉴别春茶、夏茶、秋茶？
2. 咖啡应怎样煮泡？
3. 如何制作果蔬汁饮料？

三、 单项选择题

1. 乌龙茶出现于中国的(　　)。
   A. 宋朝　B. 元朝　C. 明朝　D. 清朝
2. 闻名于世的蓝山咖啡产于(　　)。
   A. 牙买加　B. 夏威夷　C. 巴西　D. 危地马拉
3. 果味型碳酸饮料含有天然果汁的量在(　　)。
   A. 2.5%以下　B. 2.5%以上　C. 10%以上　D. 50%以上
4. 大红袍属于(　　)。
   A. 台湾乌龙　B. 广东乌龙　C. 闽北乌龙　D. 闽南乌龙

四、 多项选择题

1. 至中国明朝时已出现的茶类有(　　)。
   A. 绿茶　B. 黄茶　C. 黑茶　D. 白茶　E. 红茶
2. 以下属于软饮料品牌的是(　　)。
   A. Soda Water　B. Tonic Water　C. Ginger Ale　D. Evian
3. 我国著名的乌龙茶产地有(　　)。
   A. 闽北　B. 闽南　C. 广东　D. 台湾　E. 浙江
4. 茶叶的储藏应做到(　　)。
   A. 干燥　B. 低温　C. 日照　D. 防异味　E. 罐装

五、 案例分析题

世界各地茶文化

泰国人喝冰茶。在泰国，当地茶客不喝热茶，喝热茶的通常是外来的客人。泰国人喜爱在茶水里加冰，常常在一杯热茶中加入一些小冰块，这样茶很快就冰凉了。在气候炎热的泰国，饮用冰茶可以使人倍感凉快、舒适。

印度人喝奶茶。印度人喝茶时要加入牛奶、姜和豆蔻，这样泡出的茶味与众不同。他们喝茶的方式也十分奇特，把茶斟在盘子里啜饮，可谓别具一格。

斯里兰卡人喝浓茶。斯里兰卡的居民酷爱喝浓茶，茶叶又苦又涩，他们却觉得津津有味。斯里兰卡的红茶畅销世界各地，在首都科伦坡有经销茶叶的大商行，设有试茶部，由专家凭舌试味，再核定等级和价格。

蒙古人喝砖茶。蒙古人喜爱喝砖茶，他们把砖茶放在木臼中捣成粉末，加水放入锅中煮开，然后加上一些牛奶或羊奶。

埃及人喝甜茶。埃及人喜欢喝甜茶，他们招待客人时，常端上一杯热茶，里面放入许多白糖。同时，他们还会送来一杯供稀释茶水用的凉水，表示对客人的尊敬。

北非人喝薄荷茶。北非人喝茶，喜欢在绿茶里加几片新鲜的薄荷叶和一些冰糖，清香醇厚，又甜又凉。有客来访，主人连敬三杯，客人须将茶喝完才算礼貌。

英国人喝红茶。英国各阶层人士都喜爱喝茶，茶几乎可称为英国的民族饮料。英国人喜爱红茶，现煮的浓茶加一两块糖及少许冷牛奶，还常在茶里掺入橘子、玫瑰等作料，据说这样可减少容易伤胃的茶碱，更能发挥茶的保健作用。

俄罗斯人喝花样茶。俄罗斯人先在茶壶里泡上浓浓的红茶，喝时倒少许在茶杯里，然后冲上开水，根据自己的习惯调成浓淡不一的味道。俄罗斯人泡茶，每杯常加柠檬一片，也有用果浆替代柠檬的。在冬季则有时加入甜酒，预防感冒。

加拿大人喝乳酪茶。加拿大人泡茶方法较特别，先将陶壶烫热，放入一茶匙茶叶，然后以沸水注于其上，浸七八分钟，再将茶叶倒入另一热壶供饮用，通常还加入乳酪与糖。

南美洲人喝马黛茶。在南美洲许多国家，人们把茶叶和当地的马黛树叶混合在一起饮用，既提神又助消化。喝茶时，先把茶叶放入茶杯中，冲入开水，再用一根细长的吸管插入到大茶杯里吮吸，慢慢品味。

新西兰人喝茶最享受。新西兰人把喝茶作为人生最大的享受之一，许多机关、学校、厂矿等还特别定出饮茶时间，各乡镇茶叶店和茶馆比比皆是。

根据以上案例，回答如下问题：

1. 中国主要客源国的饮茶习俗有哪些？
2. 世界三大高山红茶产于哪几个国家？

第七章 蒸馏酒

本章导读

蒸馏酒是指在发酵酒的基础上，用蒸馏器提高其度数而成的酒，特点是酒度高，营养价值低。蒸馏酒酒度在38°以上，最高可达到66°。现代人们所熟悉的蒸馏酒分为白酒（也称烧酒）、白兰地、威士忌、伏特加、朗姆酒、特基拉酒等。白酒是中国所特有的，一般是粮食酿成后经蒸馏而成的；白兰地是葡萄酒蒸馏而成的；威士忌是大麦等谷物发酵酿制后经蒸馏而成的；朗姆酒以甘蔗和蜜糖为原料，经蒸馏和熟化制成；伏特加主要以粮食为原料；特基拉酒则以龙舌兰为原料，经蒸馏和熟化制成。

由于不同蒸馏酒的原料不同、工艺不同，世界各地和各厂商生产的蒸馏酒种类和特点也不同。

学习目标

知识目标

1. 了解中国白酒的特点和著名品牌。
2. 了解白兰地的特点和著名品牌。
3. 了解威士忌的特点和著名品牌。
4. 了解金酒、伏特加、朗姆酒、特基拉酒等其他蒸馏酒的相关知识。

能力目标

1. 掌握中国白酒、白兰地、威士忌、金酒、伏特加、特基拉酒、朗姆酒的主要原料、生产地区及名品。
2. 掌握不同种类蒸馏酒的品鉴方法。

案 例

朗姆酒和玛格丽特服务

这是某位五星级酒店吧台见习服务员为客人调制朗姆酒加可乐和玛格丽特（Margarita）的操作过程。

朗姆酒加可乐操作：（1）拿一个白兰地杯；（2）加半杯冰；（3）倒1盎司朗姆酒进杯中；（4）加可乐至八分满；（5）搅拌均匀；（6）用一片菠萝卡杯边装饰。

玛格丽特操作：（1）拿一个玛格丽特杯；（2）用柠檬擦杯口，挂糖霜；（3）取2盎司特基拉酒、1餐匙柠檬汁；（4）将材料倒进杯中；（5）搅拌均匀；（6）用一枚红樱桃放杯中装饰。

案例分析

1. 以上操作哪点是对的、哪点是错的？
2. 请对错误的程序予以纠正。

第一节 中国白酒

一、中国白酒的起源

有关中国白酒的起源有多种说法，尚无定论。公元前2世纪的《吕氏春秋》上有“仪狄作酒”的记载。西汉刘向的《战国策》说得更具体：“昔者，帝女令仪狄作酒而美，进之禹，禹饮而甘之。”这说明酒作为一种饮料进入人们的生活已有4000~5000年的历史了。从山东大汶口文化遗址和龙山文化遗址中发现的许多酒具（如樽、高脚杯、小壶等）也说明了这一点。我国早期的酒，多是不经蒸馏的酿造酒，直到后期才出现蒸馏酒。唐代诗人白居易的“荔枝新熟鸡冠色，烧酒初开琥珀香”和雍陶的“自到成都烧酒熟，不思身更入长安”的诗句，都说明唐朝时已有了烧酒，即蒸馏酒。明代名医李时珍对白酒说得更明确，他在《本草纲目》中写道：“烧酒非古法也，自元时创始，其法用浓酒和糟入甑，蒸令气上，用器承滴露。凡酸败之酒皆可蒸烧。近时唯以糯米或黍或大麦蒸熟，和曲酿瓮中七日，以甑蒸取，其清如水，味极浓烈，盖酒露也。”这里不但讲了烧酒产生的年代，而且讲述了制作方法。也有研究者提出了我国的蒸馏酒产生于唐朝之前的一些考证。

二、中国白酒的特点

中国白酒以高粱、玉米、大麦、小麦、红薯等为原料，经过发酵、制曲、多次蒸馏、长期贮存制成的高酒度液体。由于各种白酒的制曲方法不同，发酵、蒸馏的次数不同，勾兑技术不同，形成了不同风格的白酒。

中国白酒是世界著名的六大蒸馏酒之一（其余5种是白兰地、威士忌、朗姆酒、伏特加和金酒）。与世界其他国家的白酒相比，中国白酒具有洁白晶莹，无色透明；馥郁纯净，余香不尽；醇厚绵柔，甘润清洌；酒体谐调，变化无穷的特点，给人带来极大的欢愉和享受。中国白酒的酒度早期很高，在世界其他国家是罕见的。

三、中国白酒的命名

中国白酒产品由于地理位置、气候条件、原料品种、用曲、生产工艺、酿酒设备的不同，品种繁多，名称各异。一般可按以下几种方法命名：

（1）**以原料命名**，如五粮液、高粱酒。

（2）**以使用的曲命名**，如大曲酒、小曲酒、麸曲酒。

（3）**以发酵方法命名**，如固态发酵法白酒、液态发酵法白酒。

（4）**以香型命名**，如浓香型白酒、酱香型白酒、清香型白酒、米香型白酒、复香型白酒。

（5）**以历史人物、典故命名**，如杜康酒、孔府家酒。

四、中国著名白酒

（一）茅台酒

产地：茅台酒产于贵州省仁怀市茅台镇，因产地而得名。茅台镇位于贵州高原最低点的盆地，海拔440米，远离高原气流，终年云雾密集，夏季气温持续在35℃～39℃，一年中高温天气长达5个月，有大半年笼罩在闷热、潮湿的云雾之中。其特殊的气候、水质、土壤条件，对于酒的发酵、熟化非常有利，同时对提升香气的微生物的产生、精化和增减起了决定性的作用。

历史：茅台酒酒厂位于赤水河畔。相传清康熙四十二年（1703年），有一个贾姓山西盐商从山西汾阳杏花村请来酿酒大师，在茅台镇酿制山西汾酒。酿酒大师按照古老的汾酒制法，酿出了沁香醇厚的美酒，只是该酒的风味与汾酒不同，故称“华茅”。“华茅”就是“花茅”，即杏花茅台的意思（古代“华”“花”相通）。以后，当地一个姓王的商人于清同治十二年（1873 年）设立荣和酒坊，后为贵州财阀赖永初所有，即称为“赖茅”。

品种：茅台酒有 53°茅台酒、低度茅台酒、贵州醇、茅台威士忌、茅台女王酒、茅台醇、茅台特醇等品种。

特点：茅台酒被尊为我国的“国酒”，它以独特的色、香、味为世人称颂，以清亮透明、醇香回甜而名甲天下，誉满全球，与法国科涅克白兰地、苏格兰威士忌齐名。据分析，茅台酒内含有 70 多种成分，它所具有的独特“茅香”香气扑鼻，令人陶醉。若开杯畅饮，满口生香，饮后空杯，留香不绝。经检测，茅台酒含有 18 种氨基酸，其中有人体必需的 6 种氨基酸。另外，茅台酒中含有 SOD（Superoxide Dismutase，超氧化物歧化酶）及多种人体必需的微量元素。

成分：茅台酒用高粱做料，小麦制“曲”，以茅台镇旁赤水河之水做“引”。

工艺：关于茅台酒的制作工艺，《续遵义府志》有下列描述：“茅台酒出仁怀县茅台村，黔省称第一。制法纯用高粱作沙，煮熟和小麦面三分，纳酿地窖中，经月而出蒸之，既而复酿，必经数回然后成，初曰生沙，三四轮曰燧沙，六七轮曰大回沙，以次概曰小回沙，终曰得酒可饮，其品之醇，气之香，乃百经自具，非假曲与香料而成，造法不易，他处难于仿制，故独以茅台称也。”茅台酒在蒸馏时，先出的酒和后出的酒的质量也是不一样的，可分为酒头、特级、甲级、乙级、一般和酒尾。接酒时要“斩头去尾”，因为“头”“尾”中含水分和杂质多，酸、甜、苦、辣俱全。不过，酒的“头”“尾”虽然质量不好，但能起调味作用。“特级”重点取香，“甲级”重点取甜，“乙级”既香也甜。蒸酒时各级酒的出现时间和比例也无定式，所以酿酒师必须及时、恰当地分段接酒，分级贮存，最后由勾兑师将贮存期满的各种级别的酒进行勾兑，体现出本酒的风格来。

（二）五粮液

产地：五粮液产于四川省宜宾市宜宾五粮液酒厂。

历史：五粮液源于唐代的“重碧”和宋代的“荔枝绿”，又经过明代的“杂粮酒”“陈氏秘方”，经过 1000 多年的岁月，才达到今天的一枝独秀。1929 年，晚清举人杨惠泉品尝了这种杂粮酒后，认为此酒香醇无比，实为绝代佳酿，但其名俗而不雅，遂改名为五粮液。从此五粮液便流传于世了。

品种：五粮液主要有 60°、38°两种规格。1998 年五粮液酒厂改制后，先后研究开发出了十二生肖五粮液、一帆风顺五粮液等精品、珍品。其在神、形、韵、味各方面精巧极致的融合，成了行业内追求卓越的典范。另外，公司还系统开发了五粮春、五粮神、五粮醇、长三角、两湖春、现代人、金六福、浏阳河、老作坊、京酒等几十种不同档次、不同口味的五粮液系列产品，以满足不同区域、不同文化背景、不同层次消费者的需求。

特点：五粮液酒液清澈透明，开瓶时酒香喷放，浓郁扑鼻；饮用时满口香溢，唇齿留香；饮用后余香不尽，留香绕梁，属浓香型酒。五粮液酒度虽高，但并无强烈刺激，柔和甘美，醇厚净爽，各味协调，恰到好处。有评酒家赞道："五粮液吸取五谷之菁华，蕴积而成精液，其喷香、醇厚、味甜、干净之特质，可谓巧夺天工，调和诸味于一体。"有诗曰："五粮精液气喷香，浓郁悠久世无双，香醇甜净四美备，风格独特不寻常。"宜宾五粮液酒厂于1952年正式成立。为了适应国外对酒度的要求，五粮液酒厂对五粮液降低酒度，已生产出52°的酒，受到了国内外消费者的欢迎。1979年，五粮液酒厂推广华罗庚的优选法，把酒度降低到38°，但仍然香、醇、甜、净四美皆备，深受消费者欢迎。

成分：五粮液以五种粮食（高粱、糯米、大米、玉米、小麦）为原料，酿造用水取自岷江江心，水质纯净。

工艺：外形独特的"包包曲"、窖龄300多年的陈年老窖发酵等，均是五粮液独特的生产工艺。

（三）汾酒

产地：汾酒产于山西省汾阳市杏花村。

历史：汾酒距今已有1500多年的历史，是我国名酒的鼻祖。相传，杏花村很早以前叫杏花坞。每年初春，村里村外到处开着一树又一树的杏花，远远望去像天上的红云飘落人间，甚是好看。杏花坞里有个叫石狄的年轻后生，膀宽腰圆，臂力过人，常年以打猎为生。初夏的一个傍晚，在村后子夏山射猎归来的石狄，正走过杏林，忽听得一丝低微的抽泣声从杏林深处传来。他循声过去，发现一女子依树而泣。心地善良的石狄忙问缘由，姑娘含泪诉说了家世。石狄才知她是因家乡遭灾，父母遇难才孤身投亲，谁知亲戚也亡，故无处安身，在此哭泣。石狄听后顿生怜悯之心，领其回村安置邻家，一切生活由石狄打点。数日后，经乡亲们说合，两人结为夫妻。婚后，夫妻恩爱，日子过得很舒心。

农谚道："麦黄一时，杏黄一宿。"正当满树满枝的青杏透出玉黄色，即将成熟时，忽然一连下了十几天的阴雨。雨过天晴，毒花花的日头晒得本来被雨淋得胀胀的裂了水口子的黄杏"吧嗒、吧嗒"都落在地上，没出一天工夫，装满箩筐的黄杏发热发酵，眼看就要烂掉。乡亲们急得没有法子，脸上布满了愁云。夜幕降临，忽然有一股异香在村中幽幽飘荡，既非花香，又不似果香。石狄闻着异香推开家门，只见媳妇笑嘻嘻地舀了一碗水送到丈夫跟前。石狄正是饥渴，猛喝一口，顿觉一股甘美的汁液直透心脾。这时媳妇才说："这叫酒，不是水，是用发酵的杏子酿出来的，快请乡亲们尝尝。"众人一尝，都连声叫好，纷纷询问做法，争相仿效。从此，杏花坞有了酒坊。其实，这只是一个美丽的传说，折射出杏花村人勤劳善良的美德。据史料记载，汾酒起源于唐代以前的黄酒，后来才发展成为白酒。

品种：汾酒品种以老白汾酒居要，其次为露酒，有竹叶青、白云、玫瑰等。精品有

45°坛汾、45°大兰花、53°生肖汾、53°玻汾、48°小牧童干汾、48°小兰花等。

特点：汾酒以气味芳香、入口绵绵、落口甘甜、回味生津、清亮透明而得名，以色、香、味三绝著称于世，为唐以后的文人墨客所称道。唐代大诗人杜牧有“清明时节雨纷纷，路上行人欲断魂。借问酒家何处有？牧童遥指杏花村”的诗句。1965 年郭沫若访问杏花村也曾题诗一首：“杏花村里酒如泉，解放以来别有天。白玉含香甜蜜蜜，红霞成陈软绵绵。折冲樽俎传千里，缔结盟书传万年。相共举杯酹汾水，腾为霖雨润林田。”这首诗脍炙人口，广为传颂。汾酒虽是60°的高度烈酒，但无强烈刺激的感觉，为我国清香型酒的典型代表。

成分：汾酒酿酒原料用产于汾阳一带晋中平原的“一把抓”高粱，用甘露如醇的“古井佳泉水”（这眼井的水清澈透明，没有杂质）作为酿酒用水。

工艺：汾酒传统的酿造技术和独特的工艺有七大秘诀——人必得其精，粮必得其实，水必得其甘，曲必得其明，器必得其洁，缸必得其湿，火必得其缓。七大秘诀形成了特殊的工艺，一直被人们推崇。

（四）泸州老窖特曲

产地：泸州老窖特曲产于四川省泸州市泸州老窖股份有限公司。

历史：泸州老窖特曲所具有的独特风味源于古老的酿酒窖池。始建于1573 年的泸州老窖窖池群，1996 年被批准成为全国重点文物保护单位，其中最古老的酿酒窖池已连续使用400 余年，窖池在长期不间断的发酵过程中形成的有益微生物种群，已衍变成了庞大而不可探知的神秘的微生物生态体系，至今能查明的有益微生物有 400 多种（比一般窖池含微生物多出 170 余种）。这些神秘的微生物能使酒丰满醇厚、窖香优雅，更成就了“国窖·1573”作为中国最高品质白酒无上品位的核心价值。该窖池 1997 年被授予“国宝称号”。

品种：泸州老窖特曲有 60°、52°、38°等品种。

特点：泸州老窖特曲属浓香型白酒，与泸州老窖头曲、二曲酒统称为老窖大曲酒（即泸州大曲），是古老的四大名酒之一。泸州老窖特曲具有浓香、醇和、味甜、回味长四大特色。即使是60°的酒，喝到嘴里也全无辛辣的感觉，只觉得一股极其强烈的苹果浓香直入肺腑。泸州老窖已成为浓香型白酒的典型，博得了“拔塞千家醉，开坛十里香”和“衔杯却爱泸州好”的美名。

成分：泸州老窖特曲以糯米、高粱为主要原料，用小麦制曲，选用龙泉井水和沱江水为酿造用水。

工艺：泸州老窖特曲是传承数百年的手工业工艺性产品，采用混蒸连续老窖发酵法制得。虽然常年的生产操作规程相同，但由于配料及温度变化等因素，难以做到每一批次都相同。加之窖龄、窖质的差异，不同批次的酒、同批不同窖的酒，风味也略有差别。例如有的醇、香、回味都很好，而甘爽略差；有的醇香均佳，而回味不长；有的醇味特好，而香味又较淡。为了使酒的质量能达到固定标准，除经过“贮存”“掺兑”外，还要经过细致品尝，按酒的特点，以泸州老窖特曲酒、泸州老窖头曲酒分别出厂。

“鸳鸯窖”发酵是泸州老窖的一大奥秘。泸州老窖明代舒聚源国宝窖池有四口，每一口由两个小坑组成，对称均匀，紧紧相依。两个小坑又有很细小的区别，一个大，一个小，大的谓之“夫窖”，小的谓之“妻窖”，“夫妻窖”或者“鸳鸯窖”由此而来。“鸳鸯窖”建于明代万历年间，距今已有几百年的历史。

（五）西凤酒

产地：西凤酒产于陕西省凤翔县柳林镇。

历史：西凤酒历史悠久，据初步考证，其始于周秦，盛于唐宋，距今已有2700多年的历史。凤翔，古称雍州，是古代农业发展较早的地区，人类在这里从事农业活动已有五六千年的历史，是黄河流域中华民族古老文化的重要发源地之一。先秦19位王公曾在此建都，历时294年。凤翔历史上曾是关中西部的政治、经济、文化中心，从秦建都以后的各个朝代，均为州、郡、府、路之治所，故又有“西府”之称。这里自古以来盛产美酒，尤以凤翔县城以西的柳林镇所酿造酒为上乘。

柳林镇柳树成荫，田地平整，水波浮影，风景秀丽，因此得名柳林。盛唐时期，柳林西接秦陇，南通巴蜀，东连长安，为关中西部重要的交通要塞，是古丝绸之路的必经之地和古老集镇。自汉代起，始有酿酒作坊，到唐宋，酿酒业已初具规模。明清以来酿酒作坊发展很快，至清宣统三年（1911年），仅柳林镇已有酿酒作坊27家，相当于凤翔县酿酒作坊总数的1/3。

“佳酿之地，必有名泉。”柳林镇的酿酒业之所以古今兴旺，长盛不衰，得益于本地优良的水质、土质。柳林镇西侧的雍山有五泉，为雍水河之源头，其源流从雍山北麓转南经柳林镇向东南汇合于渭水，流域呈扇形扩展开来，地下水源丰富，水质甘润醇美，清冽馥香，成酿、煮茗皆宜，有洗濯蔬菜存放7日不腐之奇效。经化验测定，水质属重碳酸盐类。用它做酿造之水，非常有利于曲酶糖化；加之本地土壤属黄棉土类中的“土娄”土质，适于做发酵池，用来做敷涂窑池四壁的窖泥，能加速酿造过程中的生化反应，促使脂酸形成。这些，都是酿造西凤酒必不可缺的天赋地理条件。

唐初，柳林等集镇酒业尤为兴隆。唐贞观年间，柳林酒就有“开坛香十里，隔壁醉三家”的赞誉。多个世纪以来，柳林酒以其精湛的酿造技艺和独特风格著称于世，以“甘泉佳酿”“清冽琼香”的盛名被历代王室列为珍品，是中华民族历史名酒中的“瑰丽奇葩”。至近代方取名“西凤酒”。

品种：西凤酒主要为65°西凤酒。但是，酿酒师凭着西凤酒自身传统的独特工艺，结合现代科学技术，酿造出以凤香型为基础的4个系列香型（凤香型、凤兼浓香型、凤浓酱香型、浓香型）的酒。系列产品有特珍先秦古西凤酒、45°特制珍品西凤酒、52°特制珍品西凤酒、55°水晶瓶西凤酒、39°特制双耳瓶西凤酒、45°特制精品西凤酒、45°特制西凤酒、50°西凤酒、55°内销西凤酒、55°500毫升防伪墨瓶西凤酒。

特点：西凤酒酒液清澈透明似水晶，香醇馥郁似幽兰，在我国白酒中属复香型，甜、酸、苦、辣、香五味俱全，各味协调，酸而不涩，甜而不腻，苦而不黏，辣不刺喉，香不刺鼻。西凤酒饮后有回甘。这回甘似口含橄榄之回味，有久而弥香之妙，为爱饮烈酒的人所喜好。

成分：西凤酒用雍城当地特产高粱为原料，以大麦和豌豆制曲。

工艺：西凤酒采用传统的续糟发酵法“热拥法工艺”酿造而成。

（六）剑南春

产地：剑南春产于中国四川绵竹。

历史：唐代时人们常以“春”命酒，绵竹又位于剑山之南，故名剑南春。这里酿酒已有1000多年历史，早在唐代武德年间（618~626年），就有剑南道烧春之名。据唐人所著书中记载：“酒则有……荥阳之土窖春……剑南之烧春。”“剑南之烧春”就是绵竹产的名酒。

相传，唐代大诗人李白青年时代曾在绵竹“解貂赎酒”。从此，绵竹酒就以“土解金貂，价重洛阳”来形容自己的身价。宋代大诗人苏轼作《蜜酒歌》，诗前有引：“西蜀道人杨世昌，善作蜜酒，绝醇酽，余既得其力，作此歌以遗之。”由此足见唐宋两代，绵竹的酒已是醇酽甘美。剑南春酒的前身绵竹大曲，创始于清朝康熙年间，迄今已有300多年的历史。最早开办的酒坊叫“朱天益酢坊”，业主姓朱，名煜，陕西三原县人，酿酒匠出身。当时，他发现绵竹水好，便迁居到此，开办酒坊。后来，又有白、杨、赵三家大曲酒作坊相继开业。据说，这四家作坊都是采取陕西略阳的配方酿造大曲酒。据《绵竹县志》记载：“大曲酒，邑特产，味醇香，色泽白，状若清露。”清代文学家李调元在《函海》中写道：“绵竹清露大曲酒是也，夏清暑，冬御寒，能止吐泻，除湿及山岚瘴气。”1958年，绵竹大曲酒改名剑南春。

品种：剑南春有60°、52°、38°3种。

特点：剑南春属浓香型白酒，芳香浓郁，醇和甘甜，清冽净爽，余香悠长，具有独特的曲酒香味。

成分：剑南春以红高粱、大米、小麦、糯米、玉米5种粮食为原料，用优质小麦制大曲为糖化发酵剂。

工艺：剑南春采取“红糟盖顶，低温入池，双轮底增香发酵，回沙回酒，去头截尾，分段接酒”等酿造工艺，经过长期贮存、细心勾兑调味而成。

（七）古井贡酒

产地：古井贡酒产于安徽省亳县古井酒厂。

历史：古井贡酒是我国有悠久历史的名酒。亳县是我国历史上古老的都邑，是东汉时曹操的家乡。据史志记载，曹操曾用“九投法”酿出有名的“九酿春酒”（九酝酒）。南梁时，梁武帝萧衍中大通四年（532 年），沛军攻占樵城（亳县），北魏守将战死。后有人在战地附近修了一座独孤将军庙，并在庙的周围挖掘了 20 眼井，其中有一眼井水质甜美，能酿出香醇美酒。1000 多年以来，人们都取这古井之水酿酒，酿成的酒遂以古井为名。明万历年间起，古井酒一直被列为进献皇室的贡品，故又得名古井贡酒。在清末，古井佳酿一度绝迹。1958 年，古井贡酒恢复生产，在亳县减店投资建厂，继续取用有 1400 年历史的古井之水酿酒。

品种：古井贡酒有 30°、38°、45°、50°、45°古井 988 酒、古井贡酒精品和极品等品种。

特点：古井贡酒风格独特，酒味醇和，浓郁甘润，回味悠长，适量饮用有健胃、祛劳活血等功效。

成分：古井贡酒原料选用淮北平原生产的上等高粱，以小麦、大麦、豌豆为曲。

工艺：古井贡酒沿用陈年老发酵池，继承了混蒸、连续发酵工艺，并运用现代酿酒方法加以改进，博采众长，形成自己的独特工艺。

（八）董酒

产地：董酒产于贵州省遵义市董酒厂。

历史：遵义酿酒历史悠久，可追溯到魏晋时期，以酿有“咂酒”闻名。《遵义府志》载：“苗人以芦管吸酒饮之，谓竿儿酒。”《峒溪县志》载：“咂酒一名钩藤酒，以米、杂革子为之以火酿成，不刍不酢，以藤吸取。”到元末明初时出现“烧酒”。民间有酿制饮用时令酒的风俗，《贵州通志》载：“遵义府，五月五日饮雄黄酒、菖蒲酒。九月九日煮蜀穄为咂酒，谓重阳酒，对年饮之，味绝香。”清代末期，董公寺的酿酒业已有相当规模，仅董公寺至高坪 10 公里一带的地区就有酒坊 10 余家，尤以程氏作坊所酿小曲酒最为出色。1927 年，程氏后人程明坤会聚前人酿技，创造出独树一帜的酿酒方法，使酒别有一番风味，颇受人们喜爱，被称为“程家窖酒”“董公寺窖酒”，1942 年称为董酒。董酒工艺秘不外传，仅有两个窖池和一个烤酒灶，属小规模生产。其酒销往川、黔、滇、桂等省区，颇有名气。1935 年，中国工农红军长征时两次路过遵义，许多指战员曾领略过董公寺窖酒的神韵。新中国成立前夕，因种种缘故，程氏小作坊关闭，董酒在市场上绝迹。1956 年在遵义酒厂恢复生产，翌年投产。

品种：董酒酒度有 38°、58°两种，其中 38°酒名为飞天牌董醇。

特点：董酒无色，清澈透明，香气幽雅，既有大曲酒的浓郁芳香，又有小曲酒的柔绵、醇和、回甜，还有淡雅舒适的药香和爽口的微酸，入口醇和浓郁，饮后甘爽味长。由于董酒的酒质芳香奇特，被人们誉为白酒中独树一帜的“药香型”或“董香型”的典型代表。

成分：董酒以糯米、高粱为主要原料，以加有中药材的大曲和小曲为糖化发酵剂，引水口寺甘洌泉水为酿造用水。

工艺：董酒以大米加入 95 味中草药制成的小曲和小麦加入 40 味中草药制成的大曲为糖化发酵剂，以石灰、白泥和洋桃藤泡汁拌和而成的窖泥筑成偏碱性地窖为发酵池，采用两小两大双醅串蒸工艺，即小曲由小窖制成的酒醅和大曲由大窖制成的香醅，两醅一次串蒸而成原酒，经分级贮存一年以上、精心勾兑等工序酿成。

（九）洋河大曲

产地：洋河大曲产于江苏省泗阳县洋河镇洋河酒业股份有限公司。

历史：洋河镇地处白洋河和黄河之间，水陆交通发达，自古以来就是商业繁荣的集镇，酒坊甚多，故古人有“白洋河中多沽客”的诗句。清代初期，有山西白姓商人在洋河镇建糟坊，从山西请来酒师酿酒，其酒香甜醇厚，声名更盛，获得“福泉酒海清香美，味占江淮第一家”的赞誉。编纂于清同治十二年（1873 年）的《徐州府志》载有“洋河大曲酒味美”。又据《中国实业志・江苏省》载：“江北之白酒，向以产于泗阳之洋河镇者著名，国人所谓‘洋河大曲’者，即此种白酒也。洋河大曲行销于大江南北者，已有 200 余年之历史，以后渐次推展，凡在泗阳城内所产之白酒，亦以洋河大曲名之，今则‘洋河’二字，已成为白酒之代名词矣。”

品种：洋河大曲有 55°、62°、64° 3 种规格，其中 55°洋河大曲主要供出口。

特点：洋河大曲清澈透明，芳香浓郁，入口柔绵，鲜爽甘甜，酒质醇厚，余香悠长。其突出特点是甜、绵软、净、香，属浓香型大曲酒。洋河大曲长期以来深受各地人们的喜爱，享有很高声誉，有诗赞曰：“闻香下马，知味停车；酒味冲天，飞鸟闻香化凤，糟粕入水，游鱼得味成龙；福泉酒海清香美，味占江南第一家。”

成分：洋河大曲以优质高粱为原料，以小麦、大麦、豌豆制作的高温火曲为发酵剂，辅以闻名遐迩的美人泉水精工酿制而成。

工艺：洋河大曲沿用传统工艺“老五甑续渣法”，同时采用“人工培养老窖、低温缓慢发酵”“中途回沙、慢火蒸馏”“分等贮存、精心勾兑”等新工艺和新技术。

（十）全兴大曲

产地：全兴大曲产于四川成都全兴酒厂。

历史：全兴大曲是老牌中国名酒，源于清代乾隆年间，初由山西人在成都开设酒坊，按山西汾酒工艺酿制。后来，酿酒艺人根据成都的气候、水质、原料和窖龄等条件，不断改进酿造工艺，创造出一套独特的方法，酿造出了风味独特的全兴大曲。1951 年，在全兴老号的基础上成立了成都酒厂，全兴大曲开始由作坊式生产过渡到工厂化大生产。

品种：全兴大曲有 60°、38°两种。

特点：全兴大曲有窖香浓郁、醇和协调、绵甜甘洌、落口净爽的独特风味。

成分：全兴大曲以高粱、小麦为原料，辅以上等小麦制成的中温大曲为糖化酵剂。

工艺：全兴大曲采用“原窖分层堆糟法”生产工艺（成年老窖发酵，要求达到窖熟糟醇，酯化充分），经严格蒸馏、精心勾兑，分坛定期贮存等步骤科学酿制而成。

相关链接 搜索

中国白酒病酒识别

中国白酒病酒主要有以下现象：(1) 失光，白酒酒液失去应有的晶亮光泽。原因主要有掺水、混入杂质、酒瓶洗刷不净等。(2) 沉淀，陈年老酒会有一定的沉淀物积于瓶底，这是正常现象，新酒发生沉淀，则大多是病害问题。常见的病害沉淀有白色沉淀、棕色沉淀、蓝色沉淀、黑色沉淀。(3) 浑浊：白酒发生浑浊现象，有可能起因于病害，也有可能是受到温度影响。处于低温下的白酒（在0℃以下），常有絮状物产生，一旦温度上升，絮状物便自行消失。常见的浑浊有乳白色浑浊和灰白色浑浊。(4) 色变，白酒发生色变主要有发黄、棕红、发黑发褐、发蓝。(5) 腥臭，酒液腥臭主要是因为生产技术水平低下，用水不当，污染带臭物质，硫化氢、硫醇的含量过高。(6) 油味：酒中如果含有少许油脂，便会严重影响其风味。

第二节 白兰地

一、白兰地的由来

白兰地有两种：一种是指以葡萄为原料，经发酵、蒸馏而成的酒；另一种是指所有以水果为原料，经发酵、蒸馏而成的酒。为了避免混淆，人们习惯上把第一种白兰地称为“Brandy”，即我们通常所说的白兰地，而在第二种白兰地名称之前冠以该水果的名称，如葡萄白兰地、苹果白兰地、樱桃白兰地、李子白兰地等。

白兰地是人们无意中发现的。18 世纪初，法国查伦泰河（Charente）的码头拉罗舍尔（La Rochelle）因便捷的交通，成为酒类出口的商埠。由于当时整箱葡萄酒占用船舱的空间很大，法国人便想出了双蒸馏的办法，去掉葡萄酒中的水分，提高葡萄酒的纯度，减少占用空间以便于运输，这就是早期的白兰地。1701 年，法国卷入了西班牙战争，白兰地销路大减，酒被积存在橡木桶内。战争结束后，人们发现贮存在橡木桶内的白兰地酒质更醇，芳香浓郁，呈晶莹的琥珀色。从此，真正的白兰地就诞生了。

二、白兰地的特点

白兰地属于蒸馏酒，法国人称它为“生命之水”。在众多的白兰地中，法国干邑白兰地品质最佳，被誉为“白兰地之王”。白兰地的酒度在 40°～43°，酒液因为长期在橡木桶中陈酿，呈琥珀色。

白兰地酿造工艺精湛，特别讲究陈酿的时间和勾兑的技艺。白兰地的最佳酒龄为 20～40 年，干邑地区厂家贮存在橡木桶中的白兰地，有的长达 40～70 年之久。勾兑师利用不同年限的酒，按世代相传的秘方进行精心调配勾兑，制作出不同品质、不同风格的干邑白兰地。

制造白兰地非常讲究贮存酒的橡木桶，由于橡木桶对酒质影响很大，因此，木材的选用和酒桶的制作要求非常严格。最好的橡木桶来自干邑地区利穆赞（Limousin）和托塞思（Troncais）两地的特产橡木。

相关链接 搜索

白兰地的饮用方法

净饮：将 1 盎司的白兰地倒入白兰地酒杯中，饮用时，用手心温度将白兰地稍微温一下，让其香气挥发，慢慢品饮。

加冰块饮用：将少量冰块放进白兰地酒杯中，再放 1 盎司白兰地。

加水饮用：可加冰水或汽水。

三、著名品牌

（一）法国白兰地

1. 干邑（Cognac）

产地：干邑源于科涅克地区，又称干邑区。干邑区是法国西南部的一个古镇，位于波尔多稍北的夏朗德河流域，隶属于夏朗德省。在它周围约 10 万公顷的范围内，无论是天气还是土壤，都最适合良种葡萄的生长。因此，干邑是法国最著名的葡萄产区，这里所产的葡萄可以酿制出最佳品质的白兰地。

法国政府规定，只有采用干邑区的葡萄酿制的白兰地才能称为干邑白兰地。在干邑区，按葡萄的质量分成不同等级的 6 个种植区：大香槟区（Grande Champagne），为干邑区中心种植地带；小香槟区（Petite Champagne），为大香槟区外围；波尔得里区（Borderies），为香槟边缘区；芳波亚区（Fin Bois），为优质林区；邦波亚区（Bon Bois），为优良林区；波亚奥地那区（Bois Ordinaires），为普通林区。

大香槟区占干邑区红葡萄酒所用葡萄种植面积的 12.8%，酒质最优。小香槟区占总面积的 13.9%，酒质优良，其出产的葡萄可以说是干邑的精华。只有用这两个种植区的葡萄按对半的比例混合后酿制的干邑白兰地，法国政府才给予特别的称号“特优香槟干邑白兰地”（Fine Champ Agne Cognac），任何酒商都不能随意采用，并受法律保护。到目前为止，人头马的全部产品都冠以此称号。

特点：干邑的酒度一般为 43°，特点十分鲜明。酒液呈琥珀色，洁亮有光泽，芳香浓郁，酒体优雅健美，口味精细考究。

工艺：酿造干邑的白玉霓葡萄几乎覆盖了法定种植区 90% 的种植面积，法定地区以外的地方，也可以通过蒸馏白葡萄酒获得白兰地，但绝不能叫作干邑。

葡萄酒的蒸馏在每年的 12 月份到次年的 3 月底进行，3 月以后，干邑地区的天气逐渐变暖，为了保证葡萄酒本身的成分，基酒必须在这期间蒸馏完毕。复式蒸馏分为两段：第一段大部分由花香元素构成，酒度在 27% ~30%，就是通常所说的“浊酒”；第二段为“精馏”，酒度为 70%，即新干邑（生产 1 升新葡萄白兰地需要 9 升葡萄酒），装入由法国中部森林出产的橡木制成的新木桶陈酿，橡木（通常都是 100 年以上的）的质量是葡萄白兰地缓慢、自然陈酿的关键。当干邑在库房里陈酿的时候，酒度和体积会自然挥发，每年为 2% ~3%。这一过程去除了干邑中的一些最易挥发、最为刺激的物质，对干邑酒香有益的物质却被保留下来。一年以后，再放进略微陈旧的橡木桶中，让酒液停止从橡木中吸收过多的木质特性，最后再移到一只较陈旧的大号橡木桶中，使酒液在陈旧的橡木桶中陈酿以获取精美的酒液。

经过长年的陈酿之后，勾兑师把不同特性、不同产地、不同酒龄的葡萄白兰地调配在一起，来决定每种干邑的风格，同时也保证了干邑味道、质量的连续性和稳定性。

酒标：法国政府为了保证酒的质量，将干邑酒基本分为三级，用星号多少来表示。

第一级为 VS，也称三星，酒龄至少两年。此为轩尼诗（Hennessy）公司于 1811 年首创的表示方法。这种三星白兰地曾经盛行一时，但是由于星的多少无法代表贮存的年份，当星的个数从 1 颗发展到 5 颗时，就不得不停止加星。到 20 世纪 70 年代时，开始使用字母来区别酒质，例如 E 代表 Especial（特别的），F 代表 Fine（好），O 代表 Old（老的），S 代表 Superior（上好的），P 代表 Pale（淡的），X 代表 Extra（格外的），C 代表 Cognac（干邑）。

第二级都是用法文的大写字母来代表酒质优劣，例如 VSOP 意思是 Very Superior Old Pale，酒龄至少 4 年。

第三级为拿破仑（Napoleon），酒龄至少 6 年，凡是大于 6 年酒龄的称 XO，意思是特醇；凡是大于 20 年酒龄的称顶级（Paradis），或者路易十三（Louis Ⅷ）。需要说明的是，以上等级标志仅仅表示每个等级中酒的最低酒龄，至于参与混配酒的最高酒龄，在标志上是看不出来的。也就是说，一瓶 XO 级白兰地，用以混配的每种蒸馏葡萄酒精，在橡木桶中贮存期都必须在 6 年以上，其中存贮年份最长久的，可能是 20 年以上，也可能是40～50 年，但究竟多长时间，旁人无法知道，由各厂自行掌握。一瓶酒的年份及价值，除了等级标志，还可以从商标的等级上反映出来，因为只有老牌子的酒厂才会有存贮年份很久的老龄酒，酒厂要保持自己的牌子，也只有以保证质量来赢得顾客的信任。

名厂名酒：

（1）**人头马集团**

人头马集团创立于1724 年，是著名的老字号干邑白兰地制造商。其产品采用产自大香槟区及小香槟区的上等葡萄酿制而成，并始终严格控制品质，所以被法国政府冠以特别荣誉的名称“特优香槟干邑”。其主要产品有：

①人头马 VSOP 特优香槟干邑。共经过两次蒸馏，然后放入橡木桶内蕴藏 8 年以上，以求酒质充分吸收橡木的精华，成为香醇美酒。

②人头马极品 CLUB 特级干邑。是法国政府严格规定干邑级别的拿破仑，人头马特级在桶内蕴藏超过 12 年，酒色金黄，通透宜人，这种颜色被称为琥珀色，是最佳干邑的标志。

图 7－1　人头马极品 XO

③人头马极品 XO。采用法国的大小香槟区上等葡萄酒酿造并经多年蕴藏，酒味雄劲浓郁，酒质香醇无比（图 7－1）。凹凸有致的圆形瓶身，典雅华贵，乃 XO 中之极品干邑。

④人头马黄金时代。瓶身金光闪耀，瓶颈部分更用 24K 纯金镶嵌，并有线条细腻的花纹，显出高贵不凡的气派。它秉承了人头马特优香槟干邑的特性，在橡木桶里蕴藏逾 40 年之久，又经过 3 代酿酒师的精心酿制，酒质馥郁醇厚，酒香细绵悠长。

⑤人头马路易十三纯品。采用产量最稀少、品质最上乘的顶级名酿，酒质浑然天成，醇美无瑕，芳香扑鼻，达到酿

酒艺术的最高境界。因而每年产量稀少，使人头马路易十三更显珍贵。

（2）**轩尼诗**（Hennessy）**酒厂**

在法国干邑领域中，创建于1765年的轩尼诗酒厂可算是最优秀的一员。该厂的创办人理查·轩尼诗，原是爱尔兰的一位皇室侍卫。他在20岁时就立志，要在干邑地区发展酿酒事业。经过6代人的努力，轩尼诗干邑的质量不断提高，产量不断上升，已成为干邑地区最大的三家酒厂之一。1870年，该厂首次推出以XO命名的轩尼诗。主要产品有：

①轩尼诗XO（Hennessy XO）。轩尼诗XO始创于1870年，是世上最先以XO命名的干邑，原是轩尼诗家族款待挚友的私人珍藏。该酒于1872年传入中国，自此深受国人喜爱（图7－2）。

②轩尼诗VSOP（Hennessy VSOP）。精选酒质醇厚的生命之水，以旧橡木桶长年累月酿制而成的轩尼诗VSOP特别香醇细腻，具有成熟温厚、优雅高尚的性格，深受饮家喜爱。

图7－2　轩尼诗XO

（3）**金花**（Camus）**酒厂**

1863年，约翰·柏蒂斯·金花（Jean Baptise Camus）与他的好友在法国干邑地区创办金花酒厂，并应用“伟大的标记”为徽号。金花酒的特点是品质轻淡，而且使用旧的橡木桶贮酒老熟，目的是尽量使橡木桶的颜色和味道渗入酒液中，由此形成的风格比较别致。主要产品有：

①三星级金花白兰地。产量极少。

②VSOP级干邑。以边缘区所酿的原酒为主。

③拿破仑级干邑。其原酒分别来自大香槟区和小香槟区，然后进行调制而成。

④拿破仑特级（Napoleon Extra）。拿破仑特级特地选用另外两个干邑小地区的原酒为主要成分，再精心调制而成。

（4）**马爹利**（Martell）**公司**

1715年生于英法海峡贾济岛上的尚·马爹利来到法国的干邑，创办了马爹利公司。马爹利热心地培训酿酒师，并自己从事酒类混合工作。他所酿造的白兰地具有“稀世罕见之美酒”的美誉。

该公司生产的三星级马爹利和VSOP级马爹利，是世界上最受欢迎的白兰地之一，在日本的销量一直处在前三名。该公司在中国推出的名士马爹利、XO马爹利和金牌马爹利，均受到了欢迎。

（5）**百事吉**（Bisquit）**酒厂**

百事吉酒厂创立于1819年，已有170余年酿制干邑的经验。百事吉酒厂拥有干邑内最广阔的葡萄园地，是最早颇具规模的大蒸馏酒厂，贮存干邑酒所需要的橡木桶全部由自己手工精制，以确保整个酿制工艺中的每一步骤都能一丝不苟地进行，其酒质馥郁醇厚。

该厂特别推出一种名为“百事吉世纪珍藏”（Bisquit Privlege）的珍品。据介绍，它的每一滴酒液都经过100年以上的酿藏，其中更含有19世纪中末期Phylloxera蚜虫出现前的奇珍，经过缜密的调配，酒香馥郁扑鼻，质醇浓，入口似丝绸般的柔顺，余韵绵长，酒度41.5%，是完全天然老熟的结果，绝无人工加水稀释的痕迹。

图7－3 拿破仑干邑白兰地

（6）**拿破仑**（Courvoisier Cognac）**酒厂**

拿破仑干邑白兰地是法国干邑区名酿，远在19世纪初期已深受拿破仑一世欣赏，到1869年被指定为拿破仑宫廷御用美酒。由于品质优良，产品广泛销售到世界160多个国家，并获得许多奖项。它们的干邑酒瓶上别出心裁地印有拿破仑像投影，也成为大家熟悉的干邑极品标志（图7－3）。

2. **雅文邑**（Armagnac）

产地：雅文邑是在法国波尔多地区东南部裘司（Gers）地方生产的白兰地。它所采用的葡萄品种与干邑酒一样，都为白玉霓（Ugni blanc）和白福儿（Folle blanche）。雅文邑自1422年以来就生产出世界上最古老的白兰地酒，不过直到17世纪中期才初次出口到荷兰。

特点：雅文邑酒质优秀，虽酒味较烈，但还是有不少人喜欢它。曾有人这样评价：干邑是都会型的白兰地，雅文邑是有田园风味的白兰地。

工艺：雅文邑白兰地与干邑白兰地的口味有所不同，主要原因是干邑酒的初次蒸馏和第二蒸馏是分开进行的，而雅文邑则是连续进行的。另外，干邑酒贮存在利穆赞（Limousin）木桶中，而雅文邑则是贮存在黑木桶（Black Oak）酒桶中老熟的。由于雅文邑主要供应内销，出口量较少，因此其知名度比不上干邑白兰地。

酒标：VS或3个星表示勾兑时所用的酒龄最短的白兰地酒至少已陈酿3年。VO VSOP或reserve表示勾兑时所用的酒龄最短的白兰地酒至少已陈酿5年。Extra Napoleon XO vieillereserve表示勾兑时所用的酒龄最短的白兰地酒至少已陈酿6年。Hors d'Age表示勾兑时所用的酒龄最短的白兰地酒至少已陈酿10年。一般来说，雅文邑酒在木桶中储存的时间越长，口感和柔滑度越好。但是如果超过40年，酒精和水分蒸发得太多，酒会变得黏稠。法国政府立法规定，如果雅文邑酒的酒标上注明好了酒酿成的年份，它仅表示该酒蒸馏的年份而不是葡萄收获的年份，生产商还必须注明雅文邑酒从桶中转移到玻璃瓶中的年限。所有的雅文邑酒必须在酒标上注明生产年限，不同品牌的雅文邑酒不得互相混合。为了保证质量，雅文邑酒必须贮存10年以上才能出售。

名厂名品：

（1）**爱得诗酒厂**。法国爱得诗酒厂创立于1852年，是由法国罗兰爱得和夏利诗话两位青年人在波尔多合资设厂而产生的，其后人秉承传统的酿酒方法，产品行销世界。主要品牌为爱得诗。

（2）**梦特娇酒厂**。梦特娇酒厂创立于300多年前，其创业者是大仲马小说《三剑客》中的主要原型人物达尔尼安的直系子孙。长期以来，该厂严格保持雅文邑的水准，产品有水晶XO级和扁圆磨砂两种，受到饮家喜爱。主要品牌为梦特娇。

（二）其他国家的白兰地

1. 西班牙白兰地

产地：西班牙白兰地的质量仅次于法国，居世界第二位。它是用雪利酒蒸馏、橡木桶贮存而成。它的口味与法国干邑和雅文邑大不相同，具有显著的甜味和土壤味。

工艺：由于西班牙盛产不经过发酵的葡萄酒（当地葡萄榨汁后，马上添加白兰地以抑制其发酵），因此需要耗用大量的白兰地，为此，生产白兰地的酒厂都要向各地收购用葡萄蒸馏所得的白兰地原酒。

名品：（1）**威廉大帝系列**。威廉大帝白兰地口感甘美，气味浓烈芳醇，嚼时柔滑，咽吞时回畅，咽下后齿颚留香。细细尝之，着实增加了不少生活乐趣，对喜欢品酒的人士而言，更带来白兰地的新感受。

（2）**亚鲁米兰特**（Acmirante）。该品牌的含义是“提督”。亚鲁米兰特由著名的伊比利亚半岛公司生产，这里还是生产雪利酒的著名公司。亚鲁米兰特白兰地酒的最大特点是散发糖果的香气。

（3）**康德·欧士朋白兰地酒**（Conde De Osborne）。康德·欧士朋白兰地酒以酿酒公司命名。该公司创建于1772年，是西班牙著名的雪利酒和白兰地酒酿造公司。该酒无任何添加剂，是优质白兰地酒。

2. 美国白兰地

产地：美国白兰地自1993年起，全都在加利福尼亚州生产。

工艺：美国白兰地是用当地葡萄酒蒸馏得到的酒精，贮存在50加仑的美国橡木桶中。美国酒法规定该酒的酒龄最少为2~4年，也有多达8年的陈白兰地可供上市。

名品：教徒白兰地（Christian Brother）。

3. 秘鲁白兰地

特点：秘鲁生产白兰地的历史相当久远。在当地一般不把这种酒称为白兰地，而叫皮斯科（Pisco），是以秘鲁南方的港口命名的。皮斯科最早是南美洲一个会制作独特酒瓶的民族的名字。这个民族善于制作一些黑色的造型陶器，当地所产的白兰地大多采用这种陶瓶来盛装，日子久了，大家便称这种酒为皮斯科。尽管现在都用玻璃瓶来包装秘鲁白兰地了，但还是按习惯称之为皮斯科。

工艺：秘鲁生产白兰地是采用皮斯科港口附近的伊卡尔山谷中栽培的葡萄为原料，经酿成白葡萄酒后，再蒸馏而成。它采用陶罐贮存，不使用橡木酒桶，而且贮存期限很短。

名品：秘鲁酸酒（皮斯科白兰地）。

4. 德国白兰地

特点：德国白兰地的特点是醇美。

工艺：因为德国生产葡萄酒的量较少，因此它除了利用国内生产的少量葡萄酒来蒸馏白兰地外，多数是进口法国葡萄酒后再生产白兰地，同时也用法国的橡木桶来贮存白兰地。

名品：

（1）**阿斯巴哈**（Asbach）。阿斯巴哈是著名德国白兰地酒品牌。该酒以创始人命名，由莱茵河畔的卢地斯哈姆村酒厂生产。该酒在德国国内评比中，获得金奖。

（2）**葛罗特**（Goethe）。葛罗特以酿酒公司命名，该酒由汉堡市葛罗特酿酒公司生产，特点是具有甘甜醇厚的味道，其中 XO 特别陈酿以贮存 6 年以上的陈酒混合而成。

（3）**玛丽亚克郎**（Mariacorn）。玛丽亚克郎起源于玛丽亚克郎修道院，后来在莱茵河畔酒厂生产，特点是口感柔和，有德国白兰地酒的品质保证书。

5. 希腊白兰地

特点：希腊白兰地，味清美而甜润，用焦糖着色，因此酒色较深。

工艺：希腊与葡萄牙、西班牙一样也生产强化葡萄酒，工艺上采用葡萄酒精（即白兰地）抑制葡萄汁发酵，从而使酒中保留糖分的方法，事实上，所加入的白兰地质量很好。

名品：Metaxa。Metaxa 的标贴上还有一个特别之处，就是它用 7 颗五角星来表示陈年久远。

（三）水果白兰地

除葡萄可用来制成白兰地外，其他水果如李子、梅子、樱桃、草莓、橘子等，经过发酵，也可制成各种白兰地。

1. 苹果白兰地

产地：生产苹果白兰地的主要国家是美国和法国，在美国称为 Apple Jack，在法国称为 Calvados，Calvados 是法国诺曼底的一个镇，是苹果酒的主要产地，此酒名即由镇名而来。

特点：美、法两国苹果白兰地的区别是：第一，贮存年份和酒度不同，法国产品酒龄 10 年，美国产品桶贮 5 年；第二，瓶装时美国酒度为 100proof，法国是 90proof。苹果白兰地的酒色由木桶得到，并有着明显的苹果味。

2. 樱桃白兰地

产地：前南斯拉夫及北欧一些国家。

工艺：樱桃白兰地采用前南斯拉夫杜马泰区的樱桃酿制。它精选品质成熟、色泽深厚的樱桃，经破碎、压榨、发酵，再加以蒸馏，从而制成可以净饮或者加冰后再饮的樱桃白兰地。此外，北欧一些国家也采用樱桃作为制酒的原料，其工艺为将樱桃果实及种子搅烂进行发酵酿酒，再经过蒸馏成为樱桃白兰地。

特点：樱桃白兰地的酒度一般在 25% ~32% 之间。丹麦的哥本哈根有一家名为希林克的酒厂，创建于 1818 年，是该国制造樱桃白兰地的鼻祖。该厂有一个樱桃园，距离哥本哈根约 80 公里，园内种植樱桃树 13 万株，每年 8 月份采收时，大量成熟樱桃的果实被运进酒厂，所生产的樱桃白兰地名为“樱桃希林克”，向世界市场大量输出，香味独特，酒度为 32%。

第三节 威士忌

一、威士忌的起源

中世纪时，人们偶然发现在炼金用的坩埚（熔炉）中放入某种发酵液会产生酒度强烈的液体，这便是人类初次获得蒸馏酒的经验。炼金术师把这种酒用拉丁语称作 Aquavitae（“生命之水”）。之后，“生命之水”的制作方法传到爱尔兰，爱尔兰人把当地的啤酒蒸馏后，产生了酒度强烈的威士忌酒，于是他们把出产的“生命之水”用自己的语言直接译为 Visge - beatha，这样，威士忌（Whisky）便诞生了。后来，爱尔兰人将威士忌的生产技术带到苏格兰，为逃避国家对威士忌酒生产和销售的税收，躲进苏格兰高地继续酿造。在那里，他们发现了优质的水和原料。此后，威士忌酒的酿造技术在苏格兰得到发扬光大。

威士忌主要生产国大多是英语国家，如英国的苏格兰，以及爱尔兰、美国和加拿大。英国的苏格兰是世界上威士忌最著名的产地。

二、威士忌的特点

威士忌的酒度在40°以上，酒体呈浅棕红，气味焦香。由于威士忌在生产过程中的原料品种和采用数量比例不同，以及麦芽生长的程序、烘烤麦芽的方法、蒸馏的方式、贮存用的橡木桶、贮存年限和勾兑技巧等的不同，它所具有的风味特点也不尽相同。

威士忌是一种值得细细鉴赏品尝的酒。第一步是看颜色。从浅金黄色到深棕黄色，每一种威士忌都有不同的色泽。威士忌的色泽是在其成熟过程中产生的。威士忌贮藏在不同的酒桶，如在旧的贮藏过波旁、雪利、波特、马德拉等葡萄酒的酒桶和橡木桶中缓慢成熟时，酒桶中已有的色泽会慢慢地传递到威士忌中，形成不同的颜色。第二步是闻香气。先倒一点威士忌在玻璃杯中，用手把玻璃杯盖住一会儿，然后轻轻地移开手并旋荡杯中的威士忌，使其他的芳香也都释放出来。第三步是尝味道。慢慢地饮一口威士忌，用舌头把它在嘴里回荡一圈，威士忌的香味溢满整个口腔，口腔中的不同部位会感觉到不同味道。

相关链接　搜索

威士忌的年份与品质

影响威士忌品质的因素有原料、制作、陈年、混配，其中以混配的影响力最大。陈年时间的长短虽然会直接影响威士忌的品质，但并不是陈年时间越长品质越好。每一种酒陈年时间不同，最重要的是要懂得抓住它的巅峰期。分辨威士忌品质的优劣，最快也是最可靠的方法就是从品牌入手，在西方的饮酒文化中，品牌的力量是巨大的，因此，品牌绝对是选择威士忌的最佳指标。

三、著名品牌

（一）苏格兰威士忌

1. 产区

苏格兰威士忌是最负盛名的世界名酒。在苏格兰有著名的四大产区：高地、低地，康贝尔镇和艾莱岛。

（1）**高地**（Highland）。自苏格兰东北部的敦提市（Dunee）起至西南的格里诺克市（Greenock），把这两点连成一条线，在该线的西北称为苏格兰高地。苏格兰高地约有百家纯麦威士忌酒厂，占全苏格兰酒厂总数的70%以上，是苏格兰最著名的，也是最大的威士忌酒生产区。该地区生产不同风味的威士忌酒。高地西部有几个分散的制酒厂，所生产的威士忌酒圆润、干爽，还有泥炭的香气而且各具特色；北部生产的威士忌酒带有当地泥土的香气；中部和东部生产的威士忌酒带有水果香气。目前，高地政府没有把各区划分级别，但是人们习惯把中北部的斯波塞德地区（Speysides）认定为最优秀地区。

（2）**低地**（Lowland）。苏格兰低地在高地的南方，约有 10 家纯麦威士忌酒厂，是苏格兰第二著名威士忌酒生产区。该地区除了生产纯麦威士忌酒外，还生产混合威士忌酒。这片土地生产的威士忌酒不像高地威士忌酒那样受泥炭、海岸盐水和海草的混合影响，相反，其具有本地轻柔的风格。

（3）**康贝尔镇**（Campbel Town）。康贝尔镇在苏格兰的最南部，位于木尔·肯泰尔半岛（Mull of Kintyre）。该地区是苏格兰传统的威士忌酒生产地，所生产的威士忌酒不仅带有清淡的泥炭熏烤风味，而且带有少量的海盐风味。目前该地区共有三家酒厂，它们生产的威士忌酒都很独特，其中斯波兰邦克酒厂（Springbank）生产两种不同风味的纯麦威士忌酒。

（4）**艾莱岛**（Islay）。艾莱岛位于苏格兰西南部的大西洋中，风景秀丽，全长 25 公里。该地区经常受来自赫伯里兹地区（Hebrides）的风、雨及内海气候影响，土地深处存有大量泥炭。该地区还受海草和石炭酸的影响，因此艾莱岛威士忌酒有独特的味道和香气。艾莱岛混合威士忌酒很著名。

2. **分类**

苏格兰威士忌有几千个品种，按照原料的不同和酿造方法的区别，可分为以下三大类：

（1）**纯麦威士忌**（Straight malt whisky）。纯麦威士忌是只用大麦作为原料的威士忌，一般要经过两次蒸馏。蒸馏所获得酒液，酒精含量达 65%，然后注入特制的橡木桶里进行陈酿，成熟后装瓶时勾兑至 40°~43°。陈酿 5 年以上的纯麦威士忌就可以饮用。陈酿 7~8 年者为成品酒，陈酿 20 年者为最优质成品酒。贮存 20 年以上的陈威士忌，酒质反而会下降，但装瓶陈酿酒质可保持不变。

（2）**谷类威士忌**（Grain whisky）。谷类威士忌是采用多种谷物为原料的威士忌，比如燕麦、黑麦、大麦、小麦、玉米等。谷类威士忌只需一次蒸馏，主要用于勾兑其他威士忌和金酒。

（3）**兑和威士忌**（Blended Scoth Whisky）。兑和威士忌是指用纯麦和谷物威士忌勾兑后，在木桶贮存而成的混合威士忌。根据纯麦威士忌和谷类威士忌比例的多少，兑和后的混合威士忌有普通和高级之分。一般来说，纯麦威士忌用量在 50%~80% 者为高级兑和威士忌；如果谷类威士忌所占比重大，即为普通混合威士忌。兑和威士忌在世界上的销售品种最多，是苏格兰威士忌的精华所在。

3. **特点**

苏格兰威士忌与其他国家威士忌相比具有独特的风格。它色泽棕黄带红（酷似中国一些黄酒），给人以浓厚的苏格兰乡土气息的感觉，口感甘洌、醇厚、圆正、绵柔。衡量苏格兰威士忌的主要标准是嗅觉感受，即酒香气味。会喝苏格兰威士忌的人，首先品评的就是酒香。

4. 名品

图7-4 白马威士忌

（1）**白马威士忌**（White Horse）。白马威士忌（图7-4）由著名威士忌制造商 J. L. Mackie 公司生产。白马威士忌由大约40种单纯威士忌调配酿成，白马之名来自苏格兰爱丁堡一间著名的古朴旅馆。在各种品牌威士忌中，白马威士忌乡土气息最浓厚，带来的是嗅觉和味觉的最大享受。白马威士忌风行日本，价格便宜，在世界很多市场甚受欢迎。

（2）**皇家礼炮21年**。皇家礼炮21年苏格兰威士忌是于1953年为向英女皇伊丽莎白二世加冕典礼致意而创制的，其名字来源于向到访皇室成员鸣礼炮21响的风俗。皇家礼炮21年在橡木桶中至少醇化21年。

（3）**百龄**（Ballantine's）。百龄威士忌以酿酒公司命名。该公司创建于1925年，由乔治·百龄创建。该酒深受欧洲和日本欢迎。酒度43°，有17年和30年熟化期两个品种。

图7-5 金铃

（4）**金铃**（Bell's）。金铃威士忌（图7-5）以酿酒公司命名，该公司建于1825年。苏格兰人把金铃作为喜庆日子和出远门必带之酒。金铃威士忌酒度通常为43°，分为陈酒（Old）、陈酿（Fint Old）、佳酿（Extra）、特酿（Special）和珍品（Rare）等品种。

（5）**珍宝**（J&B）。珍宝威士忌以公司创始人和后来接管公司人名字的第一个字母组成。该产品在世界上100多个国家畅销，有不同口味和不同熟化期的酒，酒度43°。

（6）**高地女王**（Highland Queen）。高地女王威士忌由马克德奈德缪尔公司生产，该公司创建于1893年。该酒以16世纪苏格兰高地女王命名，酒精43°，有15年和21年等品种。

（7）**格兰菲迪**（Glenfiddich）。格兰菲迪威士忌由苏格兰高地斯佩塞特酒厂生产，品牌含义为“鹿之谷”。该酒采用传统配方和工艺。酒度43°，有15年和21年等品种。

（8）**詹姆士·马丁**（James Martin's）。詹姆士·马丁威士忌以酿酒公司创始人命名。

该产品酒度43°，有17年特酿（Special）、佳酿（Fine）和珍品（Rare）等品种。

（9）**强尼沃克**（Johnnie）。强尼沃克威士忌酒以酿酒公司创始人命名。该酒酒度43°，有红牌（Red Label）、黑牌（Black Label）、金牌（Gold Label）等品种。

（10）**族长的选择**（Chieftain's Choice）。苏格兰高地族对族长的称呼为Chieftain。由于这种威士忌酒是生产商自己选择的配方，因此被命名为族长的选择。该酒以高地和低地麦芽为主要原料，有熟化期12年、18年等品种，酒度分别为43°、55°和61°等。

（11）**老牌**（Old Parr）。老牌威士忌（图7－6）以休罗布夏州的100岁以上老农"汤玛斯帕尔"命名，酒度为43°，有12年、佳酿（Superior）等品种。

图7－6 老牌

（12）**先生**（Teacher's）。先生威士忌以酿酒公司名及该酒创始人名命名。酒精为43°，有浓郁的麦香。

（二）爱尔兰威士忌（Irish whiskey）

1. 起源

世界最早的威士忌生产者是爱尔兰人，距今已有700多年的历史，尽管还存在着一些争议，有一些专家和权威人士认为苏格兰是威士忌的鼻祖。爱尔兰人有很强的民族独立性，就连威士忌英文写法与苏格兰威士忌英文写法也都不尽相同。如果注意看威士忌的标签，会发现Whisky和Whiskey，一个有e，一个无e，在苏格兰酿造的威士忌标签上无e字母，而在爱尔兰酿造的威士忌标签上有e字母（有些美国酿造的威士忌也有e）。

2. 特点

爱尔兰威士忌的风格和苏格兰威士忌比较接近。最明显的区别是爱尔兰威士忌没有烟熏的焦香味，口味比较绵长柔润。爱尔兰威士忌比较适合制作混合酒和与其他饮料掺兑共饮（如爱尔兰咖啡Irish Coffee）。

3. 工艺流程

爱尔兰威士忌的原料主要有大麦、燕麦、小麦和黑麦等，大麦占80%左右，爱尔兰威士忌经过3次蒸馏，然后装入木桶老熟陈酿，一般陈酿8～15年。装瓶时，还要进行兑和与掺水稀释至酒度为43°左右。

4. 名品

（1）**布什米尔**（Bushmills）。布什米尔牌威士忌（图7－7）以酒厂命名，以精选大麦制成，生产工艺较复杂，有独特的香味，酒度为43°。

（2）**詹姆士**（Jameson）。詹姆士牌威士忌以酒厂命名，是爱尔兰威士忌的代表。詹姆士（Jameson）12 年威士忌口感十足，是极受欢迎的品牌。

（3）**米德尔敦**（Midleton）。米德尔敦牌威士忌以独特的爱尔兰威士忌酒工艺制成。酒液呈浅褐色，酒度 40°，在发芽大麦中混合未发芽的大麦为原料，没有泥炭气味，口味甘醇柔细，在爱尔兰限量生产以保证质量。

（4）**达拉摩尔都**（Tullamore Dew）。达拉摩尔都威士忌以酒厂命名，酒度为 43°。酒瓶标签上描绘的狗代表牧羊犬，是爱尔兰的象征。

图 7－7 布什米尔

（三）加拿大威士忌（Canadian whisky）

1. 特点

加拿大威士忌的酒液大多呈棕黄色，酒香清芬，口感轻快，爽适，酒体丰满而优美。加拿大威士忌在国外比在国内更有名气，它的原料构成受国家法律制约，一律只准用谷物，占比例最大的谷物是玉米和黑麦。

2. 工艺

加拿大威士忌酿造工艺与其他威士忌基本相同，采用两次蒸馏、橡木桶陈酿，可分为 4 年、6 年、8 年、10 年陈酿期。出售前要进行勾兑和掺和，技师同时使用嗅觉和味觉来测定合适的剂量。

3. 名品

（1）**亚伯达**（Alberte）。亚伯达牌威士忌以酒厂命名，是著名稞麦威士忌酒。酒度 40°，可分为“泉水”和“优质”两个著名品种。

图 7－8 皇冠

（2）**加拿大** OFC（Canadian OFC）。加拿大 OFC 牌威士忌由魁北克省的瓦列非尔德公司生产，以白兰地酒木桶贮存威士忌酒的方式制成。该酒有着香浓轻柔的口味。OFC 是 Old French Canadian 的缩写，该商标中文含义是“集传统法国风味与加拿大风味于一体”。

（3）**皇冠**（Crown Royal）。皇冠牌威士忌（图 7－8）是加拿大威士忌酒超级品，以酒厂命名。1936 年，英国国王乔治六世访问加拿大时饮用过这种酒，因此得名。

（4）**施格兰** VO（Seagram's VO）。施格兰 VO 牌威士忌以酒厂命名。施格兰原为一个家族，这个家族热心于制作威士忌，后来成立酒厂并以施格兰命名。该酒以稞麦和玉米为原料，熟化 6 年以上，经勾兑而成，口味清淡。

(四) 美国威士忌 (American Whiskey)

1. 产地

美国是世界上最大的威士忌生产国和消费国，据统计，每个成年美国人平均每年要消耗16瓶威士忌。美国威士忌的主要生产地在美国肯塔基州（Kentucky）的波旁地区，所以美国威士忌也被称为波旁威士忌。

2. 分类

（1）**波旁威士忌酒**（Bourbon Whiskey）。波旁威士忌以玉米为主要原料（占51% ~ 80%），配以大麦芽和稞麦，经蒸馏后，在焦黑橡木桶中熟化两年以上。酒液呈褐色，有明显焦黑木桶香味。传统上，波旁威士忌必须在肯塔基州生产。

（2）**玉米威士忌酒**（Corn Whiskey）。玉米威士忌以玉米为主要原料（占80%以上），配以少量大麦芽和稞麦，蒸馏后存入橡木桶，熟化期可根据需要而定。

（3）**纯麦威士忌**（Malt Whiskey）。纯麦威士忌以大麦为主要原料（大麦芽占原料的51%以上），配以其他谷物，蒸馏后在焦黑橡木桶里熟化两年以上。

（4）**黑麦威士忌**（Rey Whiskey）。黑麦威士忌以黑麦为主要原料（占51%以上），配以大麦芽和玉米，蒸馏后在焦黑橡木桶中熟化两年以上。

（5）**混合威士忌**（Blended Whiskey）。混合威士忌以玉米威士忌加少量大麦威士忌勾兑而成。

3. 特点

美国威士忌的主要特点是酒液呈棕红色微带黄，清澈透亮，酒香优雅，口感醇厚、绵柔，回味悠长，酒体强健壮实。

4. 名品

（1）**古安逊物**（Ancient Age）。古安逊物牌威士忌以酒厂命名。该酒厂位于美国肯塔基州的肯塔基河旁，使用肯塔基优质水源，因此酒味平稳、顺畅。古安逊物牌威士忌标签突出两个“A”字母，非常醒目。

（2）**波旁豪华**（Bourbon Deluxe）。波旁豪华牌威士忌由得克萨斯州艾普斯泰酒厂出品，波旁的含义是肯塔基州波旁地区。酿酒原料中，玉米含量很高，口味圆润、丰富。

（3）**四玫瑰**（Four Roses）。四玫瑰牌威士忌以酒厂命名。该酒采用肯塔基州谷物酿制，并在焦黑橡木桶中熟化6年。

（4）**乔治·华盛顿**（George Washington）。乔治·华盛顿牌威士忌（图7-9）由美国肯塔基州生产，以人名命名，乔治·

图7-9 乔治·华盛顿

华盛顿是美国第一任总统。该酒的酒味和香气都属于标准波旁威士忌产品。

（5）**怀德·塔基**（Wild Turkey）。怀德·塔基牌威士忌以酿酒公司命名。该公司创建于1855年，位于肯塔基河旁。怀德·塔基牌威士忌是波旁威士忌的代表酒。它精选当地原料，以肯塔基河水酿造，经过连续蒸馏方式生产，使用烧焦的橡木桶熟化8年，是著名的美国波旁威士忌。

第四节 其他蒸馏酒

一、金酒（Gin）

（一）金酒的起源

金酒又称琴酒、毡酒、杜松子酒，是一种以谷物原料为主的蒸馏酒。金酒是在1660年，由荷兰的莱顿大学（University of Leyden）一名叫西尔维斯（Doctor Sylvius）的教授研制成功的。最初制造这种酒是为了帮助在东印度地域活动的荷兰商人、海员和移民预防热带疟疾病，以后用杜松子果浸于酒精中制成的杜松子酒逐渐被人们接受为一种新的饮料。据说，1689年流亡荷兰的威廉三世回到英国继承王位，杜松子酒随之传入英国。

（二）金酒的分类和特点

世界上金酒分为两大类：一类是荷式金酒；另一类是英式金酒。英式金酒又称伦敦干金酒。荷式金酒色泽透明清亮，酒香和香料香气突出，风格独特，个性鲜明，微甜；酒精含量在50°左右，不宜做混合酒，因为它有浓郁的松子香，麦芽香味会淹没其他的味道。英式金酒和荷式金酒有明显的区别，前者口味甘冽，后者口味甜浓。

（三）金酒的生产工艺

荷式金酒是荷兰人的国酒。荷式金酒主要集中在荷兰的阿姆斯特丹和斯希丹两个城市生产。荷式金酒的原料有大麦、黑麦、玉米、杜松子和其他香料（胡妥、白芷、甘草、豆蔻、橙皮、苦杏仁等）。荷式金酒制作的主要过程是先提炼谷物蒸馏原酒，再加入杜松子进行蒸馏，掐头去尾，便得到金酒。金酒无须陈年即可饮用。

金酒在荷兰面世，却在英国发扬光大。英国金酒的生产主要集中在伦敦。英国金酒生产过程较为简单，用食用酒精和杜松子以及其他香料共同蒸馏而得到干金酒，酒精含量高达45°~47°。由于干金酒酒液无色透明、清澈带有光泽，气味奇异清香，口感醇美爽适，既可净饮，又可与其他酒混合配制或做鸡尾酒的基酒，因此很受饮者的欢迎。世界上以干金酒做基酒的鸡尾酒有数百种之多，故有人称干金酒为“鸡尾酒的心脏”。

（四）名品

（1）**英王卫兵牌金酒**（Beefeater）。英王卫兵牌金酒产于英国杰姆斯巴沃公司。该酒以爽快和锐利的口味而著名，酒度47°，是典型的伦敦干金酒。

（2）**波尔斯牌金酒**（Bols）。波尔斯牌金酒由荷兰波尔斯罗依亚尔、迪斯河拉利兹公司生产。波尔斯牌金酒是典型的荷兰金酒，酒度有35°和37°等品种。

（3）**巴内特牌金酒**（Burnett's）。巴内特牌金酒产于英国，以酒厂命名，具有辛辣、爽快的特点，为伦敦干金酒。酒度有40°和47°两个品种。

（4）**哥顿牌金酒**（Gordon's）。哥顿牌金酒产于英国，以酒厂命名，是著名的伦敦干金酒。酒度47°。

（5）**老汤姆牌金酒**（Old Tom）。老汤姆牌金酒香甜易饮，酒度40°，由加拿大亚库提克公司生产。

（6）**伊丽莎白女王牌金酒**（Queen Elizabeth）。伊丽莎白女王牌金酒产于英国，起名于16世纪英国女王伊丽莎白一世。酒度47°，是伦敦干金酒。

二、伏特加（Vodka）

（一）伏特加的起源

世界上有很多国家生产伏特加，如美国、波兰、丹麦等，但以俄罗斯生产的伏特加质量最好。伏特加名字源于俄语中的“Boska”一词，意为“水酒”。其英语名字为Vodka，即俄得克，所以伏特加又被称为俄得克酒。

伏特加的起源可追溯到12世纪，当时沙皇俄国时代曾生产一种稞麦酿制的蒸馏酒，并成为俄国人的“生命之水”，一般认为它就是现今伏特加的雏形。

19世纪40年代，伏特加成为西欧国家流行的饮品。后来伏特加酿造技术被带到美国，随着伏特加在鸡尾酒中的广泛运用，在美国逐渐盛行。

（二）伏特加的分类和特点

根据原料和酿造方法不同，伏特加可分为中性伏特加、加味伏特加。中性伏特加为无色液体，除酒精味外，无任何其他气味，是伏特加酒中最主要的产品。加味伏特加指在橡木桶中贮藏或浸泡过草药、水果（如柠檬、辣椒）等，以增加芳香和颜色的伏特加。

大多数伏特加（图7－10）酒液透明，晶莹而清亮，无香味，口味凶烈，劲大而冲

图 7－10 伏特加

鼻。伏特加可净饮（纯饮）、加冰、兑饮。

（三）伏特加的生产工艺

伏特加是俄罗斯具有代表性的烈性酒，其酿造工艺与众不同。伏特加开始用小麦、黑麦、大麦等原料酿制而成，到 18 世纪以后，采用土豆和玉米等原料酿制。一般先将蒸馏而成的伏特加原酒经过 8 小时以上的缓慢过滤，使原酒酒液与活性炭分子充分接触而净化为纯粹的伏特加。酒精含量高达 96°，装瓶时勾兑成 40°～50°，即可饮用。

（四）名品

（1）**斯托丽那亚牌伏特加酒**（Stolichnaya）。由俄罗斯莫斯科水晶蒸馏厂制造。斯托丽亚那在俄文中表示“首都”。该酒酒度 40°，红色商标斯托丽那亚牌伏特加酒口感绵软、香味清淡，冰镇后配鱼子酱口感最佳。黑色商标斯托丽那亚牌伏特加酒是特制伏特加酒。

（2）**莫斯科伏斯卡亚牌伏特加酒**（Moskovskaya）。莫斯科伏斯卡亚牌伏特加酒酒度 40°，以 100% 谷物为原料，是经过活性炭过滤的精馏伏特加酒。

（3）**克莱波克亚牌伏特加酒**（Krepkaya）。克莱波克亚牌伏特加酒酒度高，俄罗斯生产，是含有 56% 乙醇的伏特加酒。

（4）**奇博罗加牌伏特加酒**（Zubrowka）。奇博罗加牌伏特加酒带有奇博罗加香草（Zobrowke grass）的香气，酒度 50°，浅绿色，甜味，瓶中常放有两株奇博罗加香草。

（5）**斯米尔诺夫牌伏特加酒**（Smirnoff）。斯米尔诺夫牌伏特加酒于 1815 年开始生产，是沙俄皇室用酒，目前由美国休布仑公司生产，成为世界知名伏特加品牌。酒度 45°，味道清爽，以 100% 玉米为原料。

（6）**绝对牌伏特加酒**（Absolut）。绝对牌伏特加酒产于瑞典。1895 年开始生产，以 100% 当地小麦为原料，使用连续发酵工艺。该酒纯洁无瑕，充满芳香。绝对牌伏特加酒成为美国最热销的伏特加酒之一。

（7）**芬兰迪亚牌伏特加酒**（Finlandia）。芬兰迪亚牌伏特加酒由芬兰生产，以小麦为主原料，口味清淡，酒度 40°。

三、朗姆酒（Rum）

（一）朗姆酒概述

朗姆酒（图7－11）是世界上消费量最大的酒品之一，主要生产国有：牙买加、古巴、马提尼克岛、特立尼达和多巴哥、海地、多米尼加、波多黎各、圭亚那等加勒比海国家和地区。

17 世纪初，西印度群岛的欧洲移民开始以甘蔗为原料制造一种廉价的烈性酒，作为兴奋剂和万能药食用。这种酒是现今朗姆酒的雏形。“朗姆”一词来自最早称呼这种酒的名称“Rumbullion”，表示兴奋之意。到了 18 世纪，随着世界航海技术的进步以及欧洲各国殖民地政府的推进，朗姆酒的生产开始在世界各地兴起。由于朗姆酒具有提高水果类饮品味道的功能，因而成为调制混合酒的重要基酒。

图7－11　朗姆酒

（二）朗姆酒的分类和特点

根据不同的甘蔗原料和酿造方法，朗姆酒可分为朗姆白酒、朗姆老酒、淡朗姆酒、朗姆常酒、强香朗姆酒等类别。朗姆白酒是一种新鲜酒，无色透明，蔗糖香味清馨，口味甘润、醇厚，酒体细腻，酒度在55°左右。朗姆老酒是经过 3 年以上陈酿的陈酒，酒液呈橡木色，美丽而晶莹，酒香醇浓而优雅，口味精细圆正，回味甘润。酒度在40°～43°。淡朗姆酒在酿制过程中尽可能提取非酒精物质的朗姆酒，呈淡白色，香气淡雅，适用于做鸡尾酒的基酒。朗姆常酒是传统型朗姆酒，呈琥珀色，光泽美丽，结晶度好，甘蔗香味浓郁，口味醇厚圆正，回味甘润。由于色泽富有个性，又称为“琥珀朗姆酒”。强香朗姆酒香气浓烈馥郁，甘蔗风味和西印度群岛的风土人情寓于其中。

朗姆酒的酒度为43°左右，少数酒品超过45°。朗姆酒是蒸馏酒中最具香味的酒，在制作过程中，可以对酒液进行调香，制成系列香味的成品酒。朗姆酒的颜色多种多样，可放在旧橡木桶中陈酿，无须用新橡木桶陈酿。朗姆酒的饮用方法有纯饮、加冰饮用、兑饮三种。

（三）朗姆酒的生产工艺

朗姆酒是以甘蔗汁、甘蔗糖浆（更多的是以糖渣、泡渣或其他蔗糖副产品）为原料，经发酵、蒸馏，在橡木桶中陈酿而成的酒。因此，朗姆酒实质上是糖业的副产品。

（四）名品

（1）**百加地**（Bacardi）。百加地牌朗姆酒以牙买加百加地酿酒公司命名。1862 年，都·弗汉都·百加地（Don Facundo Bacardi）在古巴建立百加地酿酒公司，使用古巴丰富优质的蜜糖来制造口味清淡、柔和、纯净的低度朗姆酒。1892 年，因西班牙王室的称赞，百加地牌朗姆酒标签加上了西班牙皇家的徽章。根据统计，百加地朗姆酒在世界朗姆酒销量排名第一。目前该公司一改传统浓烈型产品为清淡型产品，其中芳香型朗姆酒酒液呈金黄色，酒度 40°，带有浓郁的芳香，口感柔和。百加地公司新开发品种开拓者选择酒（Fornder Select），无色，清爽，适口，酒度 40°，深受亚洲市场的青睐。

（2）**摩根船长**（Captain Morgan）。摩根船长牌朗姆酒取名于海盗队长“亨利·摩根”。在该品牌的各种产品中，有无色清淡型、金黄色芳香型、深褐色浓烈型，酒度都是 40°。摩根船长牌朗姆酒融合了热带地区乡土风味和各种芳香味，是牙买加的名酒。

（3）**克雷曼特**（Clement）。克雷曼特牌朗姆酒以公司命名。该酿酒公司位于朗姆酒生产的黄金地带——马提尼克岛。该品牌代表优质朗姆酒。克雷曼特朗姆酒有数个著名品种，如 40°与 45°无色朗姆酒、42°与 44°金黄色芳香型酒等。

（4）**美雅士波兰特宾治**（Myer's Planter Punch）。美雅士牌朗姆酒以公司命名，是牙买加著名朗姆酒。该公司以创业人——佛列德·L. 美雅士而得名。美雅士牌朗姆酒需熟化 5 年并与浓果汁混合，酒液呈深褐色，口味浓烈，芳香甘醇，酒度 40°。它不仅可以饮用，而且广泛用于糕点和糖果中，是著名的浓烈型朗姆酒。

四、特基拉酒（Tequila）

（一）特基拉酒概述

特基拉酒产于墨西哥，是一种以龙舌兰（Agave）为原料的蒸馏酒。它必须经过两次蒸馏，并且陈酿贮存。由于贮存的工具不同，酒液的颜色也不同。特基拉酒有两种颜色，一种无色透明，一种呈橡木色。它香气奇异，口味凶烈，酒精含量为 40% ~50%。

特基拉酒是墨西哥人喜爱的酒品。每当饮酒时，墨西哥人总先在手背上倒些细盐末吸食，有时也用柠檬和辣椒佐酒，以具有咸、酸、辣等强烈味感的东西下酒，恰似火上浇油，极尽强刺激之功能。这种十分独特的饮酒方式给人以畅快淋漓之感，美不胜收。另外，特基拉酒还是著名鸡尾酒“旭日东升”的基酒。

（二）特基拉酒分类和特点

根据特基拉酒的颜色，可分为白色和金黄色两种。

（1）**白色特基拉酒**（White Tequila）。白色特基拉酒又称银色特基拉酒（Silver Tequila），是把制成的特基拉酒贮存在瓷制的酒缸中，一直保持无色，其酒液外观清凉透明。部分特基拉酒没有经过贮存即装瓶出售，此类酒的质量较粗劣。

（2）**金黄色特基拉酒**（Gold Tequila）。金黄色特基拉酒属于陈酿特基拉酒，在旧橡木桶中贮存至少1年，多数达3年甚至更长的时间，因而有来自橡木桶的金黄色，酒质柔和醇厚，酒香较浓。

（三）特基拉酒生产工艺

龙舌兰要经过10~12年才能成熟，叶子呈灰蓝色，可达10尺长。成熟时的龙舌兰看起来就像巨大的郁金香。制作特基拉酒时，要把龙舌兰外层的叶子砍下，取其中心部位的果实，然后再把它放入炉中蒸煮，以浓缩甜汁，并且把淀粉转换成糖类。经煮过的果实再送到另一机器挤压成汁发酵。果汁发酵达酒度80°即开始蒸馏。特基拉酒在铜质单式蒸馏器中蒸馏两次，未经过木桶成熟的酒，透明无色，称为白色特基拉酒，味道较呛；另一种金黄色特基拉酒，因淡琥珀色而得名，通常在橡木桶中至少贮存1年，味道与白兰地近似。

（四）名品

特基拉酒中比较著名的有：凯尔弗（Cuervo）、斗牛士（EL Toro）、赫雷杜拉（Herradura）、欧雷（Ole）、玛丽亚基（Mariachi）和索查（Sauza）等。

复习与思考

一、名词解释

白酒　白兰地　酒度　挂杯

二、简答题

1. 如何品评中国白酒？
2. 如何判断白兰地的酒质？
3. 威士忌的年份与酒质的关系是什么？
4. 特基拉酒的饮用方法是什么？

三、 单项选择题

1. 法国干邑酒（Cognac）的6个产区中，大香槟区属于(　　)。
   A. 头等产区　B. 普通林区　C. 优质林区　D. 一般产区
2. 除干邑（Cognac）地区之外，法国另一个世界级的白兰地酒产区是(　　)。
   A. 普罗旺斯　B. 阿尔萨斯　C. 雅文邑　D. 波尔多
3. 从1993年起，美国白兰地酒都产自于(　　)。
   A. 宾夕法尼亚州　B. 纽约州　C. 田纳西州　D. 加利福尼亚州
4. 以下酒品中属于米香型白酒代表酒的是(　　)。
   A. 四川泸州老窖特曲　B. 贵州茅台酒
   C. 山西杏花村汾酒　D. 桂林三花酒

四、 多项选择题

1. 按照法国政府对干邑酒的分级，超过20年酒龄的干邑可称为(　　)。
   A. Paradis　B. VS　C. VSOP　D. Louis XIII　E. XO
2. 五粮液用5种原料酿制而成，以下属于其酿酒原料的是(　　)。
   A. 高粱　B. 糯米　C. 小米　D. 小麦　E. 玉米
3. 下列中国白酒的命名中，属于以产地命名的有(　　)。
   A. 茅台酒　B. 高粱酒　C. 津酒　D. 杜康酒　E. 太白液
4. 以下属于特基拉酒品牌的是(　　)。
   A. Ballantine　B. Cuervo　C. Courvoisier　D. Sauza　E. Beefeater

五、 案例分析题

干邑白兰地和雅文邑白兰地鉴别

小刘是一名即将进入酒店的实习生，平时很喜欢酒水，一心想进入酒吧实习。在部门领班带领实习生们参观酒吧的时候，看着搁置在酒架上的各种酒水，实习生们都很是好奇，也都产生了来酒吧实习的愿望。为了挑选一名适合在酒吧实习的学生，领班就指着酒架上的干邑白兰地和雅文邑白兰地，请同学们说出同是法国产的白兰地，它们之间的区别。

根据以上案例，回答如下问题：

1. 干邑白兰地和雅文邑白兰地在口味和风味上有什么区别？
2. 干邑白兰地和雅文邑白兰地分属于怎样的质量等级？

第八章 酿造酒

本章导读

酿造酒（Fermented Wine），又称原汁发酵酒，是以水果或谷物为原料，经过直接提取或采用压榨法制成的低度酒，酒度常在3.5°~12°，包括葡萄酒、啤酒、黄酒等。葡萄酒、啤酒和黄酒在酿造过程中，在原料的选择、加工处理、发酵过程、提取方式等环节存在共性，同时也存在个性，正是这些共性和个性的适当结合才使酿造出的酒各具特色，风味不同。

葡萄酒是以葡萄为原料，经发酵制造的。世界上许多国家都生产葡萄酒，其中以法国、德国、意大利、美国、西班牙等国生产的葡萄酒最为有名。葡萄酒可根据糖分、酒度、颜色、出产地等进行分类。其名称通常由4个方面组成：葡萄名、地名、公司名和商标名。

啤酒是一种低度酒，所含有的营养成分容易被人体吸收，其中人体对啤酒中糖分的吸收率高达90%。啤酒主要以大麦、啤酒花、酵母菌、水为原料，经选料、浸泡、发酵、熟化等过程制成，不同的生产工艺形成不同的风味。

黄酒是用谷物做原料，用麦曲或小曲作糖化发酵剂制成的酿造酒，唯我国独有。黄酒可按含糖量、酿造方法、酿酒用曲来进行分类。不同产地、不同品牌的黄酒，色、香、味也各不相同。

学习目标

知识目标

1. 了解发酵酒的分类、发酵原理和工艺流程。
2. 了解发酵酒的主要产地和知名品种。

能力目标

1. 掌握葡萄酒、啤酒、黄酒的主要分类和命名方法。
2. 掌握各类发酵酒的品鉴和储存方法。

案例

花雕酒的来历

在古代，黄酒早期都是富豪绅士专用，只有有钱人和有才华的人才能用上等糯米酿黄酒自饮。为表明黄酒的珍贵，有艺术家、画家倡议在酒坛上刻上花纹、图案、彩绘，如“八仙过海”“龙凤呈祥”“嫦娥奔月”等，也是以兆吉祥。早期实际上叫雕花酒，但叫来不好听，仅倒叫花雕酒比较顺口。久而久之，人们便把高档黄酒称为花雕酒了。

案例分析

1. 黄酒为什么又叫花雕酒？
2. 黄酒有什么特点？

第一节 葡萄酒

一、葡萄酒概述

葡萄酒，是以葡萄为原料，经自然发酵、陈酿、过滤、澄清等一系列工艺流程所制成的酒精饮料。葡萄酒酒度常在9°~12°。欧美各国习惯在就餐时饮用葡萄酒，因为蒸馏酒和配制酒酒度较高，入口会使口舌麻痹，影响味觉，从而影响对菜肴的品尝，所以葡萄酒是餐厅中的主要酒品。

（一）葡萄酒的历史

1. 外国葡萄酒历史

葡萄酒的演进和西方文明的发展紧密相连。葡萄酒大约是在古代的新月（今伊拉克一带的两河流域）地区，从尼罗河到波斯湾一带河谷的辽阔农作区域某处发祥的。这个地区出现的早期文明（公元前4000~前3000年）归功于肥沃的土壤。这里也是酿酒用的葡萄茂盛生长的地区。随着城市的兴盛取代原始的农业部落，怀有领土野心的古代航海民族从最早的腓尼基（今叙利亚）人一直到后来的希腊、罗马人，不断将葡萄树种与酿酒的知识散布到地中海，乃至整个欧洲大陆。

罗马帝国在395年分裂为东、西两部分，分裂出来的西罗马帝国（法国、意大利北部和部分德国地区）里的基督教修道院详细记载了关于葡萄的收成和酿制过程。这些记录帮助人们培植出在特定农作区最适合栽种的葡萄品种。768～814 年统治西罗马帝国的查理曼大帝，其权势也影响了此后的葡萄酒发展。这位伟大的皇帝预见并规划了法国南部到德国北部葡萄园遍布的远景，位于勃艮第（Burgundy）产区的可登－查理曼顶级葡萄园也曾经一度是他的产业。

大英帝国在伊丽莎白一世女王的统治下，成为拥有一支强大的远洋商船船队的海上霸主。其海上贸易将葡萄酒从许多个欧洲产酒国家带到英国。英国对烈酒的需求，亦促成了雪利酒、波特酒和马德拉酒的发展。

美国独立战争期间，法国被公认为最伟大的葡萄酒盛产国。杰弗逊（美国独立宣言起草人）曾在写给朋友的信中热情地谈及葡萄酒的等级，并且也极力鼓动将欧洲的葡萄品种移植到新大陆来。这些早期在美国殖民地栽种、采收葡萄的尝试大部分都失败了，而且在树种交流、移植的过程中，一种危害葡萄树至深的害虫被带到欧洲，造成 19 世纪末的葡萄根瘤蚜病，使绝大多数的欧洲葡萄园毁于一旦。不过，若要说在这一场灾变中有什么值得庆幸的事，那便是葡萄园的惨遭蹂躏启发了新的农业技术，以及欧洲酿制葡萄酒版图的重新分配了。

近些年来，农耕技术的迅猛发展使人们可以保护作物免于遭到霉菌和蚜虫的侵害，葡萄的培育和酿制过程逐渐变得科学化。世界各国也广泛立法来鼓励制造信用好、品质佳的葡萄酒。今天，葡萄酒在全世界气候温和的地区都有生产，并且有数量可观的不同种类葡萄酒可供消费者选择。

2. 中国葡萄酒的历史

据考证，我国在西汉时期就已种开始种植葡萄并有葡萄酒的生产了。司马迁在《史记》中首次记载了葡萄酒。公元前 138 年，外交家张骞奉汉武帝之命出使西域，看到“宛左右以蒲陶为酒，富人藏酒至万余石，久者数十岁不败。俗嗜酒，马嗜苜蓿。汉使取其实来，于是天子始种苜蓿，蒲陶肥饶地。及天马多，外国使来众，则离宫别馆旁尽种蒲陶，苜蓿极望”（《史记·大宛列传》第六十三）。大宛是古西域的一个国家，在中亚费尔干纳盆地。这一则史料充分说明我国在西汉时期，已从邻国学习并掌握了葡萄种植和葡萄酿酒技术。《吐鲁番出土文书》中有不少史料记载了 4～8 世纪吐鲁番地区葡萄园种植、经营、租让及葡萄酒买卖的情况。从这些史料可以看出，在那一历史时期，葡萄酒生产的规模是较大的。

东汉时，葡萄酒仍非常珍贵，据《太平御览》卷 972 引《续汉书》云：“扶风孟佗以葡萄酒一斗遗张让，即以为凉州刺史。”足以证明当时葡萄酒的稀罕。

葡萄酒的酿造过程比黄酒要简化，但是由于葡萄原料的生产有季节性，终究不如谷物原料那么方便，因此葡萄酒的酿造技术并未大范围推广。在历史上，内地的葡萄酒生产一直是断断续续维持下来的。唐朝和元朝时从外地将葡萄酿酒方法引入内地，而以元朝时的规模最大，其生产主要集中在新疆一带。元朝时，在山西太原一带也有过大规模的葡萄种植和葡萄酒酿造历史，而此时汉民族对葡萄酒的生产技术基本上是不得要领的。

汉代虽然曾引入了葡萄及葡萄酒种植和生产技术，但却未使之传播开来。汉代之后，中原地区大概就不再种植葡萄，一些边远地区时常以贡酒的方式向后来的历代皇室进贡葡萄酒。唐代时，中原地区对葡萄酒已不是一无所知。唐太宗从西域引入葡萄，《南部新书》丙卷记载："太宗破高昌，收马乳葡萄种于苑，并得酒法，仍自损益之，造酒成绿色，芳香酷烈，味兼醍醐，长安始识其味也。"宋代类书《册府元龟》卷970记载，高昌故址在今新疆吐鲁番东20多公里，当时其归属一直不定。唐朝时，葡萄酒在内地有较大的影响力，从高昌学来的葡萄栽培技术及葡萄酒酿造方法在唐代可能延续了较长的时间，以至在唐代的许多诗句中，葡萄酒的芳名屡屡出现。有脍炙人口的"葡萄美酒夜光杯，欲饮琵琶马上催"（王翰《凉州词》）。刘禹锡也曾作诗赞美葡萄酒："我本是晋人，种此如种玉，酿之成美酒，尽日饮不足。"白居易、李白等都有吟诵葡萄酒的诗。当时的胡人在长安还开设酒店，销售西域的葡萄酒。元朝统治者对葡萄酒非常喜爱，规定祭祀太庙必须用葡萄酒，并在山西的太原、江苏的南京开辟葡萄园，至元年间还在宫中建造葡萄酒室。

明代徐光启的《农政全书》卷30中记载我国栽培的葡萄品种："水晶葡萄，晕色带白，如着粉形大而长，味甘；紫葡萄，黑色，有大小两种，酸甜两味；绿葡萄，出蜀中，熟时色绿，至若西番之绿葡萄，名兔睛，味胜甜蜜，无核则异品也；琐琐葡萄，出西番，实小如胡椒……"

（二）葡萄酒的分类

1. 按色泽分类

（1）**白葡萄酒**。白葡萄酒选择白葡萄或浅红色果皮的酿酒葡萄，经过皮汁分离，取其果汁进行发酵酿制而成。这类酒的色泽应近似无色，有浅黄带绿、浅黄或禾秆黄，颜色过深不符合白葡萄酒的色泽要求。

（2）**红葡萄酒**。红葡萄酒选择皮红肉白或皮肉皆红的酿酒葡萄，采用皮汁混合发酵，然后进行分离陈酿而成。这类酒的色泽应成自然宝石红色或紫红色或石榴红色等，失去自然感的红色不符合红葡萄酒的色泽要求。

（3）**桃红葡萄酒**。桃红葡萄酒是介于红、白葡萄酒之间，选用皮红肉白的酿酒葡萄，进行皮汁短期混合发酵，达到色泽要求后进行皮渣分离，继续发酵，陈酿成为桃红葡萄酒。这类酒的色泽是桃红色、玫瑰红或淡红色。

2. 按含糖量分类

（1）**干葡萄酒**。含糖（以葡萄糖计）小于或等于4.0g/L，或者当总糖与总酸（以酒石酸计）的差值小于或等于2.0g/L时，含糖最高为9.0g/ L的葡萄酒为干葡萄酒。

（2）**半干葡萄酒**。含糖大于干葡萄酒，最高为12.0g/L，或者当总糖与总酸（以酒石酸计）的差值小于或等于2.0g/L时，含糖最高为18.0g/L的葡萄酒为半干葡萄酒。

（3）**半甜葡萄酒**。含糖大于半干葡萄酒，最高为45.0g/L的葡萄酒为半甜葡萄酒。

（4）**甜葡萄酒**。含糖大于45.0g/L的葡萄酒为甜葡萄酒。

3. 按是否含二氧化碳分类

（1）**静止葡萄酒**。在20℃时，二氧化碳压力小于0.5MPa的葡萄酒为静止葡萄酒。

（2）**起泡葡萄酒**。在20℃时，二氧化碳压力等于或大于0.5MPa的葡萄酒为起泡葡萄酒。通俗地说，就是会冒泡泡的葡萄酒。

4. 按饮用方式分类

（1）**开胃葡萄酒**。开胃葡萄酒在餐前饮用，主要是一些加香葡萄酒，酒度一般在18%以上。我国常见的开胃酒有“味美思”。

（2）**佐餐葡萄酒**。佐餐葡萄酒同正餐一起饮用，主要是一些干型葡萄酒，如干红葡萄酒、干白葡萄酒等。

（3）**待散葡萄酒**。待散葡萄酒在餐后饮用，主要是一些加强的浓甜葡萄酒。

相关链接 搜索

上葡萄酒的规则

上葡萄酒时，如有多种葡萄酒，哪种酒先上，哪种酒后上？国际通用规则是：先上白葡萄酒，后上红葡萄酒；先上新酒，后上陈酒；先上淡酒，后上醇酒；先上干酒，后上甜酒。

（三）葡萄酒的成分

（1）**葡萄**。葡萄是葡萄酒最主要的酿制原料，葡萄的质量与葡萄酒的质量有着紧密的联系。据统计，世界著名的葡萄有70多种，其中我国约有35个品种。葡萄的种植区主要分布在北纬53°至南纬43°的广大区域。按地理分布和生态特点可分为：东亚种群、欧亚种群和北美种群，其中欧亚种群的经济价值最高。

（2）**葡萄酒酵母**。葡萄酒是通过酵母的发酵作用将葡萄汁制成酒的。因此酵母在葡萄酒生产中占有很重要的地位。优良葡萄酒除本身的香气外，还包括酵母产生的果香与酒香。酵母的作用能将酒液中的糖分全部发酵，使残糖在4g/L以下。此外，葡萄酒酵母具有较高的二氧化硫抵抗力和较高的发酵能力，可使酒液含酒精量达到16%，且有较好的凝聚力和较快的沉降速度，能在低温15℃或适宜温度下发酵，以保持葡萄酒新鲜的果香味。

（3）**添加剂**。添加剂指添加在葡萄发酵液中的浓缩葡萄汁或白砂糖。通常优良的葡萄品种在适合的生长条件下可以产出合格的制作葡萄酒的葡萄汁，然而由于自然条件和环境等因素，葡萄含糖量常不能达到理想的标准，这时需要调整葡萄汁的糖度，加入添加剂以保证葡萄酒的酒度。

（4）**二氧化硫**。二氧化硫是一种杀菌剂，能抑制各种微生物的活动。葡萄酒酵母抗二氧化硫能力强，在葡萄发酵液中加入适量的二氧化硫可以使葡萄发酵顺利进行。

（四）葡萄酒的酿造工艺

经过数千年经验的积累，现今的葡萄酒不仅种类繁多，而且酿造过程复杂，有各种不同的烦琐细节。

（1）**筛选**。采收后的葡萄有时会夹带未成熟或腐烂的葡萄，特别是在不好的年份，此时酒厂会在酿造前认真筛选。

（2）**破皮**。由于葡萄皮含有丹宁、红色素及香味物质等重要成分，所以在发酵之前，特别是红葡萄酒，必须破皮挤出葡萄肉，让葡萄汁和葡萄皮接触，以便让这些物质溶解到酒中。破皮的过程需谨慎，以避免释放出葡萄梗和葡萄籽中的油脂和劣质丹宁，影响葡萄酒的品质。

（3）**去梗**。葡萄梗中的丹宁收敛性较强，不完全成熟时常带刺鼻草味，必须全部或部分去除。

（4）**榨汁**。所有的白葡萄酒都要在发酵前进行榨汁（红酒的榨汁则在发酵后），有时不需要经过破皮、去梗的过程而直接压榨。榨汁时必须特别注意压力不能太大，以避免苦味和葡萄梗味。

（5）**去泥沙**。压榨后的白葡萄汁通常还混杂有葡萄碎屑、泥沙等异物，容易引发霉变，发酵前需用沉淀的方式去除。由于葡萄汁中的酵母随时会开始酒精发酵，所以沉淀的过程需在低温下进行。红酒因浸皮与发酵同时进行，所以不需要这个程序。

（6）**发酵前低温浸皮**。这个过程是新近发明的，还未被普遍采用，其目的在于增进白葡萄酒的较浓郁水果香。已有红酒开始采用这种方法酿造。此法在发酵前低温进行。

（7）**酒精发酵**。葡萄的酒精发酵是酿造过程中最重要的一步，其原理可简化成以下形式：

葡萄中的糖分＋酵母菌＋酒精（乙醇）＋二氧化碳＋热量

通常葡萄糖本身就含有酵母菌。酵母菌必须处在10℃～32℃的环境下才能正常发酵。温度太低，酵母活动会变慢甚至停止；温度过高，则会杀死酵母菌，使酒精发酵完全中止。由于发酵的过程会使温度升高，所以温度的控制非常重要。一般白葡萄酒和红葡萄酒的酒精发酵会持续到所有糖分皆转化成酒精为止，而甜酒的制造则是在发酵中途加入二氧化碳停止发酵，以保留部分糖分在酒中。酒精浓度超过15%也会中止酵母的发酵，酒精强化葡萄酒即是运用此原理，在发酵半途加入酒精，停止发酵，以保留酒中的糖分。

（8）**培养与成熟**。

①乳酸发酵。完成酒精发酵的葡萄酒经过一个冬天的贮存，到了隔年的春天温度升高至20℃～25℃时会开始乳酸发酵，其原理如下：

苹果酸+乳酸菌+乳酸+二氧化碳

由于乳酸的酸味比苹果酸低很多，同时稳定性高，所以乳酸发酵可使葡萄酒酸度降低，且更稳定不易变质。并非所有葡萄酒都会进行乳酸发酵，特别是适合年限短即饮用的白葡萄酒，常特意保留高酸度的苹果酸。

②橡木桶中的培养与成熟。葡萄酒发酵完成后，装入橡木桶使其成熟。

（9）**澄清**。

①换桶。每隔几个月，贮存于桶中的葡萄酒必须抽换到另外一个干净的桶中，以除去沉淀于桶底的沉积物。这个程序同时还可以让酒稍微接触一下空气，以避免难闻的还原气味。

②黏合过滤。黏合过滤是利用阴阳电子结合的特性，产生过滤沉淀的效果。通常在酒中添加含阳电子的物质如蛋白、明胶等，与葡萄酒中含阴电子的悬浮杂质黏合，然后沉淀达到澄清的效果。

③过滤。经过过滤的葡萄酒会变得稳定清澈，但过滤的过程多少会减少葡萄酒的浓度和特殊风味。

④酒石酸的稳定。酒中的酒石酸遇冷会形成结晶状的酒石酸化盐，虽无关酒的品质，但有些酒厂为了美观，还是会在装瓶前用－4℃的低温处理。

（五）葡萄酒的命名

（1）**以庄园的名称命名**。以庄园的名称作为葡萄酒的名称，是生产商保证质量的一种承诺。所谓庄园，系指葡萄园或大别墅。该类酒名的命名标准是以该酒的葡萄种植、采收、酿造和装瓶都须在同一庄园进行。这类命名方法多见于法国波尔多地区出产的红、白葡萄酒。例如：莫高庄园（Chateau Margau）、拉特尔庄园（Chateau Latour）、艺甘姆庄园（Chateau de Yquem）等。

（2）**以产地名称命名**。以产地名称命名的葡萄酒，其原料必须全部或绝大部分来自该地区。例如：夏布丽（Chablis）、莫多克（Medoc）、布娇莱（Beaujolais）等。

（3）**以葡萄品种命名**。以作为葡萄酒原料的优秀葡萄品种命名的葡萄酒，如：雷司令（Riesling）、霞多丽（Chardonnay）、赤霞珠（Cabernet Sauvignon）等。

（4）**以同类型名酒的名称命名**。借用名牌酒名称也是葡萄酒命名的类型之一。此类酒一般都不是名酒产地的产品，但属于同一类型，因此酒名前必须注明该酒的真实产地。如美国出产的勃艮第、夏布丽葡萄酒，都使用了法国名酒产品的名称。

（六）葡萄酒标示

（1）**酒标**。酒标用以标志某厂、某公司所产或所经营的产品。多使用风景名胜、地名、人名、花卉名，以精巧优美的图案标示在酒标的重要部位。它不允许重复，一经注册，即为专用，受法律保护。

（2）**酒度及容量**。酒度及容量在酒标的下角（左或右）标出，例如：酒度是12°，即为ALC、12% BYVOL（按体积计）；容量为750毫升，即为Cont，750毫升。

（3）**含糖量**。为了标明酒的含糖量，可用下表所示字档，以中等大的字标出。如不标明干或甜型时，即为干型酒。含糖量在酒标中的表示法如表8－1所示。

表8－1　含糖量在酒标中的表示法

中文	英文	法文	每升含糖量
天然（未加工的）	Nature	Brut	4g以下
绝干	Extra－Dry	Extra－Sec	4g以下
干	Dry	Sec	8g以下
半干	Semi－Dry	Demi－Sec	8～12g
半甜	Semi－Sweet	Demi－Doux	12～50g
甜	Sweet	Doux	50g以上

（4）**酿酒年份**（Vintage）。由于法国或其他种植葡萄地区的天气、土壤、温度等自然条件不稳定，葡萄的质量也影响到酒的好坏。标明年份有助于消费者辨明这一年的土壤、气候、温度等自然条件对葡萄生长是否有利，所收获葡萄质量如何。好年份酿造的葡萄酒自然也是最好的，极具收藏价值，当然价格不菲。

（5）AOC。原产地名称监制葡萄酒，亦称AOC葡萄酒。在法国，为了保证产地葡萄酒的优良品质，这些酒必须经过严格审查后方可冠以原产地的名称，这就是“原产地名称监制法”，简称AOC法。AOC法有独特的功效，不但使法国葡萄酒的优良品质得以保持，而且可以防止假冒，保护该葡萄酒的名称权。AOC法对涉及葡萄酒生产的各个领域都有严格规定，并且每年都有品尝委员会进行检查，发放AOC使用证明。因此，AOC葡萄酒是法国最优秀的上等葡萄酒。

根据AOC法的规定，AOC葡萄酒必须是：以本地的葡萄为原料，按规定的葡萄品种，符合有关酒度的最低限度，符合关于生产量的规定。为了防止生产过剩和质量降低，AOC法对每一地区每一公顷土地生产多少葡萄都有严格的规定，同时要求必须符合特定的葡萄栽培方法，如修剪、施肥等；另外酿造方法还须符合规定。有时甚至对AOC

葡萄酒的贮藏和陈酿条件都有严格限制。

AOC 葡萄酒在标签上带有 Appellation... Contr olee 字样（图 8－1），中间为原产地的名称，如：Appellation Bordeaux Contr olee 或 Appellation Medoc Contr olee。产地名可能是省、县或村，其中县比省佳，村比县佳，也就是说，区域越小，质量越佳。

图 8－1 葡萄酒标签识别

1. 该酒产自法国
2. 酒的颜色
3. 葡萄收获期
4. 葡萄的名称或葡萄园的名称，或者葡萄园所在地名称
5. 表明葡萄酒来自标签上的法定区域
6. 装瓶的厂家名称
7. 葡萄酒的净容量
8. 按容积计算的酒精含量
9. 出口商的姓名和地址
10. 进口商的姓名和地址

（七）葡萄酒的保管

葡萄酒的保管至关重要，保管得当会延长酒的寿命，提高酒质，避免遭受损失。葡萄酒的保管应注意以下几点：

（1）要存放在阴凉的地方，最好保存在 10℃～13℃的恒温状态下。温度过低会使葡萄酒的成熟过程停止，而温度太高又会加快成熟速度，缩短酒的寿命。

（2）保持一定的湿度。空气过分干燥，酒瓶的软木塞会干缩，空气就会进入瓶内，酒质变坏。所以，存放在酒窖或酒柜内的葡萄酒多是平放或倒立，以使酒液浸润软木塞。

（3）避免强光照射。阳光直射会使葡萄酒颜色变黄，因此，通常用深棕色或绿色瓶装酒。

（4）勿将葡萄酒与油漆、汽油、醋、蔬菜等在一起存放，否则，这些物品的气味很容易被葡萄酒吸收，破坏酒香。

（5）避免震动，防止酒液混浊，损坏酒的质量。

（八）葡萄酒与健康

葡萄酒中含有糖类、果胶质、醇类、有机酸、无机物质、微量元素、几十种氨基酸和多种维生素。这些物质直接或间接地对人体有不同的益处，其中有许多对人体有益的物质是其他食品中所没有的，并能直接被人体吸收利用，同时能起到利尿、激发肝功能和防止衰老的作用。长期适量饮用有防止坏血病、贫血、眼角膜炎，降低血脂，软化血管，减少脂肪沉积，防治心血管病，防止癌细胞的形成，开胃健脾，促进消化等功能。

二、中国葡萄酒

（一）中国葡萄酒主要产地

（1）**渤海湾地区**。华北北部的河北昌黎，天津蓟县丘陵山地，天津滨海区，山东半岛北部丘陵等地受渤海湾地区海洋气候影响，雨量充沛。土壤有沙壤、棕壤和海滨盐碱土。优越的自然条件使这里成为我国著名的葡萄产地，其中昌黎的赤霞珠、天津滨海区的玫瑰香、山东半岛的霞多丽和品丽珠等葡萄都在国内久负盛名。渤海湾地区是我国较大的葡萄酒生产区。著名的酿酒公司有中国长城葡萄酒有限公司、天津王朝葡萄酿酒有限公司、青岛市葡萄酒厂、烟台威龙葡萄酒有限公司、烟台张裕葡萄酒有限公司和青岛威廉彼德酿酒公司。

（2）**河北地区**。河北宣化、涿鹿、怀来等地地处长城以北，光照充足，昼夜温差大，夏季凉爽，气候干燥，雨量偏少。土壤为褐土，地质偏沙，多丘陵山地，十分适合葡萄生长。主要葡萄品种为龙眼葡萄，近年来已推广栽培赤霞珠和甘美等著名葡萄。该地区酿酒公司有北京葡萄酒厂、北京红星酿酒集团、秦皇岛葡萄酿酒有限公司和中化河北地王集团公司等。

（3）**豫皖地区**。安徽萧县，河南兰考、民权等县的气候偏热，年降水约800毫升以上，并集中在夏季，因此葡萄生长旺盛。近年来通过引进赤霞珠等晚熟葡萄、改进栽培技术等措施，葡萄酒品质不断提高。著名葡萄酒厂有河南民权五丰葡萄酒有限公司和陕西丹凤酒厂。

（4）**山西地区**。汾阳、榆次、清徐及西北山区气候温凉，光照充足，年平均降水量450毫升。土壤为沙壤土，含砾石。葡萄栽培在山区，着色极深。龙眼葡萄是当地的特产。近年赤霞珠和美露也开始用于酿酒。有名的酒厂有山西杏花村葡萄酒有限公司、山西太极葡萄酒公司。

（5）**宁夏地区**。贺兰山东部有广阔的平原，是西北新开发的最大葡萄酒基地。这里天气干旱，昼夜温差大，年平均降水量180～200毫升。土壤为沙壤土，含砾石。目前种植的葡萄有赤霞珠和美露。酒厂有宁夏玉泉葡萄酒厂等。

（6）**甘肃地区**。武威、民勤、古浪、张掖，是我国新开发的葡萄酒产地。这里气候冷凉干燥，年平均降水量约110毫升。由于热量不足，冬季寒冷，适于早、中熟葡萄品种的生长。近年来该地区种植黑比诺、霞多丽等葡萄。该地区有甘肃凉州葡萄酒业责任有限公司。

（7）**新疆地区**。新疆吐鲁番盆地四面环山，热风频繁，夏季温度极高，达45℃以上。这里雨量稀少，是我国无核白葡萄生产和制干基地。该地区种植的葡萄含糖量高，酸度低，香味不足，制成的干味酒品质欠佳；而甜葡萄酒具有特色，品质优良。

（8）**云南地区**。云贵高原海拔1500米的弥勒、东川、永仁及与四川接壤的攀枝花，土壤多为红壤和棕壤。光照充足，热量丰富，降水适时，上年11月至下年6月是明显的旱季。云南弥勒年降水量330毫升，四川攀枝花为100毫升，适合葡萄生长和成熟。著名的酿酒公司有云南高原葡萄酒公司。

（二）中国著名葡萄酒

1. 烟台红葡萄酒

产地：烟台葵花牌红葡萄酒，原名“玫瑰香葡萄酒”，是山东烟台张裕葡萄酿酒公司的传统名牌产品。

历史：烟台红葡萄酒早在1914年即已行销海内外，迄今已有百年历史。爱国华侨、实业家张弼士于清朝光绪十八年（1892年）买下了烟台东山和西山3000亩荒山，又两次从欧洲引进蛇龙珠、解百纳、玛瑙红、醉诗仙、赤霞珠等120个优良红、白葡萄品种，开辟葡萄园，并投资创建了张裕酿酒公司。

特点：烟台红葡萄酒是一种本色本香、质地优良的纯汁红葡萄酒。酒度16°，酒液鲜艳透明，酒香浓郁，口味醇厚，甜酸适中，清鲜爽口，具有解百纳、玫瑰香葡萄特有的香气。

功效：烟台红葡萄酒含有单宁、有机酸、多种维生素和微量矿物质，是益神延寿的滋补酒。

工艺：烟台红葡萄酒以著名的玫瑰香、玛瑙红、解百纳等优质葡萄为原料，经过压榨、去渣皮、低温发酵、木桶贮存、多年陈酿后，再行勾兑、下胶、冷浆、过滤、杀菌等工艺处理而成。

2. 烟台味美思

产地：烟台味美思（图8－2）产于山东烟台张裕葡萄酿酒公司。

历史：味美思源于古希腊。很早的时候，希腊人喜欢在葡萄酒内加入香料，以增加酒的风味。到了罗马时代，罗马人对配方进行改良，称之为“加香葡萄酒”。17世纪，一个比埃蒙人首先将苦艾引入南部，酒厂把苦艾用作酿造加香葡萄酒的配料，又取名“苦艾葡萄酒”。后来条顿人进入南欧，把这种酒又改称“味美思”（Vermouth），原意是人们饮用此酒能“保持勇敢精神”。这个美名传遍欧洲各国。中国也称其为“味美思”。

图8－2　烟台味美思

特点：烟台味美思属于甜型加料葡萄酒，酒度一般在17.5°～18.5°，酒液呈棕褐色，清澈透明兼有水果酯香和药材芳香，香气浓郁协调。该酒味甜、微酸、微苦，柔美醇厚。

功效：烟台味美思有开胃健脾、祛风补血、帮助消化、增进食欲的功效，故又称为“强身补血葡萄酒”“健身葡萄酒”“滋补药酒”。此外，该酒还常用作配制鸡尾酒的基酒。

工艺：烟台味美思以山东省大泽山区出产的优质龙眼、雷司令以及贵人香、白羽、白雅、李将军等葡萄品种为原料，专用自流汁和第一次压榨汁酿制，贮藏两年后再与藏红花、龙胆草、公丁香、肉桂等名贵中药材的浸出汁相调配，并加入原白兰地、糖浆和糖色，调整酒度、口味和色泽 ，最后经冷冻澄清处理而成。

3. 河南民权葡萄酒

产地：民权葡萄酒产于河南民权葡萄酒厂。

历史：河南民权葡萄酒历史可谓源远流长。传说早在2000 多年前，大哲学家庄子就最喜欢喝土法酿造的河南民权酒。河南省民权县四季分明、土壤肥沃，自古以来就是盛产葡萄的地方。民权酿酒有限公司酿造葡萄酒的丰富经验已达半世纪之久，生产的葡萄酒早已闻名中外。

特点：河南民权葡萄酒是一种含新鲜果香、酒香绵长的甜白葡萄酒。颜色呈麦秆黄色，清亮透明，酸甜适中，酒度 12°，含糖 12g/L。

工艺：河南省民权葡萄酒是用白羽、红玫瑰、季米亚特、巴米特等优良葡萄酿制而成。

4. 中国红葡萄酒

产地：中国红葡萄酒由北京东郊葡萄酒厂出品。

特点：中国红葡萄酒属甜型葡萄酒。酒度 16°，酒液呈红棕色，鲜丽透明，有明显的葡萄果香和浓郁的酒香；口味醇和、浓郁、微涩；酒香谐和持久。该酒的品位堪与国际上同类型的高级葡萄酒媲美。

工艺：中国红葡萄酒是在原五星牌红葡萄酒的基础上不断改进和提高工艺而形成的。该酒经过破碎、发酵、陈酿、调配制成，并用冷加工和热处理的方法加速了酒的老熟。制作中不仅选用长期贮存的优质甲级原酒做酒基，而且加入多种有色葡萄原酒，使之在色泽、酒度、糖度等方面达到较高水平。最后，贮存期满的酒经过再过滤、杀菌、检验，才可供应上市。

5. 沙城干白葡萄酒

产地：沙城干白葡萄酒产于河北省沙城县。

特点：沙城干白葡萄酒属不甜型葡萄酒。酒度 16°，酒液淡黄微绿，清亮有光，香美如鲜果。口味柔和细腻，怡而不滞，醇而不酽，爽而不涩。

工艺：沙城干白葡萄酒采用当地优质龙眼葡萄为原料，接入纯种酵母发酵。陈酿两年之后，再经勾兑、过滤，装瓶贮存半年以上方可出厂。

6. 王朝半干白葡萄酒

产地：王朝半干白葡萄酒产于天津中法合营天津王朝葡萄酿酒有限公司。

特点：天津王朝半干白葡萄酒属不甜型葡萄酒。色微黄带绿，澄清透明，果香浓郁，酒香怡雅；酒味舒顺爽口，醇正细腻，有新鲜感；酒体丰满，典型完美，突出麝香型风格。

工艺：王朝半干白葡萄酒采用优质麝香型葡萄贵人香、佳美等世界名种，运用国际最先进的酿造白葡萄酒的工艺技术和设备，经过软压取汁、果汁净化、控温发酵、除菌过滤、恒温瓶贮、典雅包装等工艺环节，精工酿制而成。

三、法国葡萄酒

（一）法国葡萄酒起源

法国得天独厚的气候条件有利于葡萄生长，但不同地区，气候和土壤也不尽相同，因此法国能种植几百种葡萄。最有名的品种有酿制白葡萄酒的霞多丽和苏维浓，酿制红葡萄酒的赤霞珠、希哈、佳美和海洛。

法国葡萄酒的起源可以追溯到公元前 6 世纪。当时腓尼基人和克尔特人首先将葡萄种植和酿造业传入现今法国南部的马赛地区，葡萄酒成为人们佐餐的奢侈品。到公元前 1 世纪，在罗马人的大力推动下，葡萄种植业很快在法国的地中海沿岸盛行，饮酒成为时尚。然而在此后的岁月里，法国的葡萄种植业却几经兴衰。92 年，罗马人逼迫高卢人摧毁了大部分葡萄园，以保护亚平宁半岛的葡萄种植和酿酒业，法国葡萄种植和酿造业出现了第一次危机。280 年，罗马皇帝下令恢复种植葡萄的自由，葡萄种植和酿造进入重要的发展时期。1441 年，勃艮第公爵禁止良田种植葡萄，葡萄种植和酿造再度萧条。1731 年，路易十五国王部分取消上述禁令。1789 年，法国大革命爆发，葡萄种植不再受到限制，法国的葡萄种植和酿造业终于进入全面发展阶段。历史的反复、求生存的渴望、文化的熏染以及大量的品种改良和技术革新，推动法国葡萄种植和酿造业日臻完善，最终走进了世界葡萄酒极品的神圣殿堂。

（二）法国葡萄酒的等级划分

法国拥有一套严格和完善的葡萄酒分级与品质管理体系。在法国，葡萄酒被划分为以下四个等级：

（1）**日常餐酒**（Vin de Table）。日常餐酒用来自法国单一产区或数个产区的酒调配而成，产量约占法国葡萄酒总产量的 38%。日常餐酒品质稳定，是法国大众餐桌上最常见的葡萄酒。此类酒最低酒精含量不得低于 8.5% 或 9%，最高则不超过 15%。酒瓶标签标示为 Vin de Table（图 8－3）。

（2）**地区餐酒**（Vin de Pays）。地区餐酒由最好的日常餐酒升级而成。法国绝大部分的地区餐酒产自南部地中海沿岸。其产地必须与标签上所标示的特定产区一致，而且要使用被认可的葡萄品种。最后，还要通过专门的法国品酒委员会核准。酒瓶标签标示为 Vin de Pays ＋ 产区名（图 8－4）。

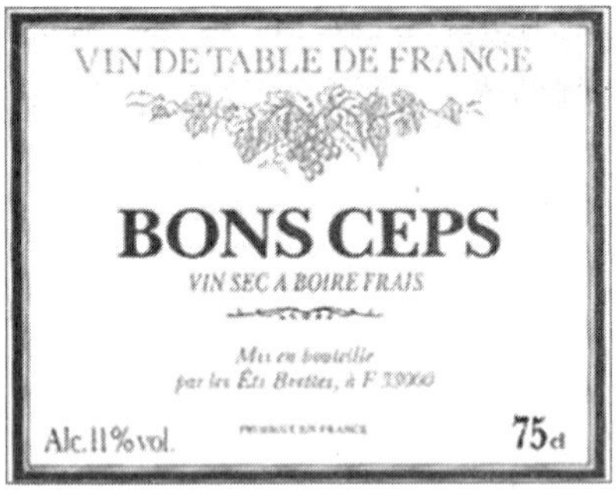

图 8－3 法国日常餐酒酒瓶标签

图 8－4 法国地区餐酒酒瓶标签

（3）**优良地区餐酒**（VDQS）。优良地区餐酒等级位于地区餐酒和法定地区葡萄酒之间，产量只占法国葡萄酒总产量的 2%。这类葡萄酒生产受到法国原产地名称管理委员会的严格控制。酒瓶标签标示为 Appellation＋产区名＋Qualite Superieure（图 8－5）。

（4）**法定地区餐酒**（简称 AOC）。AOC 是最高等级的法国葡萄酒，产量大约占法国葡萄酒总产量的 35%。其使用的葡萄品种、最低酒精含量、最高产量、培植方式、修剪以及酿制方法等都受到最严格的监控。只有通过官方分析和化验的法定产区葡萄酒才可获得 AOC 证书。正是这种非常严格的规定才确保了 AOC 等级的葡萄酒始终如一的高贵品质。在法国，每一个大的产区里又分很多小的产区。一般来说，产区越小，葡萄酒的质量也会越高。酒瓶标签标示为 Appellation＋产区名＋Controlee（图 8－6）。

图 8－5 法国优良地区餐酒酒瓶标签

图 8－6 法国法定地区餐酒酒瓶标签

（三）法国葡萄酒产区

1. 波尔多区（Bordeaux）

波尔多区是法国最受瞩目也是最大的 AOC 等级葡萄酒产区。从一般清淡可口的干白酒到顶级城堡酒庄出产的浓重醇厚的高级红酒都有出产。该区所产红葡萄酒无论在色、香、味还是在典型性上均属世界一流，特别是以味道醇美柔和、爽净而著称，那种悦人的果香和永存的酒香，被誉以“葡萄酒王后”的美誉。

（1）**莫多克分区**（Medoc）（**红葡萄酒**）

①地理位置。莫多克位于波尔多市北边，天气温和，有大片排水良好的砾石地，是赤霞珠红葡萄的最佳产区。

②葡萄酒特点。莫多克出产酒色浓黑、口感浓重的耐久存红酒，须存放多年才能饮用，St. Estephe，Pauillac，St. Julien 及 Margaux 是最出名 AOC 产酒村庄。

③名品。主要包括拉菲特酒、马尔戈酒和拉杜尔酒等。拉菲特酒（Chateau Lafite—Rothschild）酒色泽深红清亮，酒香扑鼻，口感醇厚、绵柔，以清雅著称，属干型，最宜陈酿久存，越陈越显其清雅之风格，以 11 年以上酒龄者为最佳，是世界上罕见的好品种。

马尔戈酒（Margaux）以“波尔多最婀娜柔美的酒”闻名，酒液呈深红色，酒体协调、细致，各路风格恰到好处，属干型，早在 17 世纪就出口到英国。拉杜尔酒（Chateau Latour）酒质丰满厚实，越陈越具醇正坚实、珠光宝气的风格，属干型，早在 18 世纪就已出口到英国。

（2）**圣·爱美里昂分区**（St. Emillion）（**红葡萄酒**）

①地理位置。圣·爱美里昂较靠近内陆的红酒产区，美露葡萄的种植比例较高，比莫多克出产的葡萄圆润可口，产区范围大，分成一般的 St. Emilion 和较佳的 St. Emilion grand cru，后者还分 3 级，最佳的是 St. Emilion 1er grand cru classé，属久存型的名酿。

②葡萄酒特点。该分区的红葡萄酒色深而味浓，是波尔多葡萄酒中最浓郁的一种，成熟期漫长。

③名品。主要包括乌绍尼堡（Chateau Ausone）和波西乳喝堡（Chateau Beausejour）。

（3）**葆莫罗尔分区**（Pomerol）（**红葡萄酒**）

①地理位置。葆莫罗尔位于吉伦特河右边，是著名的葡萄酒产区，主要种植美露葡萄。

②葡萄酒特点。葆莫罗尔只产红酒，以高比例的美露葡萄酒著称，强劲浓烈，却有较圆润丰美的口感，较早成熟，却亦耐久存。因产区小，价格昂贵。

③名品。主要包括北得鲁堡（Chatau Petrus）、色旦堡（Vieux Chateau Certan）。

（4）**格哈夫斯分区**（Graves）（**红、白葡萄酒**）

①地理位置。格哈夫斯位于波尔多市南边，红、白葡萄酒皆产。

②葡萄酒特点。白葡萄酒以混合 Sémillon 和 Sauvignon blanc 葡萄酿成，是波尔多区最好的干白酒产区，常有圆润丰厚的口感。红酒也以 Cabernet – Sauvignan 为主，口感紧涩，常带一点土味。以北边 Pessac – Léognan 区内所产的品质最好，所有列级酒庄都位于此区内。

③名品。主要包括奥·伯里翁堡（Chateau Haut – Brion）（红、白）、长堡尼克斯堡

(Chateau Carbonnieux)(红、白)、多美·席娃里厄(Domaine de Chevatier)(红、白)等。

(5) **索特尼分区**(Sautenes)(**甜白葡萄酒**)

①地理位置。索特尼位于波尔多的西南部,具有悠久的历史,是优质白葡萄酒的著名产区。世界著名的高级甜葡萄酒的葡萄庄园——帝琴葡萄庄园(Chateau Yquem)位于该区。

②葡萄酒特点。索特尼是波尔多区内最佳的甜白葡萄酒产区,因特殊的自然环境,葡萄收成时表面长有贵腐霉让葡萄的糖分浓缩,同时发出特殊的香味,酿成的白酒甜美圆润,有十分浓郁的香气,适合经久存放。

③名品。主要有艺甘姆堡(Chateau de Yquem)。此酒被誉为“甜型白葡萄酒的最完美代表”。其风格优雅无比,色泽金黄华美,清澈透明,口感异常细腻,味道甜美,香气怡然。此酒越老越美,由于精工细制,控制产量,因此身价百倍,是世界最贵的葡萄酒之一。

(6) **波尔多区主要的 AOC 葡萄酒**

①白葡萄酒:长相思(Bordeaux Sauvignon Blanc)、赛芙蓉(Bordeaux Semillon)、玛斯凯特(Bordeaux Muscadelle)、巴萨克(Bordeaux Barsac)、索特尼(Bordeaux Sauterne)等。

②红葡萄酒:梅鹿特(Bordeaux Merlot)、品丽珠(Bordeaux Cabernet Flanc)、赤霞珠(Bordeaux Cabernet Sauvingon)、圣·爱米里昂(Bordeaux St – Emillon)、索特尼(Bordeaux Sauterne)等。

2. **勃艮第地区(Burgundy)**

勃艮第地区出产举世闻名的红、白葡萄酒,有相当久远的葡萄种植传统,每块葡萄园都经过精细的分级。最普通的等级是 Bourgogne,之上有村庄级 Communal、一级葡萄园 Ler cru 以及最高的特级葡萄园 Grand cru。由北到南,主要产区有:

(1) **夏布利**(Chablis)

①地理位置。夏布利在第戎市西北部,距第戎市约 60 公里。该地区种植著名的霞多丽葡萄,能生产出颜色为浅麦秆黄、非常干爽的白葡萄酒。

②葡萄酒的特点。夏布利所产葡萄酒以口感清新较淡、酸味高的霞多丽闻名,常带矿石香气,适合搭配生蚝或贝类海鲜。

③名品。主要有霞多丽(Chablis Chardonnay)、巴顿·古斯梯(Chablis Barton & Guestier)。

(2) **科多尔**(Cotes d'Or)

①地理位置。科多尔由两个著名葡萄酒区组成:科德·内斯(Cote de Nuits)和科特·波讷(Cote de Beaune)。科德·内斯附近的内斯·圣约翰(Nuits – St – Georges)、拉·山波亭(Le Chambertin)和拉·马欣尼(Le Musigny)等地都生产各种优秀的葡萄酒。道麦尼·德·接·德罗美尼·康迪地区(Domaine de la Romanee Conti)以生产价格昂贵的高级葡萄酒而著称。由于科多尔中部的土质、气候和环境原因,格沃雷·接山波

亭（Gevrey Chambertin）、莫雷·圣丹尼斯（Morey – st – Denis）、仙伯雷·马斯格尼（Chambolle – Musigny）和沃斯尼·罗曼尼（Vosne Romane）等村庄及内斯·圣约翰（Nuits – St – Goeorges）村周围的葡萄园都种植着著名的黑比诺葡萄（Pinot Noir），从而为该地区生产优质葡萄酒奠定了良好基础。

②葡萄酒特点。科多尔北部（Cote de Nuits）是全球最佳的Pinot noir红葡萄酒产区，具有该品种最优雅细致却又浓烈丰郁的特性。

③名品。主要有豪特·科特葡萄酒（Hautes Cotes）。

（3）**布娇莱**（Beaujolais）

①地理位置。布娇莱位于勃艮第酒区的最南端，该地区仅种植味美、汁多的甘美葡萄。所生产的葡萄酒有宝祖利普通级葡萄酒（Beaujolais）、宝祖利普通庄园酒（Beaujolais – Villages）。

②葡萄酒特点。布娇莱的红葡萄酒味淡而爽口，以新鲜、舒适和醇柔而出名。

③名品。主要有黑品乐（Beaujolais Pinot Noir）、佳美（Beaujolais Gamay）、乡村布娇莱（Beaujolais Villages）、佛罗利（Fleurie）。

（4）**布利付西**（Pouilly – Fuisse）

①地理位置。布利付西位于卢瓦尔的中部，是卢瓦尔人最骄傲的酒区。该区气候温和，地势陡峭，土地中含有钙和硅的成分，很多著名的白葡萄酒都是以该地区的夏维安白葡萄为原料制作的。

②葡萄酒特点。布利付西是勃艮第白葡萄酒的杰出代表，呈浅绿色，光滑平润，清雅甘洌，鲜美可口，属干型。

③名品。主要有马贡·霞多丽（Macon Chardonnay）、马贡·白品乐（Macon Pinot Blanc）、马贡·佳美（Macon Gamay）、马贡·黑品乐（Macon Pinot Noir）等。

四、其他国家葡萄酒

（一）意大利葡萄酒

意大利生产葡萄酒是全国性的，最大的特点是种类繁多、风味各异。意大利葡萄酒恰如意大利民族，开朗明快，热烈而感情丰富。

著名的红葡萄酒有：斯瓦维（Soave）、拉菲奴（Ruffino）、肯扬地（Chianti）、巴鲁乐（Barolo）等。干红、白葡萄酒有噢维爱托（Orvieto）。古典红葡萄酒有肯扬地（Chianti Classico）。

（二）德国葡萄酒

德国以产莱茵（Rhein）和莫泽尔（Moselle）白葡萄酒著称。莱茵河和莫泽尔河两岸都盛产葡萄，造酒者即以河为名。莱茵酒成熟、圆润而带甜味，用棕色瓶装；莫泽尔酒清澈、新鲜、无甜味，用绿色瓶装。德国葡萄酒的种类繁多，以美国为主要出口对象。

（三）美国葡萄酒

美国葡萄酒的主要产地是加利福尼亚州。此外，还有新泽西州、纽约州、俄亥俄州。美国葡萄酒因为各葡萄园内严格控制土壤的含水量、酸碱度及养分，使得每一年的葡萄几乎在相同的环境下成长，所以酒品几乎可以确保年年一致。美国葡萄酒品质稳定，生产量大，但不突出。著名的品牌有：夏布利（Almaden · Chablis）、佳美布娇莱（Gamy Beaujolais）、纳帕玫瑰酒（The Christian Brothers · Napa Rose）、品乐 · 霞多丽（Piont Chardonnay）、BV 长相思（BV · Sauvignon Blanc）、赤霞珠（Pau Masson · Cabernet Sauvignon）、雷司令（Johannisberg Riesling）等。

（四）澳大利亚葡萄酒

澳大利亚被称为葡萄酒的新世界，是因为当地葡萄酒厂勇于创新，制造出与众不同的澳大利亚葡萄酒。

澳大利亚生产葡萄酒的省份为新南威尔士（New South Wales）、维多利亚（Victoria）、南澳大利亚（South Australia）和西澳大利亚（Western Australia）。其中最重要的产区为南澳大利亚，当地的地理位置及纬度均类似酒乡法国波尔多（介于纬度 30°～50°）。但其气候较温暖，日照充分，所以能酿造出酒气浓郁、平顺易入口的葡萄酒。

澳大利亚葡萄酒既有用产地名称命名的，也有以葡萄品种命名的。许多著名的酿酒厂都拥有自己的葡萄园。著名的红葡萄酒是用赤霞珠为原料，而优质的白葡萄酒则以雷司令、霞多丽等葡萄品种为原料制成。

澳大利亚葡萄酒的另一个特色是混合两种或两种以上的葡萄品种来酿酒。凭借这种做法，澳大利亚人创造出了完全属于澳大利亚风味的葡萄酒。最常见的是赤霞珠和西拉（Syrah）葡萄品种的混合。这一点在酒的正标或背标上，一定会清楚地标明。大部分澳大利亚葡萄酒，不论在口感上还是价格上，都相当能符合我国消费者的要求。

五、香槟酒

香槟酒是世界上是最富有吸引力的葡萄酒，也是一种最高级的酒精饮料。

（一）香槟酒的起源

据说在18世纪初叶，修道院葡萄园的负责人——贝力农（Dom Perignon），因为某一年葡萄产量减少，就把还没有完全成熟的葡萄榨汁后装入瓶中贮存。

期间因为葡萄酒受到不断发酵所产生的二氧化碳的压迫，于是就变成了发泡性的酒。由于瓶中充满了气体，所以在拔除瓶塞时会发出悦耳的声响。香槟酒也因此成为圣诞节等喜庆活动中不可或缺的酒。

（二）香槟酒生产工艺

香槟酒酿造工艺复杂而精细，具有独到之处。每年10月初，葡萄被采摘下来后经过挑选并榨汁，汁液流入不锈钢酒槽中澄清12小时，而后装桶，进行第一次发酵。第二年春天，把酒装入瓶中，而后放置在10℃的恒温酒窖里，开始长达数月的第二次发酵。

翻转酒瓶是香槟酒酿造过程中的一个重要环节。翻转机每天转动1/8周，使酒中的沉淀物缓缓下沉至瓶口。6周后，打开瓶塞，瓶内的压力将沉淀物冲出。为了填补沉淀物流出后酒瓶中的空缺，需要加入含有糖分的添加剂。添加剂的多少决定了香槟酒的3种类型：原味、酸味和略酸味，而后再封瓶，继续在酒窖中缓慢发酵。这个过程一般在3～5年。

香槟酒的重要特点之一是由不同年份的多种葡萄配制而成，将紫葡萄汁和白葡萄汁混合在一起；将年份不同的同类酒掺杂在一起。至于混合的方法和配制的比例，则是各家酒厂概不外传的秘诀。

（三）香槟酒分类

香槟酒依据其原料葡萄的品种分为：白白香槟和红白香槟。用白葡萄酿造的香槟酒称白白香槟（Blanc De Blanc），用红葡萄酿造的香槟酒称红白香槟（Blanc De Noir）。

（四）香槟酒的命名

香槟来自法文“Champagne”音译，意思是香槟省。香槟省位于法国北部，气候寒冷且土壤干硬，阳光充足，其种植的葡萄适宜酿造香槟酒。

由于产地命名的原因，只有法国香槟省所产葡萄生产的气泡葡萄酒才能称香槟酒，其他地区产的此类葡萄酒只能叫气泡葡萄酒。根据欧盟的规定，欧洲其他国家的同类气泡葡萄酒也不得叫香槟酒。

（五）香槟酒的特点

1. 香槟酒的年份

（1）不记年香槟：香槟酒如不标明年份，说明它是装瓶12个月后出售的。

（2）记年香槟：香槟酒如果标明年份，说明它是葡萄采摘若干年后出售的。

2. 香槟甜度划分

（1）天然 BRUT：含量最少，酸。

（2）特干 EXTRA SEC：含量次少，偏酸。

（3）干 SEC：含量少，有点酸。

（4）半干 DEMI-SEC：半糖半酸。

（5）甜 DOUX：甜。

通常情况，甜香槟或半干香槟比较适合中国人的口味。

3. 香槟酒品质

香槟酒一般呈黄绿色，也有淡黄色，斟酒后略带白沫，细珠升腾，色泽透亮，果香大于酒香，酒气充足，被誉为“酒中皇后”。香槟酒如果气泡多且细，气泡持续时间长，则说明品质好。

（六）香槟酒品评

（1）色鲜明亮，协调，有光泽。

（2）透明澄清，无沉淀，无浮游物，无失光现象。

（3）打开瓶塞时声响清脆、响亮。

（4）果香、酒香柔和，轻快，没有异味。

（5）味醇正，协调，柔美，清爽，香馥，后味杀口，轻快，有余香，有独特风味。

（七）世界著名香槟酒

主要有：宝林歇（Bolliuger）、海德西克（Heidsieck Monopole）、梅西埃（Mercier）、库葛（Krug）、莫姆（Mumm）、泰汀歇（Taittingter）等。

第二节 啤 酒

啤酒（Beer）是用麦芽、啤酒花、水、酵母发酵而来的含二氧化碳的低酒精饮料的总称。我国最新的国家标准规定：啤酒是以大麦芽（包括特种麦芽）为主要原料，加酒花，经酵母发酵酿制而成、含二氧化碳、起泡、低酒度（3.5°~4°）的各类熟鲜啤酒。

一、啤酒的起源和发展

在所有与啤酒有关的记录中，就数伦敦大英博物馆内“蓝色纪念碑”的板碑最为古老。这是公元前3000年前后，住在美索不达米亚地区的幼发拉底人留下的文字。从文字的内容可以推断，啤酒已经走进了他们的生活，并极受欢迎。另外，在公元前1700年左右制定的《汉谟拉比法典》中，也可以找到和啤酒有关的内容。由此可知，在当时的巴比伦，啤酒已经在人们的日常生活中占有很重要的地位了。600年前后，新巴比伦王国已有啤酒酿造业的同业组织，并且开始在酒中添加啤酒花。

古埃及人也和苏美尔人一样，生产大量的啤酒供人饮用。公元前3000年左右所著的《死者之书》里，曾提到酿啤酒这件事，而金字塔的壁画上也处处可看到大麦的栽培及酿造情景。

由石器时代初期的出土物品可以推测，现在的德国附近曾经有过酿造啤酒的文化。但是，当时的啤酒和现在的啤酒有很大差异。据说，当时的啤酒是用未经烘烤的面包浸水，让它发酵而成的。

啤酒，这种初期的发酵饮料一直沿用古法制作。人们在长期的实践过程中发现，制作啤酒时，如果要让它准确且快速地发酵，只要在酿造过程中添加含有酵母的泡泡就行了，但是要将本来浑浊的啤酒变得清澈且带有一些苦味，却要花费相当大的心思。到了7世纪，人们开始添加啤酒花。进入15～16世纪，啤酒花已普遍地用在酿造啤酒中了。中世纪，由于有了一种“啤酒是液体面包”“面包为基督之肉”的观念，导致教会及修道院都盛行酿造啤酒。在15世纪末叶，以慕尼黑为中心的巴伐利亚部分修道院，开始用大麦、啤酒花及水来酿造啤酒，从此之后啤酒花成为啤酒不可或缺的原料。16世纪后半期，一些移民到美国的人也开始栽培啤酒花并酿造啤酒。进入19世纪后，冷冻机的发明、科学技术的推动，使得啤酒酿造业借着近代工业的帮助而扶摇直上。

像远古时期的苏美尔人和埃及人一样，我国远古时期的醴也是用谷芽酿造的，即所谓的蘖法酿醴。《黄帝内经》中记载有醪醴的文字，商代的甲骨文中也记载有不同种类的谷芽酿造的醴，《周礼·天官·酒正》中有“醴齐”。醴和啤酒在远古时代应属同一类型的含酒精量非常低的饮料。由于时代的变迁，用谷芽酿造的醴消失了，但口味类似于醴、用酒曲酿造的甜酒却保留下来了。在古代，人们也称甜酒为醴。今人普遍认为，中国自古以来没有啤酒，但是，根据古代的资料，我国很早就掌握了蘖的制造方法，也掌握了用蘖制造饴糖的方法。不过，苏美尔人、古埃及人酿造啤酒要用两天时间，而我国古代的醴酒酿造一天一夜。《释名》曰：“醴齐醴礼也，酿之一宿而成，醴有酒味而已也。”

二、啤酒生产原料

（1）**大麦**。大麦是酿造啤酒的重要原料，但是首先必须将其制成麦芽方能用于酿酒。大麦在人工控制和外界条件下发芽和干燥的过程即为麦芽制造。大麦发芽后称绿麦芽，干燥后称麦芽。麦芽是发酵时的基本成分，并被认为是“啤酒的灵魂”。它确定了啤酒的颜色和气味。

（2）**酿造用水**。啤酒酿造用水相对于其他酒类酿造要求要高得多，特别是用于制麦芽和糖化的水与啤酒的质量密切相关。啤酒酿造用水量很大，对水的要求是不含妨碍糖化、发酵以及有害于色、香、味的物质，为此，很多厂家采用深井水。如无深井水则采用离子交换机和电渗析方法对水进行处理。

（3）**啤酒花**。啤酒花是啤酒生产中不可缺少的原料，作为啤酒工业的原料开始使用于英国，使用的主要目的是利用其苦味、香味、防腐力和澄清麦汁的特性。

（4）**酵母**。酵母的种类很多，用于啤酒生产的酵母叫啤酒酵母。啤酒酵母可分为上发酵酵母和下发酵酵母两种。上发酵酵母应用于上发酵啤酒的发酵，发酵产生的二氧化碳和泡沫使细泡漂浮于液面，最适宜的发酵温度为10℃～25℃，发酵期为5～7天。下发酵酵母在发酵时悬浮于发酵液中，发酵终了凝聚而沉于底部，发酵温度为5℃～10℃，发酵期为6～12天。

三、啤酒酿造工艺

（1）**选麦育芽**。精选优质大麦清洗干净，在槽中浸泡3天后送出芽室，在低温潮湿的空气中发芽一周，接着再将这些嫩绿的麦芽在热风中风干24小时，这样大麦就具备了啤酒所必须具备的颜色和风味。

（2）**制浆**。将风干的麦芽磨碎，加入温度适合的开水，制造麦芽浆。

（3）**煮浆**。将麦芽浆送入糖化槽，加入米淀粉煮成的糊，加温，这时麦芽酵素充分发挥作用，把淀粉转化为糖，产生麦芽糖汁液，过滤之后，加蛇麻花煮沸，提炼出芳香和苦味。

（4）**冷却**。经过煮沸的麦芽浆冷却至5℃，加入酵母进行发酵。

（5）**发酵**。麦芽浆在发酵槽中经过8天左右的发酵，大部分糖和酒精都被二氧化碳分解，生涩的啤酒诞生。

（6）**陈酿**。经过发酵的深色啤酒被送进调节罐中低温（0℃以下）陈酿2个月，陈酿期间，啤酒中的二氧化碳逐渐溶解渣滓沉淀，酒色开始变得透明。

（7）**过滤**。成熟后的啤酒经过离心器去除杂质，酒色完全透明成琥珀色，这就是通常所称的生啤酒，然后在酒液中注入二氧化碳或少量浓糖进行二次发酵。

（8）**杀菌**。酒液装入消毒过的瓶中，进行高温杀菌（俗称巴氏消毒）使酵母停止作用，这样瓶中酒液就能耐久贮藏。

（9）**包装销售**。装瓶或装桶的啤酒经过最后的检验，便可以出厂上市。一般包装形式有瓶装、听装和桶装几种。

四、啤酒的分类

（一）根据颜色分类

（1）**淡色啤酒**。淡色啤酒外观呈淡黄色、金黄色或棕黄色。我国绝大部分啤酒属此类。

（2）**浓色啤酒**。浓色啤酒呈红棕色或红褐色，产量比较小。这种啤酒麦芽香味突出，口味醇厚。上发酵浓色爱尔啤酒是典型例子，原料采用部分深色麦芽。

（3）**黑色啤酒**。黑色呈深红色至黑色，产量比较小。麦汁浓度较高，麦芽香味突出，口味醇厚，泡沫细腻。它的苦味有轻有重。典型产品有慕尼黑啤酒。

（二）根据工艺分类

（1）**鲜啤酒**。包装后不经巴氏灭菌的啤酒叫鲜啤酒。不能长期保存，保存期在7天以内。

（2）**熟啤酒**。包装后经过巴氏灭菌的啤酒叫熟啤酒。可以保存3个月。

（三）根据啤酒发酵特点分类

1. 下部发酵啤酒

（1）**拉戈啤酒**。拉戈啤酒是传统的德式啤酒，使用溶解度稍差的麦芽，采用糖化煮沸法，使用下发酵酵母，浅色，有中等啤酒花香味，贮存期长。

（2）**宝克啤酒**。宝克啤酒是一种下部发酵啤酒，棕红色，原产地德国。该酒发酵度低，有醇厚的麦芽香气，口感柔和醇厚，酒度较高，约6°，泡沫持久，颜色较深，味甜。

2. 上部发酵啤酒

上部发酵啤酒的代表是波特黑啤酒。波特黑啤酒由英国人首先发明和生产，是英国著名啤酒。该酒苦味浓，颜色很深，含营养素高。

（四）根据麦汁分类

（1）**低浓度啤酒**。麦汁浓度2.5°～8°，乙醇含量0.8%～2.2%。

（2）**中浓度啤酒**。麦汁浓度9°～12°，乙醇含量2.5%～3.5%，淡色啤酒几乎都属于这个类型。

（3）**高浓度啤酒**。麦汁浓度13°～22°，乙醇含量3.6%～5.5%，多为深色啤酒。

（五）根据其他特点分类

（1）**苦啤酒**。苦啤酒属于英国风味，啤酒花投料比例比一般啤酒高，干爽，浅色，味浓郁，酒度高。

（2）**水果啤酒**。水果啤酒在啤酒发酵前或发酵后放入水果原料。

（3）**印度浅啤酒**。印度浅啤酒英语缩写成“IPA”，是增加了大量啤酒花的拉戈式啤酒。

（4）**小麦啤酒**。小麦啤酒是以发芽小麦为原料，加入适量大麦的德国风味啤酒。Hefeweizen（未经过滤、色泽较为混浊的小麦啤酒）是其中一个种类。

五、啤酒的“气泡”和“度”

啤酒气泡可防止酒中的二氧化碳失散，能使啤酒保持新鲜美味。一旦气泡消失则香气减少，苦味加重，有碍口感。所以，斟酒时应先慢倒，接着猛冲，最后轻轻抬起瓶口，其泡沫自然高涌。

啤酒商标中的“度”不是指酒精含量，而是指发酵时原料中麦芽汁的糖度，即原麦芽汁浓度，分为6°、8°、10°、12°、14°、16°不等。一般情况下，麦芽浓度高，含糖就多，啤酒酒精含量就高，反之亦然。例如：低浓度啤酒，麦芽浓度为6°～8°，酒精含量2%左右。高浓度啤酒，麦芽浓度为14°～20°，酒精含量在5%左右。

相关链接 搜索

啤酒质量鉴别方法

看外观：优质生啤的外观色泽应呈淡黄绿色或淡黄色，黑啤除外。啤酒还应看其透明度。经过滤的优质啤酒，经迎光检查应透明清亮，无悬浮物或沉淀物。

看泡沫：将啤酒倒入杯中，泡沫高而持久并洁白细腻且有挂杯。优质啤酒应该泡沫持久性强，达5分钟以上。

闻香味：将啤酒倒入杯中凑近鼻子嗅一下，优质啤酒应散发出新鲜酒花的香气。

品口味：优质啤酒饮后口味醇正、爽口、醇厚、杀口感强，没有氧化味、酸味、涩味、铁腥味、焦糖味等异杂味。

六、啤酒的商标

根据《食品标签通用标准》的规定，啤酒与其他包装食品一样，必须在包装上印有或附上含有厂名、厂址、产品名称、标准代号、生产日期、保质期、净含量、酒度、容量、配料和原麦汁浓度等内容的标志。

啤酒的包装容量根据包装容器而定，国内一般采用玻璃包装，分350毫升和640毫升两种。一般商标上标的“640毫升±10毫升”，所指的即是640毫升的内容，上下不超过10毫升。

沿着商标周围有两组数字，1～12为月份，1～31为日期。厂家采取在标边月数和日数切口的办法用以注明生产日期。

啤酒商标作为企业产品的标志，既便于市场管理部门的监督、检查，又便于消费者对这一产品的了解和认知，同时它又是艺术品，被越来越多的国内外商标爱好者收集和珍藏。

七、啤酒与健康

啤酒种类繁多，成分各异，而人的体质不同，所以饮用啤酒要因人而异。

（1）**生啤酒**。生啤酒即鲜啤酒，比较适于瘦人饮用。生啤酒是没有经过巴氏杀菌的啤酒，由于酒中活酵母菌在灌装后，甚至在人体内仍可以继续进行生化反应，因而这种啤酒很容易使人发胖。

（2）**熟啤酒**。经过巴氏杀菌后的啤酒就成了熟啤酒。因为酒中的酵母已被高温杀死，不会继续发酵，稳定性较好，所以胖人饮用较为适宜。

（3）**低醇啤酒**。低醇啤酒适合从事特种工作的人饮用，如驾驶员、演员等。低醇啤酒是啤酒家族新成员之一，属低度啤酒。一般啤酒的糖化麦汁浓度是12°或14°，酒精含量为3.5°，人喝了这种啤酒不容易“上头”。

（4）**无醇啤酒**。无醇啤酒是啤酒家族中的新成员，也属于低度啤酒，只是它的糖化麦汁浓度和酒度比低醇啤酒还要低，所以很适于妇女、儿童和老弱病残者饮用。

（5）**运动啤酒**。运动啤酒是供运动员们饮用的，是啤酒家族的新成员。运动啤酒除了酒度低以外，还含有黄芪等15种中药成分，能使运动员在剧烈运动后迅速恢复体能。

八、中外名啤酒

（一）青岛啤酒

产地：青岛啤酒股份有限公司。

历史：青岛啤酒厂始建于1903年（清光绪二十九年）。当时青岛被德国占领，英德商人为适应占领军和侨民的需要开办了啤酒厂。企业名称为“日耳曼啤酒公司青岛股份公司”，生产设备和原料全部来自德国，产品品种有淡色啤酒和黑啤酒。

1914年，第一次世界大战爆发以后，日本乘机侵占青岛。1916年，日本东京的“大日本麦酒株式会社”以50万银元的价格将青岛啤酒厂购买下来，更名为“大日本麦酒株式会社青岛工场”，并于当年开工生产。日本人对工厂进行了较大规模的改造和扩建，1939年建立了制麦车间，曾试用山东大麦酿制啤酒，效果良好。大米使用中国产和西贡产；酒花使用捷克产。第二次世界大战爆发后，由于外汇管制，啤酒花进口发生困难，曾在厂院内设“忽布园”进行试种。1945年抗日战争胜利。当年10月工厂被国民政府军政部查封，旋即由青岛市政府当局派员接管，工厂更名为“青岛啤酒公司”。1947年，“齐鲁企业股份有限公司”从行政院山东青岛区敌伪产业处理局将工厂购买下来，定名为“青岛啤酒厂”。

品种：青岛啤酒的主要品种有8°、10°、11°青岛啤酒，11°纯生青岛啤酒。

特点：青岛啤酒属于淡色啤酒，酒液呈淡黄色，清澈透明，富有光泽。酒中二氧化碳充足，当酒液注入杯中时，泡沫细腻洁白，持久而厚实，并有细小如珠的气泡从杯底连续不断上升，经久不息。饮时，酒质柔和，有明显的酒花香和麦芽香，具有啤酒特有的爽口苦味和杀口力。酒中含有多种人体不可缺少的碳水化合物、氨基酸、维生素等营养成分。常饮有开脾健胃、帮助消化之功能。原麦芽汁浓度为8°~11°，酒度为3.5°~4°。

成分：

（1）大麦。选自浙江省宁波、舟山地区的“三棱大麦”粒大，淀粉多，蛋白质含量低，发芽率高，是酿造啤酒的上等原料。

（2）酒花。青岛啤酒采用的优质啤酒花由该厂自己的酒花基地精心培育，具有蒂大、花粉多、香味浓的特点，能使啤酒更具有爽快的微苦味和酒花香，并能延长啤酒保存期，保证了啤酒的正常风味。

（3）水。青岛啤酒酿造用水是有名的崂山矿泉水，水质纯净，口味甘美，对啤酒味道的柔和度起了良好作用，赋予青岛啤酒独有的风格。

工艺：青岛啤酒采取酿造工艺的“三固定”和严格的技术管理。“三固定”就是固定原料、固定配方和固定生产工艺。严格的技术管理指操作一丝不苟，凡是不合格的原料绝对不用，发酵过程要严格遵守卫生法规；对后发酵的二氧化碳，要严格保持规定的标准，过滤后的啤酒中二氧化碳要处于饱和状态；产品出厂前，要经过全面分析化验及感官鉴定，合格方能出厂。

（二）嘉士伯

产地：原产地丹麦。

历史：嘉士伯创始人J.C.雅可布森开始在其父亲的酿酒厂工作，后于1847年在哥本哈根郊区自己设厂生产啤酒，并以其子卡尔的名字命名嘉士伯牌啤酒。其子卡尔·雅可布森在丹麦和国外学习酿酒技术后，于1882年创立了新嘉士伯酿酒公司。新、老嘉士伯啤酒厂于1906年合并成为嘉士伯酿酒公司。直至1970年嘉士伯酿酒公司与图堡（Tuborg）公司合并，并命名为嘉士伯公共有限公司。

特点：知名度较高，口味较大众化。

工艺：1835年6月，哥本哈根北郊成立了作坊式的啤酒酿造厂，采用木桶制作啤酒。1876年成立了著名的嘉士伯实验室。1906年组成了嘉士伯啤酒公司。从此，嘉士伯成为啤酒行业的一匹黑马，由嘉士伯实验室汉逊博士培养的汉逊酵母至今仍被各国啤酒业界应用，嘉士伯啤酒工艺一直是啤酒业的典范之一。重视原材料的选择和严格的加工工艺是嘉士的啤酒保证其质量一流的关键。

（三）喜力啤酒

产地：原产地荷兰。

历史：喜力啤酒（图8－7）始于1863年。G. A. 赫尼肯从收购位于阿姆斯特丹的啤酒厂De Hooiberg之日开始，便关注啤酒行业的新发展。在德国，当酿酒潮流从上部发酵转向下部发酵时，他迅速意识到这一转变的重大意义。为寻求最佳的原材料，他踏遍了整个欧洲大陆，并引进了现场冷却系统。他甚至建立了公司和自己的实验室来检查基础配料和成品的质量，这在当时的酿酒行业中是绝无仅有的。正是在这一时期，特殊的喜力A酵母开发成功。到19世纪末，啤酒厂已成为荷兰最大且最重要的产业之一。G. A. 赫尼肯的经营理念也被他的儿子A. H. 赫尼肯承传下来。自1950年起，A. H. 赫尼肯喜力成为享誉全球的商标，并被赋予独特的形象。为此，A. H. 赫尼肯仿造美国行业建立了广告部门，同时奠定了国际化的组织结构的基础。

图8－7　喜力啤酒

特点：口味较苦。

（四）比尔森（Pilsen）啤酒

产地：原产地为捷克斯洛伐克西南部城市比尔森，已有150年的历史。

工艺：啤酒花用量高，约4g/L，采用下部发酵法、多次煮沸法等工艺，发酵度高，熟化期3个月。

特点：麦芽汁浓度为11%～12%，色浅，泡沫洁白细腻，挂杯持久，酒花香味浓郁而清爽，苦味重而不长，味道醇厚，杀口力强。

（五）慕尼黑（Munich）啤酒

产地：慕尼黑是德国南部的啤酒酿造中心，以酿造黑啤闻名。慕尼黑啤酒已成为世界深色啤酒效法的典型，因此，凡是采用慕尼黑啤酒工艺酿造的啤酒，都可以称为慕尼黑型啤酒。慕尼黑啤酒最大的生产厂家是罗汶啤酒厂。

工艺：慕尼黑啤酒采用下部发酵的生产工艺。

特点：慕尼黑啤酒外观呈红棕色或棕褐色，清亮透明，有光泽，泡沫细腻，挂杯持久，二氧化碳充足，杀口力强，具有浓郁的焦麦芽香味，口味醇厚而略甜，苦味轻。内销啤酒的原麦芽汁浓度为12%～13%，外销啤酒的原麦芽汁浓度为16%～18%。

（六）多特蒙德（Dortmund）啤酒

产地：多特蒙德在德国西北部，是德国最大的啤酒酿造中心，有国内最大的啤酒公司和啤酒厂。自中世纪以来，这里的啤酒酿造业就一直很发达。

工艺：多特蒙德啤酒采用底部发酵的生产工艺。

特点：多特蒙德啤酒呈淡黄色，酒精含量高，醇厚而爽口，酒花香味明显，但苦味不重，麦芽汁浓度为13%。

（七）巴登·爱尔（Burton Ale）啤酒

产地：巴登·爱尔啤酒（图8－8）是英国的传统名牌啤酒。英国生产爱尔兰啤酒的厂家很多，唯有巴登地区酿造的爱尔啤酒最负盛名。

图8－8　巴登·爱尔啤酒

工艺：以溶解良好的麦芽为原料，采用上部发酵、高温和快速的发酵方法。

特点：爱尔啤酒有淡色和深色两种，内销爱尔啤酒原麦芽汁浓度为11%～12%，出口爱尔啤酒的原麦芽汁浓度为16%～17%。淡色爱尔啤酒色泽浅，酒精含量高，酒花香味浓郁，苦味重，口味清爽。深色爱尔啤酒色泽深，麦芽香味浓，酒精含量较淡色的低，口味略甜而醇厚，苦味明显而清爽，在口中消失快。

（八）司陶特（Stout）啤酒

产地：英国。

工艺：司陶特啤酒（图8－9）采用上部发酵方法，用中等淡色麦芽为原料，加入7%～10%的焙焦麦芽或焙焦大麦，有时加焦糖做原料。酒花用量高达6～7g/L。

图8－9　司陶特啤酒

特点：一般的司陶特啤酒原麦芽汁浓度为12%，高档司陶特啤酒的原麦芽汁浓度为20%。司陶特啤酒外观呈棕黑色，泡沫细腻持久，为黄褐色；有明显的焦麦芽香，酒花苦味重，但爽快；酒度较高，风格浓香醇厚，饮后回味长久。

（九）其他著名啤酒品牌

贝克：德国啤酒，口味殷实。

百威：美国啤酒，酒味清香，因其经橡木酒桶陈酿而成。

虎牌：新加坡啤酒，在东南亚知名度较高。

朝日：日本啤酒，味道清淡。

健力士黑啤：爱尔兰出产，啤酒中的精品，味道独特。

科罗娜：墨西哥酿酒集团生产，为世界知名品牌。

中国台湾统一狮子座：带有龙眼味的啤酒。

泰国狮牌：最独特的啤酒，味苦，劲烈。

第三节　中国黄酒

黄酒又名“老酒”“料酒”“陈酒”，因酒液呈黄色，故俗称黄酒。

一、黄酒的起源

黄酒是世界上最古老的一种酒，它源于中国，唯中国独有，与啤酒、葡萄酒并称“世界三大古酒”。约在3000多年前的商周时代，中国人独创酒曲复式发酵法，开始大量酿制黄酒。从宋代开始，政治、文化、经济中心南移，黄酒生产局限于南方数省。南宋时期，烧酒开始生产，元朝开始在北方得到普及，北方的黄酒生产逐渐萎缩。南方人饮烧酒者不如北方普遍，在南方，黄酒生产得以保留。清朝时期，南方绍兴一带的黄酒誉满天下。

二、黄酒成分

黄酒是用谷物做原料，用麦曲或小曲做糖化发酵剂制成的酿造酒。在历史上，黄酒的生产原料在北方以粟为原料（在古代，粟是秫、稷、黍的总称，有时也称为粱，现在称为谷子，去除壳后的谷子叫小米）。而在南方则普遍用稻米（尤以糯米最佳）作为原料酿造黄酒。

三、黄酒的分类

在最新的国家标准中，黄酒的定义是以稻米、黍米、黑米、玉米、小麦等为原料，经过蒸料，拌以麦曲、米曲或酒药，进行糖化和发酵酿制而成的各类黄酒。

（一）按黄酒的含糖量分类

（1）**干黄酒**。干黄酒的含糖量小于 1.00g/100 毫升（以葡萄糖计），如元红酒。

（2）**半干黄酒**。半干黄酒的含糖量在 1.00g/100 毫升 ~ 3.00g/100 毫升。我国大多数出口黄酒均属此种类型。

（3）**半甜黄酒**。半甜黄酒含糖量在 3.00g/100 毫升 ~ 10.00g/100 毫升，是黄酒中的珍品。

（4）**甜黄酒**。甜黄酒糖分含量在 10.00 ~ 20.00g/100 毫升。由于加入了米白酒，酒度也较高。

（5）**浓甜黄酒**。浓甜黄酒糖分大于或等于 20.00g/100 毫升。

（二）按黄酒酿造方法分类

（1）**淋饭酒**。淋饭酒是指蒸熟的米饭用冷水淋凉，拌入酒药粉末，搭窝，糖化，最后加水发酵成酒。

（2）**摊饭酒**。摊饭酒是指将蒸熟的米饭摊在竹篦上，使米饭在空气中冷却，然后再加入麦曲、酒母（淋饭酒母）、浸米浆水等，混合后直接进行发酵。

（3）**喂饭酒**。按这种方法酿酒时，米饭不是一次性加入，而是分批加入。

（三）按黄酒酿酒用曲分类

按黄酒酿酒用曲的不同，可分为麦曲黄酒、小曲黄酒、红曲黄酒、乌衣红曲黄酒、黄衣红曲黄酒等。

四、黄酒的功效

黄酒色泽鲜明，香气好，口味醇厚，酒性柔和，酒精含量低，含有 13 种以上的氨基酸（其中有人体自身不能合成但必需的 8 种氨基酸）和多种维生素及糖氮等多量浸出物。黄酒有相当高的热量，被称为“液体蛋糕”。

黄酒除作为饮料外，在日常生活中也被作为烹调菜的调味剂或解腥剂。另外在中药处方中常用黄酒浸泡、炒煮、蒸炙草药，又可调制中药丸和泡制各种药酒，是中药制剂中用途广泛的“药引子”。

五、黄酒的保存方法

成品黄酒都要进行灭菌处理才便于贮存，通常的方法是用煎煮法灭菌，用陶坛盛装。酒坛以无菌荷叶和笋壳封口，又以糖和黏土等混合加封，封口既严，又便于开启。酒液在陶坛中，越陈越香，这就是黄酒称为“老酒”的原因。

六、中国名优黄酒

（一）绍兴酒

产地：绍兴酒简称“绍酒”，产于浙江省绍兴市。

历史：据《吕氏春秋》记载：“越王之栖于会稽也，有酒投江，民饮其流而战气百倍。”可见在2000多年前的春秋时期，绍兴已经产酒。到南北朝以后，绍兴酒有了更多的记载。南朝《金缕子》中说：“银瓯贮山阴（绍兴古称）甜酒，时复进之。”宋代的《北山酒经》中亦认为：“东浦酒最良。”（东浦为绍兴市西北10余里的村名）到了清代，有关黄酒的记载就更多了。20世纪30年代，绍兴境内有酒坊达2000余家，年产酒6万多吨，产品畅销中外，在国际上享有盛誉。

特点：绍兴酒具有色泽橙黄清澈、香气馥郁芬芳、滋味鲜甜醇美的独特风格。绍兴酒有越陈越香、久藏不坏的优点。

工艺：绍兴酒在工艺操作上一直恪守传统。冬季“小雪”淋饭（制酒母），至“大雪”摊饭（开始投料发酵），到翌年“立春”时开始榨就，然后将酒煮沸，用酒坛密封盛装，进行贮藏，一般3年后才投放市场。不过不同的品种，生产工艺又略有不同。

代表酒：

（1）**元红酒**。元红酒（图8－10）又称状元红酒，因在其酒坛外表涂朱红色而得名。酒度在15°以上，糖分为0.2%～0.5%，须贮藏1～3年才上市。元红酒橙黄透明，香气芬芳，口味甘爽微苦，有健脾作用。元红酒是绍兴酒家族的主要品种，产量最大，且价廉物美，素为广大消费者所乐于饮用。

图8－10　元红酒

（2）**加饭酒**。加饭酒在元红酒基础上精酿而成，其酒度在18°以上，糖分在2%以上。加饭酒橙黄明亮，香气浓郁，口味醇厚，宜于久藏（越陈越香）。饮时加温，则酒味尤为芳香，适当饮用可增进食欲，帮助消化，消除疲劳。

（3）**善酿酒**。善酿酒又称“双套酒”，始创于1891年，工艺独特，是用陈年绍兴元红酒代替部分水酿制的加工酒，新酒尚需陈酿1～3年才供应市场。其酒度在14°左右，糖分在8%左右，酒色深黄，酒质醇厚，口味甜美，芳馥异常，是绍兴酒中的佳品。

（4）**香雪酒**。香雪酒为绍兴酒的高档品种，以淋饭酒拌入少量麦曲，再用绍兴酒糟蒸馏而得到的50°白酒勾兑而成。其酒度在20°左右，含糖量在20%左右，酒色金黄透明。经陈酿后，此酒上口、鲜甜、醇厚，既不会感到有白酒的辛辣味，又具有绍兴酒特有的浓郁芳香，为广大国内外消费者所欢迎。

图8－11　花雕酒

（5）**花雕酒**。将贮存的绍兴酒坛外雕绘五色彩图，这些彩图多为花鸟鱼虫、民间故事及戏剧人物，具有民族风格，习惯上称之为“花雕酒”或“远年花雕”（图8－11）。

（6）**女儿酒**。浙江地区风俗，生子之年，选酒数坛，泥封窖藏。待子长大成人婚嫁之日，方开坛取酒宴请宾客。生女时相应称其为“女儿酒”或“女儿红”，生男称为“状元红”，因经过20余年的封藏，酒的风味更为浓香醇厚。

（二）即墨老酒

产地：即墨老酒（图8－12）产于山东省即墨县。

历史：公元前722年，即墨（包括崂山）已是一个人口众多、物产丰富的地方。这里土地肥沃，黍米（俗称大黄米）高产，米粒大，光圆，是酿造黄酒的上乘原料。当时，黄酒作为一种祭祀品和助兴饮料，酿造极为盛行。在长期的实践中，“醑酒”风味之雅、营养之高，引起人们的关注。古时地方官员把“醑酒”当作珍品向皇室进贡。相传，春秋时齐国君齐景公朝拜崂山仙境，谓之“仙酒”；战国齐将田单巧摆“火牛阵”大破燕军，谓之“牛酒”；秦始皇东赴崂山索取长生不老药，谓之“寿酒”；几代君王开怀畅饮此酒，谓之“珍浆”。唐代中期，“醑酒”又称“骷辘酒”。到了宋代，人们为了把酒史长、酿造好、价值高的“醑酒”同其他地区黄酒区别开来，以便于开展贸易往来，故又把“醑酒”改名为“即墨老酒”，此名沿用至今。清代道光年间，即墨老酒产销达到极盛时期。

图8－12　即墨老酒

特点：即墨老酒墨褐带红，浓厚挂杯，具有特殊的糜香气。饮用时醇厚爽口，微苦而余香不绝。据化验，即墨老酒含有17种氨基酸、16种人体所需要的微量元素及酶类维生素。每千克即墨老酒氨基酸含量比啤酒高10倍，比红葡萄酒高12倍，适量常饮能驱寒活血，舒筋止痛，增强体质，加快人体新陈代谢。

成分：即墨老酒以当地龙眼黍米、麦曲为原料，以崂山九泉水为酿造用水。

工艺：即墨老酒在酿造工艺上继承和发扬了“古遗六法”，即“黍米必齐、曲蘖必时、水泉必香、陶器必良、火甚炽必洁、火剂必得”。所谓黍米必齐，即生产所用黍米必须颗粒饱满均匀，无杂质；曲蘖必时，即必须在每年中伏时，选择清洁、通风、透光、恒温的室内制曲，使之产生丰富的糖化发酵酶，陈放一年后，择优选用；水泉必香，即必须采用质好、含有多种矿物质的崂山水；陶器必良，即酿酒的容器必须是质地优良的陶器；火甚炽必洁，即酿酒用的工具必须加热烫洗，严格消毒；火剂必得，即讲究蒸米的火候，必须达到焦而不煳，红棕发亮，恰到好处。

新中国成立前，即墨老酒属作坊型生产，酿造设备为木、石和陶瓷制品，工艺流程分浸米、烫米、洗米、糊化、降温、加曲保温、糖化、冷却加酵母、入缸发酵、压榨、陈酿、勾兑等。

新中国成立后，即墨黄酒厂对老酒的酿造设备和工艺进行了革新，逐步实现了工厂化、机械化生产。炒米改用产糜机，榨酒改用了不锈钢机械，仪器检测代替了目测、鼻嗅、手摸、耳听等旧的质量鉴定方法，并先后采用了高温糖化、低温发酵、流水降温等新工艺，运用现代化科学技术手段对老酒的理化指标进行控制。现在生产的即墨老酒酒度不低于11.5°、糖分不低于10%，酸度在0.5%以下。

（三）沉缸酒

产地：沉缸酒产于福建省龙岩，因在酿造过程中，酒醅沉浮3次后沉于缸底而得名。

历史：沉缸酒（图8－13）始于明末清初，距今已有170多年历史。传说，在距龙岩县城30余里的小池村，有位从上杭来的酿酒师傅，名叫五老官。他见这里有江南著名的“新罗第一泉”，便在此地开设酒坊。刚开始时他按照传统酿制方法，以糯米制成酒醅，得酒后入坛，埋藏3年出酒，但酒度低、酒劲小、酒甜、口淡。于是他进行改进，在酒醅中加入低度米烧酒，压榨后得酒，人称“老酒”，但还是不醇厚。他又二次加入高度米烧酒，使老酒陈化、增香后形成了如今的沉缸酒。

图8－13 沉缸酒

特点：沉缸酒鲜艳透明，呈红褐色，有琥珀光泽，酒味芳香扑鼻，醇厚馥郁，饮后回味绵长。此酒糖度高，无一般甜型黄酒的黏稠感，使人们品尝到糖的清甜、酒的醇香、酸的鲜美、曲的苦味，当酒液触舌时各味毕现，风味独具一格。

成分：沉缸酒是以上等糯米、福建红曲、小曲和米烧酒等经长期陈酿而成。酒内含有碳水化合物、氨基酸等富有营养价值的成分。其糖化发酵剂白曲是用冬虫夏草、当归、肉桂、沉香等30多种名贵药材特制而成的。

工艺：沉缸酒的酿造方法集我国黄酒酿造的各项传统精湛技术于一体。用曲多达4种，有当地祖传的药曲，其中加入冬虫夏草、当归、肉桂、沉香等30多味中药材；有我国最为传统的散曲，作为糖化用曲；有白曲（南方所特有的米曲）；红曲更是龙岩酒酿造必加之曲。酿造时，先加入药曲、散曲和白曲，酿成甜酒，再分别投入古田红曲及特制的米白酒陈酿。在酿制过程中，一不加水，二不加糖，三不加色，四不调香，完全靠自然形成。

复习与思考

一、名词解释

葡萄酒　啤酒的“度”　发酵　黄酒

二、简答题

1. 白葡萄酒与红葡萄酒的区别是什么？
2. 请简述香槟酒与菜肴的搭配方法及其最佳饮用温度。
3. 如何识别啤酒的商标？
4. 黄酒病酒识别及黄酒的品评饮用的方法有哪些？

三、单项选择题

1. 对黄酒品评时，占50%影响度的是(　　)。

   A. 色　B. 香　C. 味　D. 体

2. 在高档餐饮服务中，葡萄酒的软木塞拔出后应首先交给餐桌上的(　　)。

   A. 第一主宾进行鉴定　B. 第一主人进行鉴定

   C. 第二主宾进行鉴定　D. 第二主人进行鉴定

3. 香槟酒酒标上表示含糖最少的词语是(　　)。

   A. 特干（extea sec）　B. 干（sec）

   C. 半干（demi - sec）　D. 天然（brut）

4. 评判啤酒质量高低的要素有(　　)。

   A. 颜色　B. 香气　C. 口味　D. 泡沫

四、 多项选择题

1. 下列选项中，属于德国品牌的啤酒是(　　)。

   A. Beck's　　B. GingerAle　　C. Lowenbrau　　D. Sapporo　　E. Carlsberg

2. 下列对于“法国日常餐酒”（Vin De Table）的表述正确的有(　　)。

   A. 做日常饮用

   B. 法国葡萄酒中等级最低的葡萄酒

   C. 不可以由法国不同地区的葡萄汁勾兑而成

   D. 不可以使用欧共体以外国家的葡萄汁

   E. 其产量占法国葡萄酒总产量的60%以上

3. 下列选项中，不属于美国威士忌酒的品牌是(　　)。

   A. Chivas Regal　　B. Johnnie Walker　　C. Four Roses

   D. Jim Beam　　E. White Horse

4. 下列选项中，属于半干型黄酒的是(　　)。

   A. 元红酒　　B. 加饭酒　　C. 花雕酒　　D. 善酿酒　　E. 封缸酒

五、 案例分析题

酒水服务

小李应聘去某高星级酒店的酒吧工作，不久即接受了单位安排的业务培训，培训结束后，他用书面形式汇报了自己的学习心得。现将他的心得摘要如下：(1) 生啤酒通常应冰镇后提供给客人；(2) 生啤酒服务时通常不在同一杯中续酒；(3) 纯饮时，干邑酒应加冰块饮用；(4) 干邑酒也可用作餐前酒；(5) 零点的烈性酒通常以杯为计量单位销售。

根据以上案例，回答如下问题：

1. 小李所述中对啤酒的服务是否正确？
2. 啤酒服务应遵循怎样的程序？

第九章 配制酒

本章导读

配制酒（Assembled Alcoholic Drinks），又可称为混合酒，是以各种酿造酒、蒸馏酒或食用酒精作为基酒与酒精或非酒精物质（包括液体、固体、气体）进行勾兑、浸泡、混合调制而成的酒。配制酒的种类繁多，风格各异，酒度也有高有低。中国的配制酒主要有露酒和药酒。外国配制酒品样主要集中在欧洲，以法国、意大利和荷兰出产的最为著名。

外国配制酒主要包括开胃酒、甜食酒、利口酒、鸡尾酒。开胃酒多用于正式宴请或宴会，在欧美比较流行。甜食酒是欧美人吃甜点时饮用的酒。利口酒是在餐后饮用的香甜酒。鸡尾酒是由两种或两种以上的酒或由酒渗入果汁配合而成的一种饮品。鸡尾酒现在已成为一种时尚的饮料。

学习目标

知识目标

1. 了解配制酒的概念与制酒原理。
2. 掌握配制酒的分类与名品。
3. 明确鸡尾酒的概念与制酒原理。
4. 了解鸡尾酒的命名与起源。

能力目标

1. 熟悉常见配制酒的酒品。
2. 学会配制酒的饮用与服务。
3. 初步熟悉各种鸡尾酒的调制方法与操作技能。
4. 学会品尝鸡尾酒。

案例

中华鸡尾酒的源流

我国古典文学名著《红楼梦》中记载了调制混合酒“合欢酒”的操作过程：“琼浆满泛玻璃盏，玉液浓斟琥珀杯。”用酒“乃以百花之蕊、万木之英，加以麟髓之醅、凤乳之曲”。这说明我国很早就有了鸡尾酒的雏形，只是当时没有很快地流行发展起来。

案例分析

1. 中华鸡尾酒起源于什么年代？
2. 中国最早的鸡尾酒叫什么名字？

第一节　中国配制酒

中国配制酒指以发酵酒、蒸馏酒或食用酒精为酒基，加入可食用的花、果、动植物或中草药，或以食品添加剂为呈色、呈香及呈味物质，采用浸泡、煮沸、复蒸等不同工艺加工而成的改变了其原酒基风格的酒。中国配制酒按原料的不同分为植物类配制酒、动物类配制酒、动植物配制酒及其他配制酒，按功效不同则有各种保健酒。

保健酒是利用酒的药理性质，遵循“医食同源”的原理，配以中草药及有食疗功用的各色食品调制而成的酒，包括露酒、药酒等，如味美思、竹叶青等。

一、露酒

（一）露酒概述

露酒，又叫香花药酒，是以蒸馏酒、发酵酒或食用酒精为酒基，以食用动植物、食品添加剂作为呈香、呈味、呈色物质，按一定生产工艺加工而成的、改变了原酒基风格的饮料酒。它具有营养丰富、品种繁多、风格各异的特点。露酒是我国古老的酒种之一，其最大的特点就是较完善地发挥了中国特有的“药食同源”的理论与实践经验，集滋补、保健、佐餐、饮用于一体，是中华民族的传统饮品。

露酒的主要特点是在酿酒过程中或在酒中加入了中草药，以滋补养生健体为主，有保健强身作用。制作露酒的原辅料品种繁多，包括枸杞子、人参、蛇、当归、动物的骨骼等，可以说，凡是中医能够入药的品种，基本上都能够用于浸泡露酒。近几年，随着科技的进步，原料的应用范围不断扩大，野生资源类如红景天、水棘、绞股蓝、刺梨等野生果，花卉类中如玫瑰、茉莉、菊花、桂花、红花等，还有昆虫类的肌肉、皮质等。

（二）露酒的种类和功效

露酒包括仿洋酒、花果型露酒、动植物芳香型的滋补营养酒等。大多数露酒都有补体强身的功效。此外，露酒生产企业正在开发一些新产品，使露酒的功效不断扩大，如使用一些祛风散寒、润脾护肝及调整血脂、降低胆固醇的药材。例如银杏叶（白果叶），含有大量的银杏双黄酮和银杏内酯，在其他饮品中已开始使用，效果非常显著。再如绞股蓝，对高血脂及其他脑血管疾病疗效极好，也可运用到露酒产品当中去。

（三）著名露酒

1. 竹叶青酒

产地：山西汾阳杏花村汾酒股份有限公司。

历史：竹叶青酒是汾酒的再制品，它与汾酒一样具有古老的历史。南梁简文帝萧纲有诗云："兰羞荐俎，竹酒澄芳。"说的就是竹叶青酒的香型和品质。北宋文学家庾信在《春日离合二首》诗中曰："田家足闲暇，士友暂流连。三春竹叶酒，一曲鹍鸡弦。"这优美的诗句描写了田家农舍的安适清闲，记载了三春陈酿的竹叶青酒。由此可见，杏花村竹叶青酒早在1400多年前就已是酒中珍品。

特点：竹叶青酒色泽金黄兼翠绿，酒液清澈透明，芳香浓郁，酒香药香协调均匀，入口香甜，柔和爽口，口味绵长。酒度为45°，糖分为10%。

功效：经专家鉴定，竹叶青酒具有养血、舒气、和胃、益脾、除烦和消食的功能。有的医学家认为，竹叶青酒对于心脏病、高血压、冠心病和关节炎等疾病也有明显的医疗效果，少饮久饮，有益于身体健康。

工艺：最古老的竹叶青酒只是单纯加入竹叶浸泡，求其色青味美，故名"竹叶青"。而今的竹叶青酒是以汾酒为底酒，配以广木香、公丁香、竹叶、陈皮、砂仁、当归、零陵香、紫檀香等10多种名贵药材和冰糖、白砂糖浸泡配制而成。杏花村汾酒厂专门设有竹叶青酒配制车间。竹叶青酒的配制方法是：将药材放入小坛，用70°汾酒里浸泡数天，取出药液放进陶瓷缸里的65°汾酒里。再将糖液加热取出液面杂质，过滤冷却，倒入已加药液的酒缸中，搅拌均匀，封闭缸口，澄清数日，取清液过滤入库。再经陈贮勾兑、品评、检验、装瓶、包装等128道工序制成成品出厂。

2. 五加皮酒

产地：五加皮酒（图9-1），又称五加皮药酒、致中和五加皮酒，产于浙江省建德

图9－1　五加皮酒

县梅城镇，是具有悠久历史的浙江名酒。

历史：传说东海龙王的五公主佳婢下凡到人间，与凡人致中和相爱。因生活困难，五公主提出要酿造一种既健身又治病的酒，致中和感到为难。五公主让致中和按她的方法酿造，并按一定的比例投放中药。在投放中药时，五公主唱出一首歌："一味当归补心血，去瘀化湿用姜黄。甘松醒脾能除恶，散滞和胃广木香。薄荷性凉清头目，木瓜舒络精神爽。独活山楂镇湿邪，风寒顽痹屈能张。五加树皮有奇香，滋补肝肾筋骨壮。调和诸药添甘草，桂枝玉竹不能忘。凑足地支十二数，增增减减皆妙方。"原来这歌中含有12种中药，便是五加皮酒的配方。五公主为了避嫌，将酒取名"致中和五加皮酒"。此酒问世后，黎民百姓、达官贵人纷至沓来，捧碗品尝，酒香飘逸扑鼻，生意越做越好。

特点：五加皮酒酒度40°，含糖6%，呈褐红色，清澈透明，具有多种药材综合的芳香，入口酒味浓郁，调和醇滑，风味独特。

功效：五加皮酒能舒筋活血、祛风湿，长期服用可以延年益寿。

工艺：五加皮酒选用五加皮、砂仁、玉竹、当归、桂枝等20多味名贵中药材，用糯米陈白酒浸泡，再加精白糖和本地特产蜜酒制成。

3. **莲花白酒**

产地：北京葡萄酒厂。

历史：莲花白酒（图9－2）是北京地区历史最悠久的著名佳酿之一，始于明朝万历年间。据徐珂编《清稗类钞》中记载："瀛台种荷万柄，青盘翠盖，一望无涯。孝钦后每令小阉采其蕊，加药料，制为佳酿，名莲花白。注于瓷器，上盖黄云缎袱，以赏亲信之臣。其味清醇，玉液琼浆，不能过也。"到了清代，莲花白酒的酿造采用万寿山昆明湖所产白莲花，用它的蕊入酒，酿成名副其实的莲花白酒，配制方法为封建王朝的御用秘方。1790年，京都商人获此秘方，经京西海淀镇仁和酒店精心配制，首次供应民间饮用。1959年，北京葡萄酒厂搜集到失传多年的莲花白酒御制秘方，按照古老工艺方法，精心酿制成功。

图9－2　莲花白酒

特点：莲花白酒酒度50°，含糖8%，无色透明，药香酒香协调，芳香宜人，滋味醇厚，甘甜柔和，回味悠长。

功效：莲花白酒具有滋阴补肾、和胃健脾、舒筋活血、祛风除湿等功能。

工艺：莲花白酒以醇正的陈年高粱酒为原料，加入黄芪、砂仁、五加皮、广木香、丁香等20余种药材，入坛密封陈酿而成。

二、药酒

（一）药酒概述

药酒是以各种白酒、黄酒或果酒为酒基，加入各种中药材（如人参、枸杞子、五加皮、五味子等）经酿制或泡制而成的一种具有药用价值的酒。酒度随酒基而定，又因其加入的中药材不同，其药用功能也不相同。

药酒在我国已有悠久的历史。李时珍的《本草纲目》在收集附方时，收集了大量前人和当代人的药酒配方。卷25酒条下，设有“附诸药酒方”的专目，他本着“辑其简要者，以备参考。药品多者，不能尽录”的原则，辑药酒69种。除此之外，《本草纲目》在各药条目的附方中，也往往附有药酒配方，内容丰富。据统计，《本草纲目》中共计药酒方为200多种。这些配方绝大多数是便方，具有用药少、简便易行的特点。

由于酒有“通血脉、行药势、温肠胃、御风寒”等作用，所以，酒和药配置可以增强药力，既可治疗疾病和预防疾病，又可用于病后的辅助治疗。滋补药酒还可以药之功，借酒之力，起到补虚强壮和抗衰益寿的作用。远在古代，药酒已成为我国一个独特的重要剂型，至今在国内外医疗保健事业中仍享有较高的声誉。随着人们生活水平的不断提高，药酒作为一种有效的防病祛病、养生健身的饮品已开始走进千家万户。

（二）药酒的种类

根据药酒的使用方法，分为内服药酒、外用药酒、既可内服又可外用的药酒三大类。

根据药酒的功效，分为药性药酒和补性药酒（滋补酒）两大类。

（三）药酒与健康

1. 药酒的功效

以治病为主的药酒，主要作用有祛风散寒、养血活血、舒筋通络。例如，肌肉损伤可用跌打酒，风湿性关节炎或风湿所致肌肉酸痛可用风湿药酒、追风药酒、风湿性骨痛酒、五加皮药酒等，如果风湿症状较轻则可选用药性温和的木瓜酒、养血愈风酒等，风湿多年、肢体麻木、半身不遂者可选用药性较猛的蕲蛇药酒、三蛇酒、五蛇酒等。

以补虚强壮为主的保健药酒，主要作用有滋补气血、温肾壮阳、养胃生精、强心安神，如气血双补的龙凤酒、山鸡大补酒、益寿补酒、十全大补酒等；以健脾补气为主的人参酒、当归北芪酒、长寿补酒等；以滋阴补血为主的有当归酒、蛤蚧酒、杞圆酒等；益肾助阳的有羊羔补酒、龟龄集酒、参茸酒、三鞭酒等；以补心安神为主的猴头酒、五味子酒、人参五味子酒等。

2. 药酒适宜范围

（1）药酒并非任何人都适用，如孕妇、乳母和儿童等就不宜饮用药酒。年老体弱者因新陈代谢相对较缓慢，饮用药酒应适当减量。凡遇有感冒、发热、呕吐、腹泻等病症时不宜饮用滋补类药酒。肝炎、肝硬化、消化系统溃疡、浸润性肺结核、癫痫、心脏病等患者饮用药酒会加重病情。此外，对酒精过敏的人和皮肤病患者也要禁用和慎用药酒。

（2）育龄夫妇忌饮酒过多。过量饮酒进入麻醉期后会破坏性行为，并抑制性功能。慢性酒精中毒也可影响性欲，并伴有内分泌紊乱，在男性方面表现为血中睾酮水平降低，引起性欲减退、精子畸形和阳痿。孕妇饮酒对胎儿影响更大，即使微量的酒精也可直接透过胎盘屏障进入胎儿体内，影响胎儿发育。所以，育龄夫妇不宜多饮酒，只有患了不孕症和不育症的育龄夫妇可以考虑服用对症的药酒进行治疗。

（四）药酒泡制

（1）泡药酒的白酒度数不宜过高。因为药材中的有效成分有的易溶于水，有的易溶于酒，如果酒的度数过高，虽然可以增加酒精溶性成分的析出，但不利于水溶性成分的溶解。一般而言，泡药酒的白酒度数在40°左右最好。

（2）泡药酒时应将动植物药材分别浸泡，服用时再将泡好的药酒混合均匀。这是因为动物药材中含有丰富的脂肪和蛋白质，其药性需要较长的时间才能泡出来，而植物药材中的有效成分能迅速溶解于水或酒精中，分开浸泡，便于掌握浸泡时间。

（3）泡药酒不宜用塑料制品，因为塑料制品中的有害物质容易溶解于酒里，对人体造成危害。最好用陶瓷或玻璃瓶子。同时，泡药酒还应尽量避免阳光照射或灼热烘烤。

（五）药酒的饮用

（1）正确的饮用时间。药酒通常应在睡前服用，或每日早晚饮用，一般不宜佐膳饮用，以便药物迅速吸收，较快地发挥治疗作用。

（2）正确的饮用温度。药酒以温饮为佳，能更好地发挥补益作用。

（3）服用药酒不宜过多。服用药酒要根据人体对酒的耐受力，每次可饮10～30毫升，或根据病情及所用药物的性质及浓度而调整。药酒不可多饮滥服，否则会引起不良反应。比如，多服了含人参的补酒可造成胸腹胀闷、不思饮食；多服了含鹿茸的补酒可造成发热、烦躁，甚至出鼻血等。此外，饮用药酒时，应避免不同治疗作用的药酒交叉饮用。用于治疗的药酒在饮用过程中应病愈即止，不宜长久服用。

（4）饮用方法。服用药酒时，不宜加糖（包括冰糖），以免影响药效，但是如蜜糖加入药酒不仅可以减少药酒对肠胃的刺激，还有利于保持和提高药效。

（5）对症饮用。如果饮用药酒不当，也会适得其反，因而需要注意饮用禁忌。

（六）药酒贮存

药酒如果贮存保管不善，不但影响疗效，而且会造成药酒的变质或污染，使药酒不能再饮用。

（1）凡是用来配制药酒的容器均应清洗干净，再用开水煮沸消毒。

（2）配制好的药酒应及时装进细口长颈的玻璃瓶中，或者其他有盖的容器中，并将口密封。

（3）药酒要贴上标签，并写明药酒的名称、作用和配制时间、用量等内容，以免时间久了发生混乱，造成不必要的麻烦。

（4）药酒贮存宜选择在温度变化不大的阴凉处，室温以10℃～25℃为好，不能与汽油、煤油以及有刺激性气味的物品同放。

（5）夏季贮存药酒时要避免阳光的直接照射，以免药酒中的有效成分被破坏，使药酒的功效减低。

（七）常见的药酒品牌

常见的药酒品牌有人参酒、参茸酒、首乌酒、五加皮酒、三蛇胆汁酒、虎骨酒、国公酒、十全大补酒、龟龄酒、蜂王浆补酒、雪蛤大补酒等。

第二节　外国配制酒

外国配制酒分为三大类：开胃酒（Aperitiy）、甜食酒（Wine）、利口酒（Liqueur）。

一、开胃酒

开胃酒是指以葡萄酒或蒸馏酒为基酒，加入植物的根、茎、叶、药材、香料等配制而成，在餐前饮用，能增加食欲的酒精饮料。开胃酒可分为味美思、比特酒、茴香酒三类。

（一）味美思（Vermouth）

产地：意大利、法国、瑞士、委内瑞拉是味美思酒的主要生产国。

历史：希腊名医希波克拉底是第一个将芳香植物在葡萄酒中浸渍的人。到了17世纪，法国人和意大利人对味美思的生产工序进行了改良，并将它推向了世界。“味美思”一词源于德语，是“苦艾酒”的意思。

分类和特点：味美思（图9－3）按口味可分为干味美思（Secco）、白味美思（Biauco）、红味美思（Rosso Sweet）、都灵味美思（Torino）四类。干味美思含糖量不超过4%，酒精含量在18°左右。意大利产味美思呈淡白、淡黄色，法国产味美思呈棕黄色。白味美思含糖量在10%～15%，酒精含量在18°左右，色泽金黄，香气柔美，口味鲜嫩。红味美思含糖量为15%，酒精含量在18°左右，呈琥珀黄，香气浓郁，口味独特。都灵味美思酒精含量在15.5°～16°，调香用量较大，香气浓郁扑鼻。

成分：味美思的主要成分有白葡萄酒（只用于生产白味美思和红味美思），酒精（酒精含量为96%的烈酒或“Mistelle”），药草（龙胆、甘菊、苦橙、香草、大黄、薄荷、茉沃刺那、胡荽、牛膝草、鸢尾草植物、百里香等），香料（桂皮、丁香、肉豆蔻、番红花、生姜等），焦糖（用蔗糖或热糖制成，目的是用它的琥珀色来着色）等。

图9－3 味美思

工艺：味美思是以个性不太突出（属中性、干型）的白葡萄酒作为基酒，加入多种配制香料、草药，经过搅匀、浸泡、冷澄过滤、装瓶等工序而制成。

名品：以意大利甜型味美思、法国干型味美思最为有名。如马提尼（Martini）（干、白、红）、仙山露（Cinzano）（干、白、红）、卡帕诺（Carpano）（都灵）、香白丽（Chambery）等。

（二）比特酒

产地：世界上比较有名的比特酒主要来自意大利、法国、特立尼达和多巴哥等国。

图9－4 比特酒

特点：比特酒（图9－4）酒精含量一般在16%～40%间，也有少数品种超出这个范围。比特酒有滋补、助消化和兴奋作用。

成分：比特酒从古代药酒演变而来，用于配制酒的调料和药材主要是带苦味的草卉和植物的茎根与表皮，如阿尔卑斯草、龙胆皮、苦橘皮、柠檬皮等。

工艺：比特酒配制的基酒是葡萄酒和食用酒精。现在越来越多的比特酒生产采用食用酒精直接与草药精掺兑的工艺。

名品：比较著名的比特酒有金巴利（Campari）、杜本那（Dubonnet）、艾玛·皮孔（Amer Picon）、安哥斯特拉（Angostura）。

图 9－5　茴香酒

（三）茴香酒

产地：茴香酒以法国出产的最为有名。

特点：茴香酒（图 9－5）有无色和染色两种，酒液视品种而呈不同色泽。茴香酒茴香味极浓，馥郁迷人，口感不同寻常，味重而有刺激。饮用时须加冰或兑水，酒精含量一般在 25% 左右。

工艺：茴香酒是用茴香油与食用酒精或蒸馏酒配制而成的酒品。茴香油一般从八角茴香和青茴香中提炼取得，含有大量的苦艾素。八角茴香油多用于开胃酒制作，青茴香油多用于利口酒制作。

名品：比较著名的茴香酒有培诺（Pernod）、巴斯的斯（Pastis）、白羊倌（Berger Blanc）等。

二、甜食酒

甜食酒一般是在佐助甜食时饮用的酒品。甜食酒常以葡萄酒为基酒进行配制，口味较甜。甜食酒的主要生产国有葡萄牙、西班牙、意大利、希腊、匈牙利、法国等。

（一）波特酒（Port）

产地：波特酒原名为波尔图酒（Porto），产于葡萄牙杜罗河一带，与英国有着千丝万缕的联系，人们常用英文 Port Wine 来称呼它。

历史：17 世纪末和 18 世纪初，葡萄酒酿造出来通常主要是运往英国，而当时并没有发明玻璃酒瓶和橡木塞，于是用橡木桶作为容器运输。由于路途遥远，葡萄酒很容易变质。后来酒商就在葡萄酒里加入了中性的酒精（葡萄蒸馏酒精），使酒不容易腐败，保证了葡萄酒的品质。这就是最早的波特酒。

根据葡萄牙政府的政策，如果酿酒商想在自己的产品上写“波特”（Port），必须满足三个条件：第一，用杜罗河上游的奥特·斗罗地域所种植的葡萄酿造。为了提高产品的酒度，所用来兑和的白兰地也必须使用这个地区的葡萄酿造。第二，必须在杜罗河口的维拉·诺瓦·盖亚酒库（Vila Nova Gaia）内陈化和贮存，并从对岸的波特港口运出。第三，产品的酒度在 16.5°以上。如不符合三个条件中的任何一条，即使是在葡萄牙出产的葡萄酒，都不能冠以“波特”字样。

品种：波特酒（图 9－6）分白、红两种。白波特酒是葡萄牙人和法国人喜欢的开胃酒品；红波特酒作为甜食酒在世界享有很高的声誉，有甜、微甜、干三个类型。

特点：波特酒酒味浓郁芬芳，酒香和果香兼有，其中红波特酒的香气很有特色，浓郁芬芳，果香和酒香相宜，口味醇厚、鲜美、圆正。

图9-6 波特酒

工艺：波特酒的制作方法是先将葡萄捣烂、发酵，等糖分保持在10%左右时，添加白兰地酒中止发酵，但保持酒的甜度。经过二次剔除渣滓的工序后运到维拉·诺瓦·盖亚酒库里陈化、贮存，一般的陈化要2~10年时间。最后按配方混合调出不同类型的波特酒。

名品：比较著名的波特酒有道斯（Dow's）、泰勒（Taylors）、西法（Silva）、方斯卡（Fonseca）等。

相关链接 搜索

波特酒的保存方法

波特酒的酒精含量和含糖量高，最好是在天气比较凉爽或比较冷的时候饮用。在打开一瓶陈酿的波特酒之前，应让瓶子直立3~5天，以使葡萄酒的沉淀物沉到瓶底。开瓶后至少要放置1~2个小时才可以饮用，以释放任何“变质”的气味或在塞子下可能产生的气体。波特酒无须冷藏，最好是在地窖温度下饮用。

与普通的认识相反，波特酒开瓶后寿命很短，必须在数周内饮用完。陈酿波特酒在开瓶后8~24小时就会变质。

（二）雪利酒

产地：雪利酒产于西班牙的加迪斯（Cadiz），英国人称其为Sherry。英国人嗜好雪利酒胜过西班牙人，人们遂以英文名称命名为雪利酒。

历史：雪利酒堪称“世界上最古老的上等葡萄酒”。大约公元前1100年，腓尼基商人在西班牙的西海岸建立了加迪斯港，往内陆延伸又建立了一个名为赫雷斯的城市（即今天的雪利市），并在雪利地区的山丘上种植了葡萄树。据记载，当时酿造的葡萄酒口味强烈，在炎热的气候条件下也不易变质。这种葡萄酒（雪利酒）成为当时地中海和北非地区交易量最大的商品之一。绝大多数的雪利酒在西班牙酿造成熟后被装运到英国装瓶出售。1967年，英国颁布法令，只有在西班牙赫雷斯区生产的葡萄酒才有权称为雪利（Sherry），所有其他风格类似，并且带有雪利字样的葡萄酒必须说明其原产地。

分类：雪利酒可分菲奴（Fino）和奥罗洛素（Oloroso）两种，其他品种均为这两大类的变形酒品。

特点：雪利酒呈浅黄色或深褐色，也有的呈琥珀色（如阿蒙提那多酒），清澈透明，口味复杂柔和，香气芬芳浓郁，是世界著名的强化葡萄酒。雪利酒含酒精量高，为15% ~20%；酒的糖分是人为添加的。甜型雪利酒的含糖量高达20% ~25%，干型雪利酒的糖分为0.15g/100毫升（发酵后残存的），总酸为0.44g/100毫升。

工艺：雪利酒以加迪斯所产的葡萄酒为酒基，勾兑当地葡萄蒸馏酒，采用十分特殊的方法陈酿，逐年换桶，这就是著名的“烧乐脂法”（Solera）。雪利酒陈酿10~20年时质地最好。

名品：比较著名的雪利酒有布里斯特（干）、布里斯特（甜）、沙克（干、中甜）、柯夫巴罗米诺等。

（三）马德拉酒（Madeira）

产地：马德拉酒产于葡萄牙领地马德拉岛。

图9-7　马德拉酒

历史：根据历史记载，1419年，葡萄牙水手吉奥·康克午·扎考发现马德拉岛。15世纪马德拉岛广泛种植甘蔗和葡萄。17世纪马德拉酒开始销往国外。1913年，马德拉葡萄酒公司成立，由威尔士与山华公司（Welsh & Cunha）和亨利克斯与凯马拉公司（Henriques & Camara）组建。经过数年的发展，又有数家酿酒公司参加。后来规模不断扩大，成立了马德拉酒酿酒协会。28年后，该协会更名为马德拉酿酒公司（Madeira Wine Company Lda，MWC）。1989年该公司采取了控股联营经营策略，投入大量资金，改进葡萄酒包装和扩大销售网络，使马德拉葡萄酒成为著名品牌。马德拉公司多年来进行了大量的投资，提高葡萄酒的质量标准，并在2000年完成了制酒设施的革新，从而为优质马德拉酒的生产和熟化提供了先进的设施。

特点：马德拉酒（图9-7）酒色金黄，味香浓、醇厚、甘润，是一种优质的甜食酒。

工艺：马德拉酒酿造方法是，在发酵后的葡萄汁上添加烈酒，然后放在50℃的高温室（Estufa）中贮存数月之久，这时马德拉酒会呈现出淡黄色、暗褐色，并散发出特有香味。

名品：

（1）**弗得罗酒**（Verdelho）。弗得罗酒以海拔400~600米葡萄园葡萄为原料。酒液呈淡黄色，芳香，口味醇厚，半干略甜。

（2）**玛尔姆塞酒**（Malmsey）。玛尔姆塞酒以玛尔维西亚葡萄为原料。酒液呈棕黄色，甜型，香气悦人，口味醇厚，被称为世界上最佳葡萄酒之一，是吃甜点时理想的饮用酒。

（3）**舍希尔酒**（Sercial）。舍希尔酒以海拔800米葡萄园的葡萄为原料，熟化期较短，干型，酒液呈淡黄色，味芳香，口味醇厚。

（4）**伯亚尔酒**（Bual）。伯亚尔酒以海拔400米以下葡萄园的白葡萄为原料。酒液呈棕黄色，半干型，气味芳香，口味醇厚，是吃甜点时饮用的理想酒。

三、利口酒

（一）利口酒概述

利口酒是一种以食用酒精和其他蒸馏酒为酒基，配以各种调香物质，并经过甜化处理的酒精饮料。利口酒也称为烈性甜酒。利口酒有多种风味，主要包括水果利口酒、植物利口酒、鸡蛋利口酒、奶油利口酒和薄荷利口酒。许多利口酒含有多种增香物质，如水果香、香草香。

（二）利口酒的生产工艺

（1）**蒸馏法**。利口酒蒸馏有两种方式，一种是将原料浸泡在烈酒中，然后一起蒸馏；另一种是将原料浸泡后取出，仅用浸泡过的汁液蒸馏。蒸馏出来的酒液再添加糖和色素。蒸馏法适用于以香草类、柑橘类的干皮原料所制的甜酒。

（2）**浸泡法**。浸泡法是将原料浸泡在烈酒或加了糖的烈酒中，然后过滤取酒。适用于一些不能加热，或者加热后会变质的原料。

（3）**渗入法**。渗入法是将天然的或合成的香料香精加入烈酒，以增加酒的甜味和色泽。

（三）利口酒的特点

与其他酒相比，利口酒有几个显著特征：利口酒以食糖和糖浆作为添加剂，餐后饮用；利口酒颜色娇美，气味芬芳，酒味甜蜜，不仅是极好的餐后酒，也是调制鸡尾酒最常用的辅助酒。

（四）名品

（1）**爱德维克**（Advocaat）。为荷兰蛋黄酒，用鸡蛋黄和白兰地制成。用玉米粉和酒精生产的仿制品在某些国家也有销售。

（2）**阿姆瑞托**（Amaretto）。为意大利杏仁酒。第一次生产是16世纪科莫湖（Como）附近的沙若诺（Saronno）。“方津杏仁”（Amaretto Di Saronno）最为杰出。

（3）**茴香利口酒**（Anisette）。为带有茴香和橙子味道的巴士帝型利口酒（Pastis）。意大利生产，以白兰地酒为主要原料，酒度为25°。

（4）**班尼迪克丁**（Benedictine DOM）。班尼迪克丁又称泵酒、当酒，是世界上最有名望的利口酒。1534年，该酒受到宫廷的赏爱，一时名气大噪。泵酒以白兰地为酒基，用27种香料配制，两次蒸馏、两年陈酿而成。在其形状独特的酒瓶上标有大写字母DOM（Deo Optimo Maximo），中文意思是“献给至高无上的皇帝”。饮用泵酒的流行做法是配上上等的白兰地，这就是“B&B”。

（5）**沙特勒兹**。为修道院酒。修道院酒与泵酒是两种最有名的餐后甜酒，以修道院名称命名。该酒以白兰地酒为主要原料，配以100多种植物香料制成，有黄色和绿色两种。黄色酒味较甜，酒度为40°。绿色酒度较高，约在50°以上，较干，辛辣，比黄色酒更芳香。

相关链接 搜索

利口酒的饮用方法

纯饮利口酒可用利口酒杯；加冰块可用古典杯或葡萄酒杯；加苏打水或果汁饮料时，用果汁杯或高身杯。利口酒主要在餐后饮用，能够起到帮助消化的作用。利口酒一般要求冰镇，香味越重、甜度越大的酒品越适合在低温下饮用，少部分利口酒可在常温下饮用或加冰块饮用。

利口酒的标准用量为30毫升。

利口酒开瓶后仍可继续存放，但长时间贮存有损品质。

利口酒瓶竖立放置，常温或低温下避光保存。

第三节 鸡尾酒

鸡尾酒一词由英文Cocktail翻译而来，实际上是一种配制酒，是由多种饮料混合制成的酒精饮料。

一、鸡尾酒的起源

鸡尾酒源于美国的说法是大家公认的，但迄今还没有一个人能够准确地说出它的起源。因此，它被披上了一层神秘的色彩，在民间还流传着许多传说。

（一）传说之一

19 世纪，在美国的哈德逊河畔住着一个叫克里福德的人，他开着一家小酒店。此人有三件事引以为豪，人称“克氏三绝”：一是他有一只勇猛威武、器宇轩昂的大雄鸡，是斗鸡场上的“常胜将军”；二是他的酒窖里藏有世界上最好的美酒；三是他的女儿艾思米莉是全镇最漂亮的女孩。镇上有一个叫哈普顿的男青年，是哈德逊河来往货船上的船员，每天晚上都来这个小酒店喝上一杯，日久天长，他和艾思米莉双双坠入爱河。这个小伙子长得高大英俊，心地善良，工作踏实，克里福德打心眼里喜欢，但总是捉弄他说：“小伙子，要想娶我的女儿，先赶紧努力当上船长。”小伙子很有毅力，经过几年的努力之后，终于当上了船长。克里福德非常高兴，在举行婚礼那天，他把自己酒窖里的陈年佳酿全部拿出来兑在了一起，又用自己心爱的雄鸡羽毛将它调混成了一种前所未有的绝世美酒，并且在每个酒杯的边上都饰以一支雄鸡的鸡尾羽毛，然后为这对金童玉女干杯，大家高呼：“鸡尾万岁！”从此人们就称呼这种混合饮料为鸡尾酒。这种酒也被船员们传播到了世界各地。

（二）传说之二

鸡尾酒源自美国独立战争末期一位移居美国的爱尔兰少女贝西。贝西在约克镇附近开了一家小客栈，当时有许多海军军官和政府官员经常光顾这家客栈。贝西有一个邻居是“亲英派”，家里养着许多鸡。在一次美法两国军官的聚会上，贝西用从邻居那里偷来的鸡为军官们准备了一顿丰盛的鸡宴。餐后大家都去酒吧饮酒助兴，骤然间军官们发现在每个酒杯上都插着一根“亲英派”邻居所养公鸡的羽毛，而且贝西正手持羽毛调制一种混合饮料，大家马上明白是怎么回事了。在举杯祝酒的时候，一位军官举杯高呼：“鸡尾万岁！”从此，凡是由贝西调制的或按贝西的调酒方法调制的这种酒，都被称作鸡尾酒而风行各地。

二、鸡尾酒分类

鸡尾酒名目繁多，目前世界上流行的就有上千种，而且还在不断创新。鸡尾酒的分类方法也有很多。

（一）按调制风格分类

（1）**欧洲式**。欧洲式鸡尾酒以英式鸡尾酒为主，以短饮（Short Drink）为多，酒精含量较高，如马提尼、曼哈顿、士天架等。

（2）**美国式**。美国式鸡尾酒以长饮（Long Drink）为多，通常酒精含量较少，如柯林斯、蛋诺、菲兹、宾取。

（3）**中国式**。中国式鸡尾酒多用国产酒配制。

（二）按原料品种分类

（1）**金酒类**。

（2）**白兰地类**。

（3）**朗姆酒类**。

（4）**威士忌类**。

（5）**伏特加类**。

（6）**特基拉类**。

此外还有很多原料种类不同的鸡尾酒。

（三）按饮用时间分类

（1）**餐前鸡尾酒**（Appetizer Cocktail）。餐前鸡尾酒以增加食欲为目的，酒的原料配有开胃酒或开胃果汁等，饮用时间在开胃菜上桌前。例如马提尼（Martini）、曼哈顿（Manhattan）和红玛玉（Blood Mary）。

（2）**俱乐部鸡尾酒**（Club Cocktail）。俱乐部鸡尾酒在正餐时代替开胃菜或开胃汤饮用。酒的原料中常勾兑新鲜的鸡蛋清或鸡蛋黄，色泽美观，酒度较高。例如三叶草俱乐部（Clover Club）、皇室俱乐部（Royal Clover Club）。

（3）**餐后鸡尾酒**（After Dinner Cocktail）。餐后鸡尾酒是正餐后或主菜后饮用的有香甜味的鸡尾酒。酒中勾兑了可可利口酒、咖啡利口酒或带有消化功能的草药利口酒。例如亚历山大（Alexander）、B 和 B（B&B）、黑俄罗斯（Black Russian）。

（4）**夜餐鸡尾酒**（Supper Cocktail）。夜餐饮用的鸡尾酒酒度较高。例如旁车（Side Car）、睡前鸡尾酒（Night Cup Cocktail）。

（5）**喜庆鸡尾酒**（Champagne Cocktail）。喜庆鸡尾酒多在喜庆宴会时饮用，以香槟酒为主要原料，勾兑少量烈性酒或利口酒制成。例如香槟曼哈顿（Champagne Manhattan）、阿玛丽佳那（Americano）。

（四）按饮用方法和混合方式分

（1）**短饮类**（Short Drinks）。短饮类鸡尾酒需要在短时间内饮尽，酒量约 60 毫升，3～4 口喝完，不加冰，10～20 分钟内不变味。其酒精浓度较高，适合餐前饮用。

（2）**长饮类**（Long Drinks）。长饮鸡尾酒放 30 分钟也不会影响风味，加冰，用高脚杯，适合餐时或餐后饮用。

（3）**冷饮类**（Cold Drinks）。冷饮类鸡尾酒温度控制在5℃～6℃。

（4）**热饮类**（Hot Drinks）。热饮类鸡尾酒温度控制在60℃～80℃，如托他（Toddy）。

三、鸡尾酒的特点

（1）**鸡尾酒是混合酒**。鸡尾酒由两种或两种以上的非水饮料调和而成，其中至少有一种为含酒精饮料。

（2）**花样繁多，调法各异**。用于调酒的原料有很多类型，所用配料也不相同。

（3）**具有刺激性**。鸡尾酒具有明显的刺激性，能使饮用者兴奋，因此具有一定的酒精浓度。

（4）**能够增进食欲**。鸡尾酒是增进食欲的滋润剂，饮用后，由于酒中含有的微量调味饮料如酸味、苦味等饮料的作用，能使饮用者的口味得到改善。

（5）**口味优于单体组分**。鸡尾酒有卓越的口味，而且这种口味优于单体组分。

（6）**色泽优美**。鸡尾酒具有细致、优雅、匀称、均一的色调。

（7）**盛载考究**。鸡尾酒式样新颖大方，颜色协调得体。用以盛载的酒杯及装饰品犹如锦上添花，使之更有魅力。

四、鸡尾酒的命名

鸡尾酒的命名五花八门，千奇百怪。有植物名、动物名、人名，从形容词到动词，从视觉到味觉等不胜枚举。常用的命名方式有以下几种：

（1）**根据原料命名**。鸡尾酒的名称包括饮品主要原料，如金汤尼等。

（2）**根据颜色命名**。鸡尾酒的名称以调制好的饮品的颜色命名，如红粉佳人等。

（3）**根据味道命名**。鸡尾酒的名称以其主要味道命名，如威士忌酸酒等。

（4）**根据装饰特点命名**。鸡尾酒的名称以其装饰特点命名，如马颈。很多饮料因装饰物的改变而改变名称。

（5）**根据典故命名**。鸡尾酒饮料很多具有特定的典故，不少以典故命名。

五、鸡尾酒常用原料和调酒器具

（一）鸡尾酒常用原料

1. 基酒

基酒首先应是一种烈性酒，它决定该鸡尾酒的性质和品种。在一般情况下，基酒是单一的烈酒，有时也可能允许两种或两种以上的烈酒做基酒。常用的基酒如外国的金酒、威士忌、白兰地、朗姆酒、伏特加和特基拉酒，也有的鸡尾酒用开胃酒、葡萄酒、餐后甜酒等做基酒，部分鸡尾酒不含酒的成分，纯用软饮料配制而成。中华鸡尾酒则以白酒为基酒。从这些不同类型的基酒派生出数以万计的各种鸡尾酒配方。酒吧中用于调制鸡尾酒的基酒有两类，一是“供点基酒”（Call Liquor），即根据酒的牌名供客人点叫；二是“吧台基酒”（Bar Liquor），即根据鸡尾酒的配方由酒吧选定。

2. 调和料

调和料是一种用于冲淡、调和的材料，它与基酒混合后，使烈酒变得更爽、更清香。调和料可以将特殊刺激予以缓和，同时散发独特的香气，但是调和料的香味绝不能盖过基酒的香味。常用的调和料有以下几种：

（1）**香甜酒**。主要包括苦精（Bitter）、库拉索橙皮酒（Curacao）、可可酒（Gremede Cacao）、白薄荷酒（White Greme de Menther）、绿薄荷酒（Green Greme de Menther）、加利安奴（Galliano）等。

（2）**柠檬汁和酸橙汁**。高档酒吧一般都采用新鲜柠檬和酸橙自己榨汁，一般酒吧都使用冷冻汁。

（3）**鸡蛋**。有的使用蛋清，有的使用蛋黄，有的使用整个鸡蛋。

（4）**糖**。调酒时，主要使用糖粉（霜）、砂糖或糖水。

（5）**石榴汁**。

（6）**炼乳**。

3. 附加料

常用的附加料有胡椒粉、盐、辣椒油、梅林酱油和番茄汁等。

4. 装饰物

鸡尾酒调好后，使用不同规格和形状的酒杯盛载，然后要给酒品做适当的点缀，以增加鸡尾酒的色彩和美感，通常使用的装饰物及装饰方法有以下几种：

（1）**红绿樱桃**。带柄放入杯内。可用牙签穿 1 ~ 3 枚，横放杯沿上。也可用牙签串橙楔、橙皮、樱桃，使之红、黄、绿相间。

（2）**红苹果**。横或竖切成薄片挂于杯沿。

（3）**草莓**。带有两瓣绿叶的整个草莓插于杯沿上。

（4）**西瓜**。用特制小勺挖出红色西瓜肉，然后用牙签穿起一串（4 ~ 5 枚）横放杯沿上。

（5）**橙皮**。用特制小刀剥下橙皮（呈条状），然后挽结，放于杯内。

其他的如芹菜秆、芹菜叶、薄荷叶，无名指大小的洋葱、橄榄、小玩具伞以及玫瑰花瓣等都可做装饰物。

有些酒品需要使用糖粉或盐霜点缀杯沿，具体做法是：先用柠檬皮将杯口擦匀，扣杯口于糖粉或盐霜上转动一下，使湿润的杯沿蘸上糖粉或盐霜，再将调好的酒倒入杯中。

5. 冰

冰在调酒中起两个作用，即冰镇和稀释。可通过冰型的选择、摇震或搅拌的次数，来控制酒品的冰镇程度和稀释量。如果用错冰型（如：冰霜、碎冰、薄冰、冰块）或是不适当的调酒动作（搅拌或摇震次数过多或过少），都会破坏酒品应有的特色。

（二）鸡尾酒调酒器具

（1）**调酒壶**（Cocktail Shaker）。调酒壶一般用银、铬合金或不锈钢等金属材料制造，由壶盖、滤网及壶体组成，是放置冰块冷却鸡尾酒不可缺少的器皿。

（2）**调酒杯**（Mixing Glass）。调酒杯别名酒吧杯（Bar Glass），也叫师傅杯，是一种比较厚的玻璃杯，杯壁上刻有刻度，用于搅匀鸡尾酒材料的容器。

（3）**调酒匙**（Bar Spoon）。调酒匙又称酒吧长匙，它的柄很长，柄中间呈螺旋状，一般用不锈钢制成，用于搅拌鸡尾酒。

（4）**滤冰器**（Strainer）。滤冰器通常用不锈钢制成。用调酒杯调酒时，用它过滤，以留住冰块。

（5）**冰桶**（Ice Bucket）。冰桶用来盛放冰块。

（6）**冰夹**（Ice Ton）。夹冰块的工具。

（7）**榨汁器**（Squeezer）。榨柠檬等水果汁用的小型机器。

（8）**量酒杯**（Jigger）。不锈钢制品，两用量衡杯，一端盛30毫升酒，另一端盛45毫升酒。

（9）**开瓶器**（Bottle Opener）。用于开啤酒、汽水瓶盖的工具。

（10）**开瓶钻**（Cork Screw）。用于开软木塞瓶盖的工具。

（11）**切刀和俎板**（Knife & Cutting Board）。用于切水果和制作装饰品。

（12）**特色牙签**（Tooth Picks）。用塑料制成，用于穿插各种水果点缀品。

（13）**宾取盆**（Punch Bowl）。专门用于调制宾取鸡尾酒的容器。

（14）**吸管**（Absorb Pipe）。吸饮料用。

六、鸡尾酒调制技巧

鸡尾酒的调制有两种方式，一种是英式调酒，另一种是美式调酒，美式调酒又称为花式调酒。

（一）英式调酒

1. 调制方法

英式调酒常用的调制方法有4种，即摇和法、调和法、兑和法、搅和法。

（1）**摇和法**（Shaking）。调酒时，先在壶身内放入六成冰块，然后按鸡尾酒配方依次注入基酒和其他辅助材料，然后盖上滤冰盖和壶盖。一般使用小号、中号调酒壶用单手摇动。方法是：右手握壶，食指紧压壶盖，拇指和其他手指紧握壶身，斜向上下均匀摇动。向上高度不要超过头顶，当金属调酒壶外出现白霜即可。斟酒时，右手握壶，左手打开壶盖，让酒液通过滤冰盖的小孔流入载杯，至距杯口1/8杯深即可。若酒液较多，则应使用大号调酒壶用双手摇动。方法是：用右手拇指紧压壶盖，左手沿壶身纵向伸直至壶底，持住壶身，双手紧握支撑住整个调酒壶，成推进姿势，在胸前向斜上方一高一低推进，充分摇混所有原料，当金属酒壶外出现白霜即可。倒酒时，左手握壶，右手打开壶盖倒酒。调酒壶内不能投入含气体的汽水类材料，对鸡蛋、奶油等不易混合的材料，要大力摇匀。

（2）**调和法**（Stirring）。调酒时，先在调酒杯内放入适量的冰块，然后依次放入所需的基酒和辅助材料。左手握杯，右手拿酒吧长匙，将长匙夹在中指和无名指间，拇指和食指握住长匙的上部，沿着调酒杯的内侧，顺时针方向迅速旋转搅动10秒钟，使酒均匀冷却。倒酒时，左手握杯，右手拿长匙挡住冰块，将酒滤入载杯。

（3）**兑和法**（Building）。把冰块和所需材料依次放入载杯内，用长匙斜向上下搅动一下（有的不需搅动，如彩虹鸡尾酒），使各种材料混合即可。

（4）**搅和法**（Blending）。搅和法是把酒水与碎冰块按配方要求放入电动搅拌机中，启动10秒钟后连冰块和酒水一起倒入酒杯中。

以上各种调酒法在操作时，手法都要轻快敏捷，姿势自然大方，给人一种美的享受。

2. 国际标准规定

（1）**仪表**。必须身着白衬衣、背心，打领结。调酒人员的形象不仅会影响酒吧声誉，而且会影响客人的饮酒情趣。

（2）**时间**。调完一杯鸡尾酒规定时间为1分钟。吧台的实际操作中要求一位调酒师在1小时内能为客人提供80~120杯饮料。

（3）**卫生**。多数饮料是不需加热直接被客人饮用的，所以操作上的每个环节都应严格按照卫生要求和标准进行。任何不良习惯都直接影响客人健康。

（4）**姿势**。动作熟练，姿势优美，不能有不雅的动作。

（5）**杯具**。所有的杯具与饮料要求一致，不能用错杯子。

（6）**用料**。要求所有原料准确，少用或错用主要原料都会破坏饮品的标准味道。

（7）**颜色**。颜色深浅程度与饮料要求一致。

（8）**味道**。调出饮料的味道要正确，不能偏浓或偏淡。

（9）**调法**。调酒方法与饮料要求一致。

（10）**程序**。要依次按标准要求操作。

（11）**装饰**。装饰与饮料要求一致。

3. 调制的一般步骤

鸡尾酒调制过程，大致可按以下步骤进行：

（1）挑选酒杯。

（2）杯中放入所需冰块。

（3）确定调酒方法及盛酒容器（摇酒杯或酒杯）。

（4）量入所需基酒（基酒的数量与载杯容量有关）。

（5）量入少量的辅助成分。

（6）调制。

（7）装饰。

（8）服务。

4. 调制的规定动作

（1）**拿瓶**。拿瓶是把酒瓶从酒柜或操作台上传到手中的过程。传瓶一般有左手传到右手或从下方传到上方两种情形。拿瓶的规定动作是用左手拿瓶颈部传到右手上。用右手拿住瓶的中部，或直接用右手从瓶的颈部上提至瓶中间部位。要求动作快、稳。

（2）**示瓶**。示瓶即把酒瓶展示给客人。示瓶的规定动作是用左手托住底部，用右手拿住瓶颈部，呈45°角，把商标面向客人。拿瓶到示瓶是一个连贯的动作。

（3）**开瓶**。开瓶的规定动作是用右手拿住瓶身，左手中指逆时针方向向外拉酒瓶盖，用力得当时可一次拉开，并用左手虎口（即拇指和食指）之间夹起瓶盖。

（4）**量杯**。开瓶后立即用左手的中指和食指与无名指夹起量杯（根据需要选择量杯的大小），两臂略微抬起呈环抱状，把量杯放在靠近容器的正前上方约一寸处，量杯要安放端正。然后用右手把酒倒入量杯，之后收瓶口，用左手同时将酒倒进所用的容器中，用左手拇指顺时针方向将瓶盖盖好，然后放下量杯和酒瓶。

（5）**握杯**。老式杯、海波杯、可林杯等平底杯应握杯子下底部，切忌用手拿杯口。高脚杯拿细柄部，白兰地杯则应用手握住杯身，以手传热使其芳香溢出（指客人饮用时）。

（6）**溜杯**。溜杯指将酒杯冷却后用来盛酒。通常有以下几种情况：①冰箱冷却：将酒杯放在冰箱内冷却；②上霜机冷却：将酒杯放在上霜机内上霜；③加冰块冷却：加冰块在杯内使其冷却；④溜杯冷却：杯内加冰块使其快速旋转至冷却。

（7）**温烫**。指将酒杯烫热后用来盛饮料。主要有以下方法：①火烤：用蜡烛来烤杯，使其变热；②燃烧：将高酒精烈酒放入杯中燃烧，至酒杯发热；③水烫：用热水将杯烫热。

（8）**搅拌**。搅拌是混合饮料的方法之一。它是用吧勺在调酒杯或饮用杯中搅动使饮料混合。具体操作要求为用左手握住杯底，右手按握毛笔姿势，使吧勺勺背靠杯边按顺时针方向快速旋转。搅动时有冰块转动声。搅动5大圈后，用滤冰器放在调酒杯口，迅速将调好的酒滤出。

（9）**摇动**。摇动是使用摇酒器来混合饮料的方法。具体操作形式有单手、双手两种。单手摇动时握摇酒器右手食指接住壶盖，用拇指、中指、无名指夹住壶体两边，手心不与壶体接触。摇壶时，尽量使手腕用力。手臂在身体右侧自然上下摆动。要求是力量大、速度快、有节奏、动作连贯。双手摇动时，左手中指接住壶底，拇指接住壶中间过滤盖处，其他手指自然伸开，右手拇指按壶盖，其余手指自然伸开固定壶身。壶头朝向自己，壶底朝外，并略向上方。摇壶时可在身体左上方或正前上方自然摆动。要求两臂略抬起，呈伸曲动作，手腕呈三角形摇动。

（10）**上霜**。上霜是指在杯口边蘸上糖粉或盐霜。具体要求是操作前要把酒杯晾干，用柠檬皮擦杯口边时要均匀，然后将酒杯倒扣在糖粉或盐霜上，蘸完后把多余的糖粉和盐霜掸去。

（11）**调酒全部过程**。①短饮：选杯—放入冰块—溜杯—选择调酒用具—传瓶—示瓶—开瓶—量酒—搅拌（或摇壶）—过滤—装饰—服务；②长饮：选杯—放入冰块—传瓶—示瓶—量酒—搅拌（或掺兑）—装饰—服务。

5. **色彩调制**

鸡尾酒之所以如此具有魅力，与它那五彩斑斓的颜色是分不开的。色彩的配制在鸡尾酒的调制中至关重要。

（1）**鸡尾酒原料的基本色**。鸡尾酒是将基酒和各种辅料调配混合而成的，这些原料的不同颜色是构思鸡尾酒色彩的基础。

①糖浆。糖浆是鸡尾酒中常用的调色辅料，它的颜色有红色、浅红、黄色、绿色、白色等。较为常用的糖浆有红石榴糖浆（深红）、山楂糖浆（浅红）、香蕉糖浆（黄色）、西瓜糖浆（绿色）等。

②果汁。果汁具有水果的自然颜色，常见的有橙汁（橙色）、香蕉汁（黄色）、椰汁（白色）、西瓜汁（红色）、草莓汁（浅红色）、西红柿汁（粉红）等。

③利口酒。利口酒是鸡尾酒调制中不可缺少的辅料，它的颜色十分丰富，赤、橙、

黄、绿、青、蓝、紫几乎全包括。有些同一品牌的利口酒就有几种不同颜色，如可可酒有白色、褐色；薄荷酒有绿色、白色；橙皮酒有蓝色、白色等。

④基酒。基酒除伏特加、金酒等少数几种无色烈酒外，大多数都有自身的颜色，这也是构成鸡尾酒色彩的基础。

（2）**鸡尾酒颜色的调配**。鸡尾酒颜色须按色彩配比的规律调配。

①调制彩虹酒时，首先要使每层酒为等距离，以保持酒体形态的稳定；其次应注意色彩的搭配，如红配绿、黄配蓝，而白与黑是色明度差距极大的一对，不宜直接相配；暗色、深色的酒置于酒杯下部，如红石榴汁，明亮或浅色的酒放在上部，如白兰地、浓乳等，以保持酒的平衡。

②调制有层色的部分海波饮料、果汁饮料时，应注意颜色的比例配备。一般来说暖色或纯色的诱惑力强，应占面积小一些，冷色或浊色面积可大一些，如特基拉日出。

③绝大部分鸡尾酒都是将几种不同颜色的原料进行混合调制出某种颜色，这就要求我们事先了解两种或两种以上的颜色混合后产生的新颜色。如黄与蓝混合成绿色，红与蓝混合成紫色，红与黄混合成橘色，绿与蓝混合成青绿色等。

图 9－8　红粉佳人

调制鸡尾酒时，应把握好不同颜色原料的用量。颜色原料用量过多则色深，量少则色浅，达不到预想的效果。如红粉佳人，主要用红石榴汁来调出粉红色的酒品效果，在标准容量鸡尾酒杯中一般用量为 1 吧匙，多于 1 吧匙，颜色为深红，少于 1 吧匙，颜色呈淡粉色，体现不出“红粉佳人”的魅力（图 9－8）。

注意不同原料对颜色的作用。冰块在调制鸡尾酒时用量、时间长短直接影响到颜色的深浅。另外，冰块本身具有的透亮性，在古典杯中加冰块的饮品更具光泽，更显晶莹透亮，如君度加冰、威士忌加冰、金巴利加冰、加拿大雾酒等。

乳、奶、蛋等均具有半透明的特点，且不易同饮品的颜色混合。调制中用这些原料时，奶起增白效果，蛋清增加泡沫，蛋黄增强口感，使调出的饮品呈朦胧状，增加饮品的诱惑力。如青草蜢、金色菲士等。

碳酸饮料对饮品颜色有稀释作用，配制饮品时，一般在各种原料成分中所占比重较大，酒品的颜色也较浅，味道较淡。

果汁原料因其所含色素的关系，本身具有颜色，应注意颜色的混合变化。如日月潭库勒、绿薄荷和橙汁一起搅拌，会呈草绿色。

（3）**鸡尾酒的情调营造**。酒吧是最讲究氛围的场所。鸡尾酒以不同色彩来传达不同的情感，营造了特殊的酒吧情调。

①红色鸡尾酒和混合饮料：表达一种幸福的热情、活力和热烈的情感。

②白色饮品：给人纯洁、神圣、善良的感受。

③黄色饮品：是辉煌、神圣的象征。

④绿色饮品：使人联想起大自然，感到自己年轻、充满活力。

⑤紫色饮品：给人高贵而庄重的感觉。

⑥粉红色的饮品：传达浪漫、健康的情感。

⑦蓝色饮品：既可使人产生冷淡、伤感的联想，又能使人平静，也是希望的象征。

6. 口味调配

鸡尾酒的味道是由具有各种天然香味的饮料调配出来的，而这些饮料的成分主要是芳香类物质，如醇类、脂类、醛类、酮类、烃类。鸡尾酒调出的味道一般都不过酸、过甜，是一种味道较为适中，能满足人们的各种口味需要的饮品。

（1）**原料的基本味**。酸味来自柠檬汁、青柠汁、西红柿汁等。甜味来自糖、糖浆、蜂蜜、利口酒等。苦味来自金巴利苦味酒、苦精及新鲜橙汁等。辣味来自辛辣的烈酒，以及辣椒、胡椒等辣味调料。咸味来自盐。而酒及饮料中有各种香味，尤其是利口酒中有多种水果和植物香味。

（2）**鸡尾酒口味调配**。将不同味道的原料进行组合就会调制出具有不同类型风味和口感的鸡尾酒。

①酒香浓郁型。基酒占绝大多数比重，使酒体本味突出，配少量辅料增加香味，如马提尼、曼哈顿。这类酒含糖量少，口感甘洌。

②酸味圆润滋养型。以柠檬汁、西柠汁和利口酒、糖浆为配料，与烈酒配出的酸甜鸡尾酒香味浓郁，入口微酸，回味甘甜。这类酒在鸡尾酒中占有很大比重，酸甜味比例根据饮品及各地人们的口味不同，并不完全一样。

③绵柔香甜型。用乳、奶、蛋和具有特殊香味的利口酒调制而成的饮品。如白兰地亚历山大、金色菲士等。

④清凉爽口型。用碳酸饮料加冰与其他酒类配制的饮品。具有清凉解渴的功效。

⑤微苦香甜型。以金巴利或苦精为辅料调制出来的鸡尾酒，如亚美利加诺、尼格龙尼等。这类饮品入口虽苦，但持续时间短，回味香甜，并有清热的作用。

不同地区的人们对鸡尾酒口味的要求各不相同，在调制鸡尾酒时，应根据顾客的喜好来调配。欧美人不喜欢含糖或含糖高的饮品，调制鸡尾酒时，糖浆等甜物宜少放。东方人，如日本、我国港台地区顾客，他们喜欢甜口，可使饮品甜味略突出。对于有特殊口味要求的顾客，可征求客人意见后调制。在调制鸡尾酒时，还应注意世界上各种鸡尾酒的流行口味。

（3）**不同场合的鸡尾酒口味**。鸡尾酒种类五花八门，应有尽有，但是某一特定场合对鸡尾酒的品种、口味有特殊的要求。

①餐前鸡尾酒。餐前是指在餐厅正式用餐前或者是宴会开始前提供的鸡尾酒。这类鸡尾酒要求酒精含量较高，具有酸味、辣味。如马提尼、吉姆莱特等。

②餐后鸡尾酒。餐后鸡尾酒指在正餐后饮用的鸡尾酒，要求口味较甜，具有助消化和收胃功能。如黑俄罗斯等。

③休闲场合鸡尾酒。休闲场合鸡尾酒主要是游泳池旁、保龄球场、台球厅等场所提供的鸡尾酒。要求酒精含量低或者无酒精，以清凉、解渴的饮料为佳，一般为果汁混合饮料、碳酸混合饮料。

7. 调制注意事项

在鸡尾酒调制过程中，应注意以下基本原则：

（1）调酒人员须做调酒前的各项准备工作。

（2）使用正确的调酒工具。调酒壶、调酒杯、酒杯不可混用代用。

（3）严格遵守配方，必须使用量杯。流行的著名配方大都经过长期实践才制定出来，用量不准确会改变混合后酒品的应有风格。

（4）调酒所用冰块必须是新鲜的。因为新鲜的冰块质地坚硬，不易融化。

（5）使用冰块要遵照配方。冰块、碎冰、冰霜不可混淆。调酒壶装冰时不宜装得过多过满。

（6）调酒时如需用糖，尽量使用糖饴、糖浆、糖水，少用糖块、砂糖，因为糖块和砂糖不溶于酒精或很难溶于某些果汁中。制作糖浆时，糖粉与水的比例（重量）为3∶1。

（7）绝大多数鸡尾酒要现喝现调，调好之后不可放置太久，否则将失去其应有的口味。

（8）调酒用的材料要新鲜，特别是奶、蛋、果汁等。

（9）调制热饮时，酒温不可超过78℃，因为酒精的蒸发点是78℃。

（10）下料程序要遵循先辅料、后主料的原则，以免在调制过程中出了什么差错，造成损失。

（11）在使用玻璃调酒杯时，如果当时室温较高，使用前应先将冷水倒入杯中，然后加入冰块，使用前将冰水倒掉，以避免因冰块直接进入调酒杯，产生骤热骤冷的变化而使玻璃杯炸裂。

（12）倒酒时，杯内的酒不可装得太满，杯口应留1/8～1/4的空隙，太满时宾客难以饮用，太少了又显得难堪。

（13）水果如果事先用热水浸泡过，在压榨过程中，会多出1/4的汁。

（14）酒杯降温和加霜，目的是使鸡尾酒保持清新爽口，所用的酒杯须贮藏在冷藏柜中降温。如果冷藏柜容量不足，则可在调制前先把碎冰放进杯子或把杯子埋入碎冰使之降温。酒杯加霜是指把酒杯较长时间地置于冷藏柜中，或埋入碎冰内，或杯内加冰，取出时，由于冷凝作用，杯身上会出现一层霜雾，给人以极冷的感觉，适用于某些类的鸡尾酒。

（15）"On the Rocks"是指杯中预先放入冰块，将酒淋在冰块上饮用。"Straight up"是指不加冰。"追水"是指为稀释高酒度的酒，而追加饮用水。

（16）调配制作完毕之后，一定要将瓶子盖紧并复归原位。

（二）美式调酒（花式调酒）

1. 调酒概述

花式调酒起源于美国，现风靡于世界各地。其特点是在正统的英式调酒过程中加入一些花式调酒动作，以及魔幻般的互动游戏，起到活跃酒吧气氛、提高娱乐性、与客人拉近关系的作用。

美式酒吧的吧台和英式酒吧的吧台在构造上有所不同，调酒的方法也相对轻松随意，美式吧台主要的构造原则是能以最快的速度为客人提供高质量的酒水，以及能够在吧台中任何地方服务客人进行花式调酒。

花式调酒是当今世界上非常流行的调酒方式，花式调酒师在调酒的过程中融入了个性和观赏性，可运用酒瓶、调酒壶、酒杯等调酒用具表演轻松随意令人赏心悦目的调酒动作，从而达到吸引客人、娱悦客人、增加调酒师个人魅力的目的，还能更好地与客人沟通，促销酒水等。

2. 调酒的要求

花式调酒师是以花式调酒本领和表演能力来吸引消费者的。

（1）花式调酒师应熟练运用各种花式调酒用具。花式调酒特有的调酒用具有酒嘴、美式调酒壶、果汁桶等，这不但是调酒所需要的工具，也是花式调酒师在工作中进行轻松自如表演的道具。

（2）花式调酒师不仅要掌握多种基本调酒技法，而且要在学习过程中掌握怎样用酒嘴控制酒水的标准用量，即自由式倒酒，以及如何在最短的时间调制尽可能多的饮料等。

（3）每位花式调酒师都要懂得如何展现个人表演风格。花式调酒师要开朗健谈，良好的沟通能力能使调酒师营造恰当的谈话氛围。

（4）花式调酒要不断探索、创新出高质量的酒水和新奇的花式动作。调酒师们在练习过程中要充分发挥想象力，不断创新并提高动作技巧。

3. 调酒的内容

花式调酒除了要求调酒师不但能够调制出可口的鸡尾酒，而且要能在消费者的注视下表演优雅的调酒动作，更好地展示调酒技巧。

（1）**乐感**。调酒师在表演中经常会伴随着各式各样的音乐，其花式动作要与音乐的节奏配合。一次完美的调酒表演经常可以在音乐中营造出良好的气氛。

（2）**舞蹈**。漂亮自如的动作能给客人满意的感觉和美的享受。舞蹈可以使调酒师身体的协调性保持良好状态，使花式调酒表演更加具有观赏性。

（3）**动作**。使人眼花缭乱的动作是花式调酒的重点所在，调酒师应为每一个动作编排出适合自己个性的花式。

（4）**心理素质**。在众多客人的注视下表演，必然要求花式调酒师具有良好的心理素质。花式调酒师在表演过程中，只能做自己有把握的动作，并且不要让偶尔的失手影响了后面的表演。

4. 调酒常用动作

（1）**花式倒酒**。右手握住瓶颈，与胸同高，将瓶子从身体的右侧抛起翻转 1 周，右手接住瓶颈部，酒嘴朝下，把酒液倒入另一只手拿的调酒壶中。

（2）**手背立瓶**。用右手的拇指、食指、中指捏住瓶颈，手指发力向上提酒瓶，再让瓶身在空中垂直落下，将手伸平，手背向上，让瓶底朝下直立停在手背上。

（3）**后抛前接**。右手握瓶向身后抛瓶，瓶子抛出的同时右手手腕向上勾瓶发力，使瓶从右肩上方飞向身前，右手迅速在身前接往瓶颈。

（4）**右抛左接**。右手握瓶颈，与胸同高，向左手抛瓶，瓶抛出后旋转两周，左手接住瓶颈。

5. 调酒动作要求

花式调酒通过表演动作串联调酒过程，难度远远大于英式调酒，因此在制作中应注意以下几点：

（1）**速度**。调酒师要在调酒过程中提高鸡尾酒制作的速度。

（2）**组织**。加强调酒与表演动作融为一体的组织能力。

（3）**精确**。确保用酒嘴倒酒的精确性。

6. 花式调酒的技法

（1）**直调法**。就是将酒液直接倒入杯中混合即可。在英式调酒中被称为兑和法。

（2）**漂浮、添加法**。就是将一种酒液加到已混合的酒液上，产生向上渗透的效果。在英式调酒中被称为兑和法。

（3）**果汁机搅拌法**。就是把所需酒液连同碎冰一起加入搅拌机中，按配方要求的速度搅拌。在英式调酒中被称为搅和法。

（4）**摇动和过滤法**。就是将所需酒液连同冰块放入波士顿摇酒壶中快速摇动后滤入酒杯。在英式调酒中被称为摇荡法。

（5）**混合法**。就是把酒液按比例倒入波士顿摇酒壶，可根据配方加入冰块，把摇酒壶放在搅拌轴下，打开开关，搅拌 8～10 秒，把混合好的饮料倒入酒杯。

（6）**搅动和过滤法**。就是将所需酒液连同冰块放入波士顿摇酒壶，搅动后滤入酒杯。在英式调酒中称为调和法。

（7）**捣棒挤压法**。就是在杯中用捣捧将水果粒通过挤压的方式压成糊状，然后将摇妥或搅拌好的酒液倒入其中。

（8）**层加法**。就是按照各种酒品糖分比重不同，按配方顺序依次倒入杯中，使其层次分明。每种酒液是直接倒在另一种酒液上，不加搅动。在英式调酒中被称为兑和法。

7. **调酒注意事项**

（1）**安全性**。即安全第一。注意在调酒过程中保护自己和不伤害到客人。

（2）**表演性**。在表演前使用专业的练习瓶练习要表演的动作，达到非常熟练的程序。同时，要发挥想象力，用一些俏皮的语言和表情提高表演的观赏性。因为表演也是为客人提供的一种服务，所以要注意在表演中坚持鸡尾酒制作标准，不要让花式表演影响到所要调制的鸡尾酒质量。

? 复习与思考

一、 名词解释

鸡尾酒　开胃酒　配制酒　长饮

二、 简答题

1. 请简述开胃酒、甜食酒、利口酒的饮用方法。
2. 请简述鸡尾酒色彩调制的方法。
3. 请简述鸡尾酒情调营造的方法。
4. 请简述英式调酒和花式调酒的区别。

三、 单项选择题

1. 下列选项中，属于餐后类配制酒的是(　　)。

A. Vermouth　　B. Sherry　　C. Port　　D. Liqueur

2. “黑俄罗斯”（Black Russian）是一款经典鸡尾酒，其基酒是(　　)。

A. 金酒　　B. 伏特加酒　　C. 特基拉酒　　D. 白兰地酒

3. 果料利口酒、草料利口酒和种料利口酒，同属于(　　)。

A. 发酵酒类　　B. 蒸馏酒类　　C. 配制酒类　　D. 烈性酒类

4. 传统雪利酒的生产是通过叠桶系统（Solera system）来进行掺配的，这种方法发明于(　　)。

A. 1908 年　　B. 1910 年　　C. 1918 年　　D. 1920 年

四、 多项选择题

1. 短饮类鸡尾酒的基本特征是(　　)。

A. 多用果汁等为配料　　B. 酒精含量相对较高

C. 口味浓重　　D. 口味较温和

E. 用短杯饮用

2. 世界上味美思最著名的生产国是(　　)。

A. 德国　　B. 意大利　　C. 法国　　D. 美国　　E. 荷兰

3. 马德拉酒（Madeira）中，在冷藏之后作为开胃酒饮用的品种是(　　)。

A. Sercial　　B. Verdello　　C. Rainwater　　D. Bual　　E. Malmsey

4. 以下属于苦酒的是(　　)。

A. 安格斯特拉酒　B. 金巴利酒　　C. 雪利酒　　D. 杜本那酒　　E. 利口酒

五、 案例分析题

这些酒该怎样保存摆放

某大型餐厅的酒吧购买了一大批餐后用配制酒（利口酒），这些配制酒有：Amaretto、B&B、Balley's、Chartreuse、Cointreuse、Galliano、Grand Marnier、Tia Maria，新来的酒库保管员小李因工作紧张，进货后未能及时上架，而是很随意地将酒堆放在库房的一个角落里。

根据以上案例，回答如下问题：

1. 小李的做法对吗？

2. 如果你是这个酒吧的酒库保管员，请你将这些餐后用配制酒按酒类生产时所加入的调香、调味物品分类上架摆放。

附录：饮食服务业职业道德

饮食服务业职业道德，是饮食服务业工作者在饮食服务业的各种活动中，必须具有的观念、情操、品德，以及必须遵循的行为准则与规范的总和。饮食服务业职业道德体现了饮食服务业的特征。

一、忠于职守，爱岗敬业

俗话说“干一行，爱一行”，其意思就是，无论干什么工作，无论从事什么职业，都应该满腔热情地投入进去，不能心猿意马，敷衍了事。忠于职守、爱岗敬业不仅是饮食服务业对从业者的职业道德要求，也是任何一个行业对从业者的职业道德要求。

试想，如果一个餐饮企业大部分员工（包括经理人员）甚至所有员工都不“忠于职守，爱岗敬业”，那么这个企业会是什么样呢？推而广之，整个饮食服务业又会是什么样呢？实际上，凡是经营比较好的餐饮企业，其绝大部分员工都是“忠于职守，爱岗敬业”的。

二、讲究质量，注重信誉

在这个注重品牌经营的年代，质量意味着生命，信誉意味着发展。不讲质量和信誉，仅靠欺骗和吹嘘的餐饮企业是存活不了多长时间的，更谈不上企业的发展。吹嘘性的广告和宣传，可以换来暂时的生意兴隆，但要真正赢得消费者，使企业保持可持续发展，只有为消费者提供高质量的产品和实质性的利益，才是根本。

质量和信誉，不是来自企业的吹嘘及欺骗，而是来自企业对质量和信誉的追求，来自每一位员工认认真真的工作态度和踏踏实实的工作实践。因此，餐饮企业中的每一位员工都有责任保持产品、服务和环境的质量，有责任维护企业的信誉和形象。

三、尊师爱徒，团结协作

餐饮业是最古老的一个行业。烹调技艺是靠师带徒的形式代代相传下来的，直到现在，在中国的许多餐饮企业还保持着这种传统习惯。因此，尊师爱徒成了餐饮服务业独特的职业道德要求。

尊师爱徒既是烹调技艺传授的要求，也是企业组织内集体劳动的要求。“尊师爱徒，团结协作”的职业道德要求，对于劳动密集型的餐饮企业而言是至关重要的，它不仅关系到企业有无良好的职业道德风尚，而且关系到企业的生产经营效率，关系到企业的产品质量与服务质量。

四、积极进取，开拓创新

在这个日新月异、竞争激烈的年代，无论对于个人还是企业，没有进取和创新精神就意味着慢性自杀和面临失败。

市场经济创造竞争，要求竞争，鼓励竞争；缺乏竞争观念和竞争手段的餐饮企业必将被市场所淘汰。“积极进取，开拓创新”是餐饮企业参与竞争的唯一出路。优胜劣汰，无论对于企业还是对于个人而言，都是亘古不变的自然法则。因此，无论是餐饮企业，还是餐饮业从业者，都应当始终保持一种“积极进取，开拓创新”的精神。

五、遵纪守法，讲究公德

家有家规，国有国法，企业有企业的规章制度。不同形式的社会组织都通过某种形式的法规来维护各自的正常秩序。社会组织内的所有人都必须遵守法规，否则就会受到惩罚。公德，是指社会发展过程中逐渐形成的公共道德，一般而言，包括讲究文明礼貌、遵守公共秩序、保护生态环境、维护公共治安、尊老爱幼、尊敬师长等。

“遵纪守法，讲究公德”是对餐饮服务业从业者最起码、最一般的要求。餐饮企业的员工，首先是社会的一员、国家的一员，应当学习法律知识，培养法律意识和公德意识，遵守国家法律，讲究公共道德。不讲公德、不遵守国家法规的人，也是很难遵守企业规章制度的。

主要参考书目

1. 郭志鹏．烹饪基础知识［M］．北京：中国物资出版社，2006.
2. 罗林枫．烹饪知识［M］．大连：东北财经大学出版社，1997.
3. 黄勤忠．烹饪知识［M］．大连：东北财经大学出版社，2000.
4. 刘晓芬．烹饪基础知识［M］．北京：旅游教育出版社，2002.
5. 吕新河．中式烹饪［M］．北京：旅游教育出版社，2002.
6. 孙在荣．西式烹饪［M］．北京：旅游教育出版社，2002.
7. 邵万宽．中式面点［M］．北京：旅游教育出版社，2002.
8. 陆理民．西式面点［M］．北京：旅游教育出版社，2002.
9. 张社昌．菜肴创新技法与实例［M］．成都：四川出版集团，2005.
10. 尹敏．外菜系知识［M］．成都：四川大学出版社，2003.
11. 林小岗．面点工艺［M］．北京：中国轻工业出版社，2006.
12. 王天佑．西餐概述［M］．北京：旅游教育出版社，2000.
13. 肖崇俊．现代中式快餐制作［M］．北京：中国轻工业出版社，2006.
14. 邵万宽．现代烹饪与厨艺秘笈［M］．北京：中国轻工业出版社，2006.
15. 朱涌松．餐厅厨房管理细节［M］．北京：中国宇航出版社，2006.
16. 任百尊．中国食经［M］．上海：上海文化出版社，1999.
17. 王晓晓．酒水知识与操作服务教程［M］．沈阳：辽宁科学技术出版社，2003.
18. 高富良．菜点酒水知识［M］．北京：高等教育出版社，2003.
19. 鲍伯·里宾斯基，凯西·里宾斯基．专业酒水［M］．大连：大连理工大学出版社，2002.
20. 陈尧帝．新调酒手册［M］．广州：南方日报出版社，2002.
21. 王文君．酒水知识与酒吧经营管理［M］．北京：中国旅游出版社，2004.
22. 读书时代．初级茶艺［M］．北京：中国轻工业出版社，2006.
23. 王天佑．酒水经营与管理［M］．北京：旅游教育出版社，2004.
24. 聂明林，杨啸涛．饭店酒水知识与酒吧管理［M］．重庆：重庆大学出版社，1998.
25. 北京培研国际教育有限公司．花式调酒［M］．北京：中国轻工业出版社，2006.
26. 郑春英主编．茶艺概论［M］．北京：高等教育出版社，2006.
27. 柴齐彤．实用茶艺［M］．北京：华龄出版社，2006.
28. 侯云章．中华酒典［M］．哈尔滨：黑龙江人民出版社，1990.
29. 田芙蓉．酒水服务与酒吧管理［M］．昆明：云南大学出版社，2004.

责任编辑：段向民
责任印制：冯冬青
封面设计：纸上功夫

图书在版编目（CIP）数据

菜点酒水知识／贺正柏主编．--北京：中国旅游出版社，2015.7（2018.2重印）
ISBN 978-7-5032-5336-2

Ⅰ.①菜… Ⅱ.①贺… Ⅲ.①烹饪—教材 ②食谱—教材 ③饮料—教材 Ⅳ.①TS972.1

中国版本图书馆CIP数据核字（2015）第102361号

书　　名：菜点酒水知识

作　　者：贺正柏
出版发行：中国旅游出版社
（北京建国门内大街甲9号　邮编：100005）
http://www.cttp.net.cn　E-mail：cttp@cnta.gov.cn
营销中心电话：010-85166503
排　　版：北京旅教文化传播有限公司
经　　销：全国各地新华书店
印　　刷：河北省三河市灵山红旗印刷厂
版　　次：2015年7月第1版　2018年2月第2次印刷
开　　本：787毫米×1092毫米　1/16
印　　张：16.75
字　　数：339千
定　　价：34.00元
I S B N　978-7-5032-5336-2